AI改变世界

人工智能新发展与智算经济

方磊　黄郑

－编著－

新华出版社

图书在版编目（CIP）数据

AI 改变世界：人工智能新发展与智算经济 / 方磊，黄郑编著 .
北京：新华出版社，2024. 9.
ISBN 978-7-5166-7551-9

Ⅰ . TP18；F124.1

中国国家版本馆 CIP 数据核字第 2024NQ9613 号

AI 改变世界：人工智能新发展与智算经济

编著： 方磊　黄郑
出版发行： 新华出版社有限责任公司
　　　　　　（北京市石景山区京原路 8 号　邮编：100040）
印刷： 三河市君旺印务有限公司

成品尺寸： 170mm×240mm　1/16　　　**印张：** 19　**字数：** 255 千字
版次： 2024 年 9 月第 1 版　　　　　　**印次：** 2025 年 4 月第 3 次印刷
书号： ISBN 978-7-5166-7551-9　　　　**定价：** 88.00 元

微店

视频号小店

抖店

京东旗舰店

请加我的企业微信

微信公众号

喜马拉雅

小红书

淘宝旗舰店

扫码添加专属客服

序一

创造智算经济
加速通用人工智能历史进程

人工智能技术的快速迭代，导致算力需求迅猛增长，进而刺激了算法革命和算力供给。人类正在进入这样的历史阶段：人工智能创建了一个以大模型为主导，以算力和算法为核心基础设施，推动传统产业实现数字化和智能化转型的全新历史阶段。

《AI改变世界：人工智能新发展与智算经济》一书，探讨的正是人工智能和算力变革的互动趋势。特别是，这本书从人工智能入手，深入探讨和描述人工智能、智算经济、智能算力、智算中心技术架构、建设实践，着重介绍了智算经济的发生和成长逻辑。难得可贵的是，这本书对相关硬技术做了深入浅出的诠释，并引用了可观的现实案例。全书分为六篇，围绕的中心主题就是智算经济。

第一，人工智能篇。作者通过比较人工智能技术与"大脑、五感与躯壳"的异同，AI 2.0时代。作者认为人工智能经过了"初期探索与神经网络的兴起""连接主义、神经形态工程与深度学习""神经形态计算与量子类脑计算"三个发展阶段后，拥有独立创造力、空间智能、语音识别、个性与情感的表达、阅读能力、多模态数据处理、具身智能等多种能力。从模拟人类感知到模拟世界的AI 2.0结合了新芯片范式"GPU"、新基建范式"智算中心"、新模型范式"生成式大模型"、新智能范式"具身智能与AI Agent"、新应用范式"B端和C端场景渗透"、新竞争范式"AI 2.0时代的中美博弈"和新投资范式"算力投资新流派"。作者指出，大模型竞争时代结束，开启"一超多强"，以智能代理为中心的新工业革命时代成为未来；场景应用和垂直定制成为大模型商业化的发展前景；Transformer模型也受到了更多的挑战。

第二，智算经济篇。作者剖析了智算经济与新质生产力的关系，将"智算经济"理解为"作为数字经济衍生发展过程中的一种全新经济形态，智算经济与算力经济类似，同样以数据作为主要生产要素，但智算经济将通过更高密度的智能算力、算法和算效，扩展全新的人工智能产业，并促进智能算力向产业端渗透，实现效率、效能、质量提升和经济结构优化升级的一系列经济活动。"在作者看来，智算经济"不仅直接增加了经济的生产能力，而且通过促进科技创新和提高管理效率，间接提升了全要素生产率"，因此"将成为推动中国经济持续健康发展的重要力量，并可能将世界带往AI分流的终局形态"。作者强调，相较"计算力"，"智算力则侧重于利用先进的算法和计算架构，对数据进行深度学习和模式识别，以实现智能决策和自动化流程，"和新能源一道将成为新基建；形成新的科研范式"智能范式"，"不仅仅是对现有科研方法的补充，还可能带来科研方法的根本变革"；智能算力是"推动经济转型和产业升级的关键动力"。

第三，智能算力篇。作者提出"算力即国力"，从算力的历史、国家竞争，谈到算力集群化和密集化的新趋势。作者认为，"人类科学技术发展的本质是不断提升对世界能量和信息的获取、处理和运用能力"，此即算力，"不仅仅是技术的进步，更是人类智慧的积累和传承"。

第四，智算中心技术架构篇。作者重点介绍了智算中心与数据中心的异同，即前者注重"软件定义"，"将传统的硬件资源抽象化，通过软件控制实现资源的灵活调配和高效利用，并且提供从系统层、调度层、算法层等全局优化手段来优化任务性能"，未来将是"软件定义算力的新时代"。

第五，智算中心建设实践篇。作者提出了智算中心的布局思路、建设步骤、建设模式和运营模式。

第六，智算经济案例篇。作者分别提供了算力建设和新质应用的案例。

2022年，因为生成式大模型的诞生，成为人工智能编年史上的重要一年，人工智能时代来临的进程不断加快。作者指出，因为生成式人工智能的崛起，开始模拟世界，计算物理规律。所以，人工智能进入到"2.0纪元"。在生成式大模型的浪潮下，传统经济系统开始全方位的改变，智能算力迅速替代传统算力，推动人类从微观经济到宏观经济的"智算经济"转型，这是前所未有的颠覆性革命。根据波士顿咨询公司的数据，2022年美国数据中心的用电量约为130太瓦时。随着人工智能的发展，2030年这一数字将增加到390太瓦时或44吉瓦的有效容量。黑石集团首席财务官Michael Chae在2024年一次收益电话会议上表示："我们的数据中心平台是第二季度房地产和基础设施业务以及公司整体增值的最大驱动力。"亚马逊网络服务（Amazon Web Services）、谷歌云平台（Google Cloud Platform）和微软Azure等超大规模（hyperscale）云服务提供商存储了大量数据和算力，用于开发和训练先进的人工智能模型，而仅这三家公司就占据了全球市场的67%。

在这样的背景下，作为业界长期的观察者和思考者，资深的创业者与投资人，方磊和黄郑合著的《AI改变世界：人工智能新发展与智算经济》对读者的最大意义在于：算力已经成为人工智能新兴产业政策框架的关键要素。提供智能算力的数据中心，将为从零售到制造、从供应链到价值链、从信息网到物联网的所有经济活动，提供如同电力供给一样的智能算力支持。对于中国，这是挑战和机遇。唯有重构以智能算力和算法结合的智能时代的基础结构，方可支撑和实现传统产业的转型，并创建全新的智算产业体系。

最后，希望读者从本书中充分感受到作者对于人工智能进程的那份深刻认知和激情：生成式人工智能具有一种磅礴力量，"它所雕琢着每一个Token，可以化为单词，或化作图像、图表、表格，甚至可以是旋律流转的歌曲、文字间流淌的诗篇、语音中蕴含的情感，乃至视频里演绎的万千世界。每一个Token都承载着明确而深远的意义，无论是微观层面的化学物质、蛋白质、基因，还是宏观层面的天气模式，它都能一一呈现。在这个纪元中，我们有能力学习并模拟物理世界的种种现象，人工智能模型不仅可被理解，更能生成出物理世界的各种奇观。我们不再满足于在有限的范围内进行筛选与过滤，而是凭借生成的魔力，去探索那无垠的宇宙，去创造那未知的奇迹"。我不仅认同，而且被感动。

朱嘉明

2024 年 8 月 27 日

（朱嘉明，知名数字经济学家、元宇宙与人工智能三十人论坛学术与技术委员会联席主席、横琴粤澳深度合作区数链数字金融研究院学术与技术委员会主席）

序二

人工智能新发展与智算经济新篇章

在科技进步浪潮的推动下，人工智能已从单纯的技术概念成长为引领时代进步的核心力量，推动人类生产方式变革、产业结构转型升级和社会经济稳健增长。作为九章云极 DataCanvas 的联合创始人，我有幸参与并见证这一变革的许多重要时刻。在《AI 改变世界：人工智能新发展与智算经济》一书中，我愿分享十余年旅程中对人工智能和智能算力的一些思考和感悟。

我的旅程始于清华大学电子工程系，继而赴美深造，攻读硕博期间我在分布式算法、设计验证算法领域发表多篇论文，也取得了一点小小的成果。毕业后，我加入了微软工作。作为初始团队成员，深入参与了微软云计算平台的拓荒时代，亲历了全球超 20 万台服务器的数据中心管理监控系统的开发和管理，这不仅锻炼了我的技术能力，更点燃了我对数据智能的无限热情。

2011 年，我加入了微软必应搜索团队，投身于下一代前沿智能技术的探索。在机器学习的辅助下，我们让搜索语义理解达到了新的高度。技术成功带来的成就感让我感到喜悦，然而，技术的边界永远在拓展，我渴望在更广阔的领域寻求突破。

2013 年，美国迎来数据科学平台创业的爆发期，在硅谷车库文化的熏陶下，我与好友尚明栋共同孕育了九章云极 DataCanvas 的雏形。我们相信，容器化技术将统一分析流程的运行基础，而机器学习和深度学习将成为新的标准化基础设施。这一信念，引领我们在数据科学平台领域迈出了坚实的步伐。

回国后，面对国内尚未兴起的数据科学浪潮，我们选择了坚持初心。从最初的天使轮融资，到组建团队，再到开发出第一款产品，每一步都凝聚了我们对技术的热爱和对市场需求的深刻理解。我们致力于为数据科学家打造协作平台，让人工智能模型构建任务井然有序且高效。

随着 AI 技术的不断进步，我们认识到，AI 的落地不仅需要强大的算法支持，更需要软件基础设施的全面升级。九章云极 DataCanvas 的产品矩阵，从自动化机器学习平台到实时决策中心，再到开源的因果学习工具包和多模向量数据库，都是为了降低企业应用 AI 技术的门槛，让 AI 模型的建立和应用变得更加简单。

2023 年，生成式人工智能的崛起标志着我们步入了 AI 2.0 时代的全新纪元，大模型技术提供更强泛化能力是必然的技术趋势，人工智能从模拟人类转向模拟世界，带来了全新的芯片范式、基建范式、模型范式、应用范式和竞争范式。智算经济的崛起预示着新的增长范式，而智算力，作为新质生产力的代表，正在重塑我们的经济社会发展模式。在此过程中，算力的需求正以惊人的指数型趋势增长，但硬件的算力供给却只能以线性速度跟进，我们看到了这种供需之间的巨大差距所带来的巨大机遇。大模型训练和推理需要的算力规模庞大且复杂，推动 AI 算力向集群化和密集化发展，这个必然趋势需要硬件芯片和基础软件以及模型算法的三方共同优化来解决。这需要过去的积累和沉淀，也需要对于未来的想象力和勇气，躬身入局并解决此问题成为了我们的必然选择。

这是一个"软件定义算力"的时代，新一轮的底层计算变革正由大模型的崛起而引发，高速灵活算法的需求和底层相对固定硬件的匹配成为智算操作系统最核心的挑战，所以高度工程化的系统需要标准化产品。2024 年，我们发布了全新的 DataCanvas AIDC OS 智算操作系统，打造包含"算力＋算法"的全栈 AI 基础设施体系，端到端提供 AIDC 即服务，智算操作系统提供先进的算力纳管和调度方式，提升 GPU 等硬件的使用效率，充分地释放未能合理利用的算力，降低智能算力的使用成本，并将硬件、软件加 Agent 集合构建成标准化的算力包以达成算力普惠化。经过我们智算操作系统的优化，同样一个大模型的训练效率提升 100%，GPU 利用率提升 50%，推理速度提升 4 倍。在我十几年的创业路程中，我深刻的体会到如果想要让算力人人可得，人人可用，人人适用，传统的"裸金属"租赁并不能满足终端用户的需求，我们提出了一度算力（DCU）的概念，通过将"裸金属"变成算力包让用户可以用多少买多少，用多少花多少，以普惠算力构建上下游算力消纳生态，助力 AI 行业发展。除此之外，我们积累了丰富的智算中心建设经验，通过智算中心的建设运营，可以为地方政府在带动经济发展、推动高端 AI 产业发展、引进人才等领域发挥作用，成为政府算力招商的核心生态伙伴，也为当地企业提供智能算力服务，吸引高科技企业落地，助力产业转型升级和经济可持续发展。

纵观过去十几年的人生历程，从早期的学术探索到微软的实战经验，再到九章云极 DataCanvas 的创立与成长，我深刻体会到人工智能与智能算力的演进历程不仅是一次技术突破，更是一场产业革命。产业革命的逻辑下，最大推动力往往来自于基础设施的升级。过去的经历让我坚信，智算中心将成为这场革命最重要的基础设施。

人工智能时代的算力经济对于当前的社会发展和经济建设有着重要的意义，但是深入的讨论还相对缺乏。怀着对于人工智能"未来已来"的憧憬，在多位师长、专家、同行朋友的支持下，本书得以成行。在书中，我们回顾了人工智能技术的演进历程，研究了相关产业链部分优秀的标杆企业，深入探讨了智算经济的内涵和外延、智能算力在推动社会进步中的关键作用，以及我们关于如何建设好智能算力基础设施的一些经验和思考。随着智算经济的崛起，人类站在了新的历史起点上。我期待与同行们一起，推动人工智能技术的创新和应用，共同迎接智算经济带来的无限可能。我们也希望通过这本书，为读者提供一个全面了解 AI 技术与智算经济发展的窗口，共同把握数字时代的发展机遇。

方磊

2024 年 8 月 28 日

目 录

人工智能篇

人工智能技术方兴未艾，AI 2.0 时代已然开启

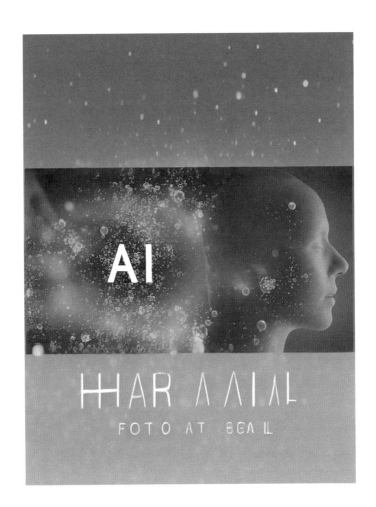

一、人工智能的"大脑、五感与躯壳"

（一）脑：更快更广的思考能力

在人工智能的黎明，我们目睹了一项项科技奇迹的诞生。从简单的算法到复杂的神经网络，人类一直在追求创造一个能够模仿甚至超越人脑的"思考机器"。今天，我们站在了一个新的交汇点上，科学家们正在解锁大脑深处的原理，以此照亮前行的道路。那么，如何通过学习与模拟人脑的奥秘，构建起一台具有更快、更广、更深的思考能力的人工智能呢？

本节将引领读者走过这一发展历程，揭示人工智能模拟大脑如何从最初的理念演化到现今日益成熟的科学与技术领域，以及这场旅程如何深刻影响着我们对人脑的理解与人工智能的未来。

如下表和下图所示，人工智能大脑智慧的发展经历了以下三个阶段。

人工智能大脑智慧的发展阶段

初期探索与神经网络的兴起	连接主义、神经形态工程与深度学习	神经形态计算与量子类脑计算
20 世纪 40—80 年代	20 世纪 90 年代—21 世纪初	2020 年至今
早期 AI 研究致力于模拟人类逻辑思维，通过形式逻辑和算法模仿决策过程。20 世纪 50 年代的麦卡洛克—匹兹模型（McCulloch-Pitts）神经元模型和赫布（Hebbian）学习理论奠定了人工神经网络的基础。20 世纪 80 年代，反向传播算法推动了多层神经网络的发展，使计算机能通过学习调整网络参数。	20 世纪 90 年代开始，研究重点转向模拟大脑结构和功能，神经形态工程尝试用硅基芯片模仿神经细胞。21 世纪初至 20 世纪 10 年代，随着计算能力增强和大数据的可用性，深度学习兴起，AI 在图像识别、语音处理等方面取得重大突破。	最近，神经形态计算旨在模仿人脑的物理结构和计算效率，通过类似大脑的方式处理信息。同时，量子计算为类脑计算提供了新的探索方向，预示着未来计算方式的革命。

随着新技术的不断发展，未来的人工智能将在更广泛的领域实现更深层次的思考能力。这些高级人工智能系统不仅能模拟人脑的思考模式，还将超越人类，以前所未有的速度和广度解决复杂问题。

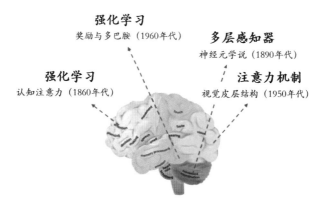

人工智能大脑智慧的发展阶段

◆ 大脑 VS 人工智能

简单来说，大脑和人工智能在几个方面有大比拼：

在神经元数量上，大脑拥有约 1000 亿个神经元。然而，随着 ChatGPT 等 AI 模型的出现，AI 的规模已扩展至 3000 亿甚至数万亿，数量上似乎已超越了人类大脑。**在能源消耗上，**大脑在能源效率上胜出。比如，Frontier 超级计算机虽然很强大，但它的能源消耗是大脑的 100 万倍。同时，大脑还有惊人的存储能力，大约 2500 TB。**在信息处理方式上，**大脑的多区域并行处理能力，与神经网络的层级顺序激活形成鲜明对比。但这并不意味着 AI 无法在未来迎头赶上。**在运算速度上，**AI 则以每秒约 100 亿次的运算能力，远超大脑神经元不超过 1000 次的激活频率。这意味着在处理大数据决策时，AI 能够更快、更准确地完成任务。

当 Marc Andreessen 在 2011 年抛出"软件将吞噬世界"的预言时，他或许未曾预见到人工智能的崛起将赋予这一预言更深远的意义。如今，人工智能作为这一领域的新星，正以其独特的光芒照亮编程的门槛，让更多非专业人士得以窥见软件开发的奥秘。黄仁勋（Jensen Huang），英伟达的掌舵者，以其敏锐的洞察力捕捉到了这一趋势，他提出"AI 将吞噬软件"，这不仅是对现状的精准描述，更是对未来的大胆预言。人工智能在解析复杂业务问题和编写分析代码方面展现出了惊人的能力，它正逐步替代人类，成为数据分析领域的新宠。

当我们谈论人工智能大脑时，其独特之处在于它的独立创造力和"智慧"——这曾是人类的专利。然而，尽管 AI 拥有巨大潜力，我们在应用过程中必须仔细界定目标和限制，并持续监督其学习过程，以确保其行为符合我们的意图和社会的道德标准，从而为人类社会带来真正的价值。

（二）看：眼观六路的视觉能力

今天，我们不再满足于自然界赋予的视觉能力。好奇心驱使我们创造机器，希望其视觉能力至少和我们一样，甚至更好。机器视觉（Machine Vision）是模拟人类视觉系统对外界环境的感知、识别和理解的能力。

人工智能中机器视觉的发展历程是一段充满创新和突破的历史。

人工智能中机器视觉的发展阶段

马尔计算视觉	多视几何与分层三维重建	基于学习的视觉
20 世纪 80 年代	20 世纪 90 年代	21 世纪至今
探讨的核心议题为"计算理论"与"表达及算法"，主张人脑的神经计算过程与计算机执行的数值计算在根本上并无差异。	研究重点在于如何在保证鲁棒性的前提下快速进行大场景的三维重建，而重建需要反复和大量的计算。	以机器学习为主要技术手段的计算机视觉研究，包括以流性学习的子空间法和目前以深度学习为代表的视觉方法。

如上表所示，计算机视觉主要经历了三个发展阶段。伴随着同期互联网海量数据的爆发，各类数据集成为计算机视觉技术发展的土壤，而深度学习和深层神经网络理论最终带来最新一次的技术变革。自 2010 年起，ImageNet 大规模视觉识别挑战赛（ImageNet Large Scale Visual Recognition Challenge，ILSVRC）便如同一股强劲的东风，推动了深度学习在图像识别领域的迅猛发展。2015 年，一场具有里程碑意义的竞赛中，ResNet（Residual Neural Network，残差神经网络）模型以 3.57% 的识别错误率，首次超越了人类视觉系统的 5.1%，书写了人工智能的新篇章。如今，人脸识别技术更是突飞猛进，准确率已飙升至 97% 以上，标志着人工智能在视觉识别领域的卓越成就。

视觉的全新方向，空间智能让看变成了理解，理解导致了行动。在李飞飞的 TED 演讲中，她描绘了"空间智能"的奇妙图景，这不仅是视觉的感知，更是对环境的深刻理解和行动的指导。如同我们在街头漫步，不只是简单地观察，而是在不断学习如何与周围世界互动。现在，我们正试图将这种天赋能力赋予机器。

如下图所示，想象一下当大脑捕捉到一个杯子的影像时，它不只是识别出它的形状，而是理解它在空间中的位置，与周围物体的关系，甚至预测可能发生的事件。这就是空间智能的神奇之处。

空间智能

科学家们正在将这种能力赋予机器。从谷歌的 3D 空间算法，到斯坦福的无限空间生成技术，再到医疗安全领域的智能应用，空间智能正在不断拓展机器的潜能。随着空间智能的发展，我们正步入一个新时代。在这个时代，机器不仅能看，还能理解，甚至行动，开启了机器学习的新篇章。

（三）听：耳听八方的识别能力

我们都知道，人与智能机械的交互可以通过多种方式，比如文字、动作、声音等等。其中，"声音"这种方式对于人来说是最省力的，也是一种不可替代的交互方式。机器要能通过"声音"的方式与人交互，就需要识别出人说的话的内容。语音识别便是将声音转换为文字的过程。

如下表所示，语音识别技术发展经历了三个阶段，实现从理论模型到实际应用的突破。

语音识别技术的发展阶段

萌芽阶段	起步和产业化阶段	应用落地阶段
20 世纪 50—80 年代	20 世纪 80 年代—21 世纪初	2010 年至今
以模型匹配方法为主，识别有限的词汇。贝尔实验室创建了能理解有限单词的系统。	起步阶段（1980 年—1990 年）以模式和特征分析方法为主，应用于小词汇量的场景。Dragon Dictate 识别 20000 个英文单词。产业化阶段（1990 年—2010 年）以概率统计建模方法为主，技术逐步应用于实际生活。微软推出语音识别的 Windows 系统，苹果推出配备 Siri 的 iPhone。	以深度神经网络方法为主，性能显著提升。语音识别广泛应用于智能音箱、智能家居、智能客服等领域。

随着科技的飞速发展，语音识别技术已经渗透到我们生活的方方面面，成为我们日常不可或缺的助手。智能助手如苹果的 Siri、亚马逊的 Alexa 和谷歌的 Google Assistant，不仅简化了打电话、发短信等日常任务，还通过控制智能家居、播放音乐等提升了生活的便捷性。在文字转换领域，谷歌的 Google Docs 语音输入和 Otter.ai 等应用，为会议记录和讲座转录带来了革命性的便利。这些工具能实时将语音转化为文字，提高了记录效率，也便于存档和检索，广泛应用于商务和教育。

语音识别技术正乘着创新的翅膀，从传统的训练方法迈向神经网络的端到端模式，实现了准确性的飞跃。然而，这场技术革命远未画上句号，它仍需在自然语言理解、语音合成等领域继续深耕。同时，在 AI 技术日益普及的今天，开放性成为推动技术发展的关键。通过技术共享，可以缩小不同厂商之间的差距，吸引更多用户，共同推动整个生态系统的繁荣。

（四）说：情绪表达的输出能力

沟通不仅仅是信息的交换，它还蕴含着情感的流转。随着人工智能的发展，我们现在有能力将这种情感的细腻流动植入到机器的语言之中。特别是通过文本转语音（Text to Speech，TTS）和如 Chatbot GPT-4 这样的文本生成模型，AI 的情绪表达已迈向一个新的高度。

如下表所示，人工智能输出的发展经历了三个阶段。

人工智能输出的发展阶段

初创与发展	规则系统与统计模型	统计模型、深度学习与应用创新
20 世纪 70—80 年代	20 世纪 90 年代	21 世纪初—21 世纪 20 年代
20 世纪 70 年代，TTS 系统基于规则进行语音合成，主要通过拼接预录语音片段。20 世纪 80 年代，合成器驱动的 TTS 系统尝试生成更自然流畅的语音。	20 世纪 90 年代，TTS 技术融合复杂语言学规则以提升自然度和可理解性。20 世纪 90 年代末，基于统计模型的系统出现，利用大量语音数据提升合成质量。	21 世纪初，隐马尔可夫模型（Hidden Markov Model，HMM）和深度学习技术被应用于 TTS，增强语音自然度。21 世纪 10 年代，深度神经网络（Deep Neural Networks，DNN）和 WaveNet 等技术极大提升了 TTS 的自然度。到了 20 世纪 20 年代，TTS 技术被广泛应用于多个领域，并通过服务如 Amazon Polly 实现高度个性化。

2024 年春，OpenAI 的 GPT-4o 以其语言理解、生成和实时音视频交互能力，成为技术界的焦点。这款 AI 模型以其人性化对话、即时反馈和情绪感知，重塑了人机互动，影响了多个行业。未来，TTS 技术将更加注重个性化和情感的真实传达，同时，提升其处理多元语言和方言的能力，以增强模型的泛化性。随着技术的不断演进，TTS 系统将以其日益提升的自然度和准确性，在虚拟助手、自动客服、语言学习、有声读物制作等多个领域大放异彩。这不仅是技术的飞跃，更是人类与机器沟通方式的革新。

（五）读：理解信息的阅读能力

在这个信息爆炸的时代，我们被各式各样的数据与文字所环绕，如何从中迅速且准确地提取有价值的信息已成为科技发展的一项重要任务。在这样的背景下，光学字符识别（Optical Character Recognition，OCR）技术应运而生，利用计算机和光学技术将图片中的文字信息，转换成计算机可以理解和识别的文字，并逐步成为我们进行智慧阅读的得力助手。

如下表所示，人工智能阅读能力的提升经过了三个阶段。

人工智能阅读能力的发展阶段

起步阶段	技术发展与应用拓展	深度学习革新与智能化应用
20 世纪 60 年代	20 世纪 80 年代—21 世纪初	21 世纪 10—20 年代
20 世纪 60 年代标志着 OCR 技术的商业化初步，主要应用于将印刷文本转换成机器编码字符。	20 世纪 80 年代，OCR 技术显著改进，广泛应用于文档扫描和邮政编码识别。进入 20 世纪 90 年代至 21 世纪初，随着扫描仪和数字相机普及，OCR 技术在数字化图书馆和历史文档保存中发挥重要作用。	21 世纪 10 年代，深度学习技术被引入 OCR，极大提高了准确率，包括手写文字和复杂背景文字的识别。到了 21 世纪 20 年代，借助深度学习和移动计算能力，OCR 技术实现实时文字识别和翻译，广泛应用于智能助手和增强现实等领域。

（六）写：写字绘画的创作能力

AI 模型可以根据处理的数据类型数量分为单模态和多模态两大类。单模态模型专注于文本、音频或图像中的一种；而多模态模型则能够驾驭两种或更多类型的数据。

单一模态的大模型的发展历程如下表所示：

单一模态的大模型的发展阶段

初期	深度学习的崛起	大规模预训练模型时代
21 世纪初：自然语言处理（Natural Language Processing，NLP）领域开始探索更复杂的模型，例如 HMM 和条件随机场（Conditional Random Field，CRF）。这些模型主要处理单一模态的数据，如文本。	2015 年：生成对抗网络（Generative Adversarial Network，GAN）由 Ian Goodfellow 提出，主要用于图像生成。GAN 的引入极大地推动了计算机视觉领域的发展。 2017 年：Ashish Vaswani 等人提出了 Transformer 模型，这一模型利用自注意力机制显著提升了处理长文本的能力。	2018 年：OpenAI 发布了 GPT（Generative Pre-trained Transformer），展示了通过大规模预训练提高模型性能的可能性。紧接着，BERT 由谷歌发布，进一步提升了 NLP 任务的表现。

多模态大模型的发展历程如下表所示：

多模态大模型的发展阶段

初期	初步融合	成熟
2015 年：深度学习开始应用于多模态任务。Karpathy 等人提出了结合卷积神经网络（Convolutional Neural Network，CNN）和循环神经网络（Recurrent Neural Network，RNN）的模型，实现了图像到文本的转换。	2019 年：BERT 和其他语言模型开始与视觉模型结合，形成多模态模型。例如，VisualBERT 和 VilBERT 是早期的多模态模型，能够处理图像和文本输入，进行跨模态任务如视觉问答和图像描述生成。	2021 年：DALL·E 由 OpenAI 发布，能够根据文本描述生成图像，展示了多模态生成模型的潜力。

2023 年 2 月，ChatGPT 让 OpenAI 一炮而红，在发布后的五天内就吸引了超过百万的用户，而在仅仅两个月的时间内，ChatGPT 的月活跃用户数就达到了 1 亿。相比之下，TikTok 用了 9 个月时间才达到 1 亿月活用户，Instagram 用了两年半的时间。在这个后疫情时代，ChatGPT 如同一颗璀璨的新星，以其科技属性、流量纪录和资本追逐，编织成了绝佳的故事脚本。科技圈和创投圈的躁动，在股市相关概念的一片飘红中得到了验证。

"技术爆炸"这个词，《三体》的粉丝一定不陌生。而在 ChatGPT 问世后，这一概念被赋予了新的意义。从供给侧到需求侧，从业界到普罗大众，ChatGPT 掀起了一场应用和再创造的狂潮。微软首席执行官萨蒂亚·纳德拉（Satya Nadella）感叹道："我从未见过，至少在我从事科技行业的 30 年中，发生在美国西海岸的先进科技在几个月内就能出现在印度农村的某个人身上。"这正是技术扩散的奇迹。短短两个月，人们便挖掘出 ChatGPT 的各种技能，包括写代码、作业、论文，甚至家装设计和人生规划建议。

中国科技界针对大模型目前也形成了两种截然不同的态度：一派是技术信仰派，他们坚信着人工通用智能（Artificial General Intelligence，AGI）的圣杯，以及规模定律（Scaling Law）的力量。Scaling Law 的基本原理是，随着模型规模的增加，模型的性能也会相应提高。他们的思想深受硅谷创新精神的熏陶，认为技术的进步将带来应用的无限可能。在他们看来，只有不断追求更庞大、更强大的AI能力，才能在模型能力的飞跃中，稳固自己的阵地，不被他人超越。另一派则是市场信仰派，他们深信技术的迅猛增长终将放缓，而关键在于将适量的AI能力投入到能够迅速带来收益的商业场景中。他们依托着中国市场的庞大与独特，用数据的力量构筑起坚固的壁垒。这些人往往在中国竞争激烈的商业环境中历练已久，思想更贴近本土的土壤。

两派之间的根本分歧，在于对开源模型未来的预测。技术信仰派坚信，开源模型永远无法缩短与闭源模型之间的鸿沟，甚至这一差距将日益扩大。而市场信仰派则乐观地认为，开源模型终将迎头赶上，甚至超越。

（七）做：人工智能的承载形态

物理侧的具身智能通过仿生结构、先进传感器和智能算法，使机械体在现实世界中灵动如人，胜任家庭、工业、医疗和救援等多领域任务；而虚拟侧的人工智能体（AI Agent）则以数字形态承载人类智慧，从虚拟助手到自动化决策系统，涵盖服务、教育、娱乐等方方面面，成为人类生活中无形却不可或缺的伙伴。

人形机器人的发展如今已步入具身智能时代，如下表所示：

人形机器人的发展阶段

起步	发展	具身智能时代
20世纪中叶	21世纪初	2023年至今
当时，科学家们开始探索能够模仿人类形态和行为的机械装置。最初的这些机器人主要是为了娱乐和基础教育，比如20世纪80年代日本推出的一系列仿人玩具机器人。	计算技术的迅猛发展和材料科学的突破，使得人形机器人具备了更加灵活的运动能力和更高的环境适应性。2000年，本田推出了阿西莫（ASIMO），这个机器人不仅继承了本田早期多个研究项目的精髓，还集成了先进的行走技术和平衡系统，成为当时技术的巅峰之作。	随着人工智能的全面融入，尤其是机器学习和深度学习的应用，人形机器人技术进入了具身智能时代。这些技术不仅让机器人能够执行预编程的任务，还能通过观察和学习不断提升自身的技能。

AI Agent逐步发展至大模型时代，如下表所示：

AI Agent 的发展阶段

起步	发展	大模型时代
20 世纪 50—80 年代	20 世纪 80 年代—21 世纪初	2023 年至今
图灵提出了"高度智能有机体"的概念，拉开了人工智能研究的序幕。 20 世纪 80 年代，科学家如 Michael Wooldridge 等人正式将智能体的概念引入人工智能领域，使这一研究方向变得系统化。	在过去的几十年中，AI Agent 经历了多个发展阶段。起初的符号智能体只是简单的规则跟随者，接着是能够自主反应的反映型智能体，随后出现了基于强化学习的智能体，这些智能体逐步具备了学习和适应的能力。	基于大型语言模型（Large Language Model，LLM）的智能体时代。这些技术进步，使得 AI Agent 能够更好地理解和记忆个体的兴趣、偏好和日常习惯，从而提供更加个性化和高效的服务。

关于人形机器人的商业化落地，业内一般认为，未来 3 到 5 年将是人形机器人逐渐渗透到各个产业并寻找适用场景的时期，而 5 到 10 年后，人形机器人才可能迎来大规模的商业应用。

在商业化落地的过程中，会遇到一些阻碍，其中真实场景数据的不足是人形机器人开发和迭代面临的最大挑战。目前人形机器人尚未达到让广大消费者愿意为其数据收集过程付费的阶段，因此，仿真数据训练成为其中可选的一种手段，即利用计算机模拟真实场景来生成训练数据。未来只有当足够多的人形机器人在真实场景中得到应用，才能形成有效的数据闭环。

另外，产业界也有相关人员认为，短期内限制人形机器人落地的主要因素是硬件技术。目前人形机器人的移动和操作精度尚未达到高精度水平，这导致了收集到的数据可用性较差。例如，人形机器人上肢的抓取精度仍然在 10 厘米左右，与工业机器人 0.01 毫米的精度相差甚远。因此，即便收集了大量数据，也只有少数几条能够用于训练，数据闭环的形成可能比预期的要慢。

而 AI Agent 方面，2024 年伊始，人工智能的巨头们都在忙着升级自己的技术，特别是让 AI 能够更好地理解和处理文字和图片等多种形式的信息。像 Gemini 1.5 Pro、Claude 3、GPT-4o 和 Kimi 这样的智能助手，都在处理长篇文章和多种信息方面有了很大进步，这标志着 AI Agent 技术到了新的拐点。以前，AI Agent 在处理多种信息时可能会比较缓慢，但现在原生的多模态技术让它们反应更快了。特别是 OpenAI 推出的 GPT-4o，它通过一种全新的训练方式，能够同时处理文字、图片等多种信息，显示出 AI 在实际应用中的潜力。

为了避免所有的 AI Agent 都变得千篇一律，支持它们完成复杂的长任务变得非常重要。长上下文，也就是让 AI 能够理解和记住更多的信息，是解决这个问题的关键。到了 2024 年初，这些 AI 模型在处理长篇文章方面的能力有了显著提升。通过改进它们的内部结构和注意力机制，AI Agent 在记忆长任务方面做得更好了，这为它们提供了更强大的基础能力。

然而，AI Agent 现在面临的一个重要问题是如何控制成本。随着 AI Agent 需要处理的信息越来越多，它们在计算和存储上的成本也随之增加。增加信息处理的深度，比如让 AI Agent 记住更多的上下文信息，会让计算成本大幅度上升。

想象一下，如果一个 AI Agent 每天和用户聊天一个小时，一个月下来就会产生 45 万个信息单元（Tokens）。这对大多数 AI 模型来说，已经超出了它们能处理的范围。即使是能够处理这么多信息的高级模型，比如 GPT-4 Turbo，它的成本也是相当高的。比如，输出 1000 个信息单元的成本可能高达 0.03 美元，这对大多数用户来说太贵了。只有在一些特殊的商业应用或者高价值的个人服务中，比如 AI 心理咨询或者在线教育，使用这样的高级模型才可能实现收支平衡。相比之下，从成本效益更高的模型，比如 GPT-3.5 开始构建 AI Agent，可能是一个更经济的选择。

因此，一种可能的解决方案是使用类似于混合专家模型（Mixture of Experts，MoE）的路由技术。这种方法可以根据问题的复杂性，将简单的问题交给简单的模型处理，复杂的问题交给复杂的模型处理，从而有效降低成本。这样，AI Agent 既能提供高质量的服务，又能控制成本，使其更加实用和普及。

二、AI 2.0 时代已然展开

（一）从模拟人类到模拟世界

1.0 时代的人工智能还停留在模拟人类感知的阶段。人工智能的探索多聚焦于感知的疆界，诸如自然语言的理解、计算机视觉的洞察以及语音识别的精准，这些努力均致力于模拟人类感知世界的微妙与精准。然而，ChatGPT 的降临，无疑为这一领域带来了划时代的飞跃。这也开启了 AI 2.0 时代。

生成式人工智能的崛起，标志着我们步入了一个全新的 2.0 纪元：开始模拟世界，计算物理规律。它不仅仅满足于感知的模拟，而是勇敢地踏入了生成的领地，首次向世人展现了生成式人工智能的磅礴力量。它逐个雕琢着每一个 Token，这些 Tokens 或化为单词，或化作图像、图表、表格，甚至可以是旋律流转的歌曲、文字间流淌的诗篇、语音中蕴含的情感，乃至视频里演绎的万千世界。每一个 Token 都承载着明确而深远的意义，无论是微观层面的化学物质、蛋白质、基因，还是宏观层面的天气模式，它都能一一呈现。在这个纪元中，我们有能力学习并模拟物理世界的种种现象，让人工智能模型不仅仅理解，更能生成物理世界的各种奇观。我们不再满足于在有限的范围内进行筛选与过滤，而是凭借生成的魔力，去探索那无垠的宇宙，去创造那未知的奇迹。

在 2024 年台北国际电脑展（ComputeX 2024）大会上，英伟达创始人兼 CEO 黄仁勋介绍了"Earth-2"数字孪生地球项目，人类开始了模拟世界的脚步。该项目利用人工智能超级计算机模拟预测气候变化，目标是预测未来几十年的气候变化。Earth-2 结合了 AI、物理模拟和观测数据，实现了高分辨率模拟，解析度从第一代的 25 公里提升至 2 公里，能效提升了 3000 倍。台湾地区气象部门已采用 Earth-2 模型增强台风预报，希望通过提前疏散减少人员伤亡。

如今，生成式人工智能几乎可以为任何具有价值的事物生成对应的

Token，从机械臂关节的灵活运动到数字孪生世界里的应用，再到我们能够学习的各个知识领域，生成式人工智能都能为我们打开一扇全新的大门。我们不再生活在一个由传统人工智能定义的时代，而是迈向了一个由生成式人工智能引领的崭新时代。这是一个充满无限可能和无尽创新的新纪元。

（二）2.0 时代的全新范式

AI Infra 包含了算力基础、数据基础以及算法基础三个方向，也是人工智能三驾马车"算力""数据"和"算法"的基础设施。其中算力基础以高端图形处理单元（Graphics Processing Unit，GPU）为代表的 AI 计算加速芯片为核心，组装为 AI 服务器，通过高性能网络和高性能存储的系统集成，再由智算软件平台（即人工智能基础软件）提供算力纳管和调度能力，从而形成智算中心（Artificial Intelligence Data Center，AIDC）为上层应用提供人工智能计算服务。

1. 新芯片范式：GPU

在数据的海洋中，AI 的浪潮正汹涌澎湃，引领着全球产业革命的新浪潮。随着 AI 技术的飞速发展，数据量呈现爆炸式增长，对算力的需求也随之激增。在 AI 计算方面，GPU 芯片能处理复杂的并行计算任务，加速深度学习算法的运行，对 AI 模型的训练和推理至关重要。因此高端 GPU 芯片作为 AI 算力的核心，已经成为各国和公司争抢的稀缺资源。

想象一下，在未来的某个清晨，你被智能助手温柔的声音唤醒，它为你规划了一天的行程，甚至帮你预订了咖啡和早餐。这背后，是英伟达 GPU 在数据中心里夜以继日地工作，处理着海量数据，学习着你的偏好和习惯。这不仅是一个便利的开始，更是英伟达 AI 技术融入我们日常生活的一个缩影。

◆ 典型代表：英伟达

在这场 ChatGPT 横空出世带来的 AI 2.0 浪潮中，英伟达成为了目前受益最大的公司，它借助 GPU 热销的趋势大举进军云计算行业，其影响力甚至开始冲击亚马逊、微软、谷歌等在云计算领域的领导地位。

英伟达在 GPU 市场占据垄断性地位，其份额高达 90%，其余份额被 AMD 与 Intel 等竞争对手占据。英伟达的 CUDA 软件工具链不仅构建了一个强大的技术壁垒，更形成了一个极具吸引力的生态系统，使得开发者和企业客户越来越依赖于其平台。2023 年，英伟达推出了 DGX Cloud 服务，这一举措标志着企业客户可以以算力租用或整套服务器硬件购买的方式，使用英伟达的 GPU 进行 AI 模型的训练与部署。下图为黄仁勋在展示英伟达的最新产品：

英伟达创始人兼 CEO 黄仁勋展示英伟达的最新产品

同年 6 月，英伟达宣布与甲骨文（Oracle）形成战略合作关系，共同提供基于 AI 的云计算服务。这一合作不仅加强了英伟达在云计算领域的影响力，同时也确保了甲骨文能够优先获得英伟达的高端 GPU 产品，为其云计算服务增添了竞争力。

在英伟达的战略投资下，算力服务商 CoreWeave 在 2023 年获得了 Fidelity 等知名投资机构的支持，估值达到了 70 亿美元。该公司在 2016 年成立，起家于提供 GPU 支持的加密货币挖矿服务，随后成功转型为 AI 云计算服务提供商。2023 年，CoreWeave 的收入预计将超过 5 亿美元，实现了超过 10 倍的增长。英伟达将 GPU 销售给 CoreWeave，再通过整租方式租回 GPU，并通过 DGX Cloud 将算力分租给下游客户，实现了在同一年内对一块 GPU 的销售和租用双重收入。下图为 CoreWeave 的展示界面：

CoreWeave 的展示界面

　　然而，随着对英伟达 GPU 依赖程度的增加，下游客户也开始寻求替代方案，以减少对英伟达的依赖。这种多元化策略的紧迫性在全球芯片供应链紧张的背景下愈发凸显。2023 年 12 月，英特尔推出了具有里程碑意义的系统级芯片（SoC）Ultra，这款芯片集成了 CPU、GPU 和 NPU 模块，专门用于 AI 模型推理，旨在提供高效且全面的计算解决方案。不仅如此，英特尔还计划在 2024 年 3 月推出新款 GPU 芯片 Gaudi 3，该芯片专为 AI 模型训练设计，将进一步丰富其 AI 硬件产品线。

　　与此同时，微软也在积极布局其 AI 硬件战略。2023 年 12 月，微软推出了自研的云端 AI 芯片 Azure Maia 100，专供 OpenAI 使用。这款芯片的发布标志着微软在 AI 硬件领域的一次重要尝试，旨在为其云计算服务提供更强大的支持，并减少对英伟达硬件的依赖。

　　2024 年 2 月，有消息称 OpenAI 的 CEO Sam Altman 正在积极寻求合作伙伴，基于一个芯片制造项目与中东等地的投资方及日本软银集团进行谈判。这个项目的目标是通过开发自有芯片，降低对英伟达和台积电的产业链依赖。此举不仅反映了 AI 公司对硬件自主权的追求，也凸显了市场对多样化硬件解决方案的强烈需求。这一举措如果成功，将可能改变 AI 芯片市场的竞争格局，为 AI 技术的发展提供新的动能。

　　在更广泛的市场环境中，这种趋势还表现在其他科技巨头的行动中。例如，亚马逊和谷歌也在开发自有的 AI 芯片，以增强其云计算和 AI 服务的竞争力。这些公司通过自主研发和战略合作，正在逐步减少对单一供应商的依赖，形成更加多样化和灵活的供应链体系。

　　此外，中国的企业也在积极寻求替代方案。受美国禁令影响，中国的云计算厂商，如华为，开始加速自主研发 GPU 芯片。华为的昇腾芯片据称已达英伟达 A100 GPU 80% 的性能水平，并获得了百度价值 4.5 亿元的订单（包含 1600 块芯片，已全部交付），这标志着中国在高端计算芯片领域取得了显著进展。尽管下游客户寻求替代方案，但英伟达 GPU 在性能和工具链生态上的优势使得短期内实现大规模替代困难重重。英伟达通过不断的技术创新和战略合作，巩固了其在高端 GPU 市场的领导地位，并在全球科技竞争中占据了有利地位。

从英伟达发布的 2025 财年（对应 2024 年自然年）第一季度和第二季度财报来看，公司营收和利润依然保持着高速增长。英伟达在 2024 年第一季度实现了 260 亿美元的收入，环比增长 18%，同比增长 262%。2024 年第二季度也创造了历史新高，达到了 300 亿美元，同比增长 122%。这一成绩得益于公司在智算中心、游戏、专业视觉以及汽车和机器人等多个业务领域的均衡发展和战略布局，而其中与 AI 密切相关的智算中心业务更是发挥了重要作用。2024 年第一季度智算中心业务的收入达到了 226 亿美元，同比大幅增长 427%，环比增长 23%，这一增长率远超公司整体业务的增长速度。

智算中心业务的迅猛增长，凸显了市场对英伟达高性能计算解决方案的强烈需求，尤其是在生成式 AI 训练和推理方面。随着企业和国家纷纷寻求通过加速计算打造新型的 AI 工厂，其在相关基础设施的资本化开支大幅推高了英伟达的营收表现，英伟达的智算中心业务有望继续保持强劲的增长势头。因此短期看，英伟达的营收、利润将与全球用于 AI 基建的资本化开支有一定相关性，也是其市值催化的重要推力之一。以 Meta 公司为例，光这一家公司预计 2024 年全年的资本支出就会在 370 亿美元至 400 亿美元之间，其中的绝大部分都是用于 AI 基础设施的投资。

2024 年 6 月初，英伟达宣布了股票"1 拆 10"的拆股计划，并将季度现金分红从每股 0.04 美元提高到每股 0.10 美元，以进一步增强股东信心。2024 年 6 月 2 日，在 2024 年的 ComputeX 2024（2024 台北国际电脑展）上，英伟达创始人兼 CEO 黄仁勋发表了一场令人振奋的主题演讲，还向世界展示了最新量产版 Blackwell 芯片，并宣布将在 2025 年推出 Blackwell Ultra AI 芯片。下一代 AI 平台被命名为 Rubin，预计将在 2027 年推出 Rubin Ultra。这些产品的更新节奏将是"一年一次"，预示着英伟达将打破传统的"摩尔定律"，即集成电路上可容纳的晶体管数量大约每两年翻一番的预测。下图为集成电路的发展阶段：

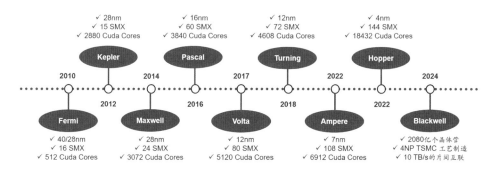

集成电路的发展阶段

黄仁勋详细介绍了英伟达在生成式人工智能和高性能计算领域的最新进展和对未来的预判。他描绘了一个由 AI 驱动的全新工业革命，数据中心不再仅仅是存储和处理信息的地方，它们变成了充满活力的"AI 工厂"，生产着智能和解决方案。除此之外，黄仁勋还介绍了英伟达最新推出的技术。英伟达新一代 AI 超级计算机 DGX SuperPOD 基于 Blackwell GPU 架构，具备高达 11.5 ExaFLOPS 的 AI 计算能力，能够支持训练具有数万亿参数的 AI 模型，满足超大规模生成式 AI 训练和推理的需求；NVLink 芯片每秒可连接四个 NVLink 互连，总带宽达到 1.8 Tbps，有效地消除了网络传输瓶颈，使得 Blackwell 平台可以实现更高效的计算资源整合，被誉为"一个巨大的 GPU"；新的软件工具 NVIDIA NIMs 支持标准应用程序接口（Application Programming Interface，API），易于集成，并且经过重新优化以适应新的 GPU 架构，可以极大地提高开发效率，使得 AI 应用能够更快速地响应市场需求；除此之外，英伟达还与谷歌、亚马逊、微软等合作推出基于 Blackwell GPU 的云服务，并与 TSMC 合作推出 cuLitho 平台，加速计算光刻进程。

在 2024 年的 ComputeX 展会上，AMD 紧随英伟达发布新一代 CPU 和数据中心 AI 芯片，其中 Instinct MI325X 的计算性能是英伟达 H200 的 1.3 倍，计划于 2024 年第四季度上市。AMD 还承诺"一年一迭代"策略，加快产品更新速度。英特尔则通过价格优势推出 Gaudi 3 AI 芯片，性能与英伟达 H200相当。

◆ **典型代表：青花瓷**

在 AI 技术飞速发展的当下，算力需求的激增对 AI 基建提出了前所未有的挑战。在 2023 全球 AI 芯片峰会上，上海交通大学计算机科学与工程系教授梁晓峣介绍了他们团队推出的开源 GPGPU（Genera-Purpose Computing on GPU，通用计算图形处理器）平台——青花瓷。这个平台旨在支持大规模并行通用计算、科学计算和 AI 计算，提供免费、开放的生态环境，以应对当前 AI 时代对算力日益增长的需求。

青花瓷平台的诞生，源于对英伟达等国际领先芯片公司在 AI 芯片领域主导地位的深刻认知。英伟达通过其 CUDA Core（CUDA 核心）和 Tensor Core（张量核心）关键技术，在 AI 时代奠定了强大的算力基座。然而，面对美国科技巨头不断创新、中国在算力上不断受到限制的情况，梁晓峣教授团队认识到，要实现国内 AI 芯片行业的突破，必须打造一个具有自主知识产权、高度兼容性和开源特性的图形处理通用计算平台，青花瓷平台作为一种新的解决方案由此产生，通过开源 GPGPU 平台，打造国内自主的算力生态。

梁晓峣教授在介绍"青花瓷"架构

青花瓷平台支持九大类指令集，功能组合超过 100 个，能够兼容和支持超过 100 种应用。这些自定义指令实现了架构的通用性、性能的先进性和生态的兼容性。青花瓷不仅涵盖了传统的单指令多数据（Single Instruction Multiple Data，SIMD）和单指令多线程（Single Instruction Multiple Threads，SIMT）架构，还在存储架构、线程调度和管理、分支冲突解决及同步机制等方面进行了复杂设计，使其远超 SIMD 和 SIMT 的简单功能。

在硬件上，青花瓷平台通过高度重视与英伟达 GPGPU 产品的兼容性，解决了生态问题。它的目标是实现英伟达 GPU 卡能够运行的应用，无须修改代码，即可直接在青花瓷平台上运行，从而确保生态兼容性。在软件栈（Software Stack）方面，青花瓷平台提供了六大类 API，支持超过 50 种复杂函数，为开发者提供了丰富的工具和资源。

青花瓷平台的整体架构和核心架构展示了其全面的技术布局。它不仅支持 AI 推理网络，还能在科学计算、金融活动等领域发挥重要作用。通过与业界大厂的合作和实际测试，青花瓷平台展示了其强大的兼容性和广泛的应用前景。

青花瓷平台的推出，为国内 GPGPU 开源生态的发展注入了新的动力。通过开源和免费的方式，梁晓峣教授团队致力于打造一个开放的技术平台，支持大规模并行计算和创新应用，推动 AI 时代的算力进步。未来，随着青花瓷平台的持续发展和社区积累，这一开源项目有望在全球范围内产生深远影响。

2. 新基建范式：智算中心

智能计算中心，依托尖端人工智能理论，采纳前沿的 AI 计算架构，致力于供应强大的算力服务、数据服务、算法服务、应用服务，并构建人工智能生态系统的公共算力平台。该中心通过算力的生产、整合、调度和优化分配，有效推动数据的开放与共享、智能生态系统的发展、产业创新的集聚，从而显著加速 AI 技术的产业化进程、行业应用的智能化转型以及政府治理的智能化升级。智算中心以多种异构方式共同发展的 AI 服务器算力机组为算力底座，不断提升智能计算能力和速度，满足人工智能应用场景下大规模、多线并行的计算需求。智算中心为算力资源最有配置的承载主体。

随着 AI 2.0 时代的到来，对 AI 算力的需求在未来数年将迎来爆发式增长；中国目前在总体算力水平上处于全球第二位置，但在智能算力的发展上还较为落后，频频被美国卡脖子，且基础软件、算法模型方面投入不足，限制了算力使用效率；因此国家十分重视行业的发展，在 2023 年《算力基础设施高质量发展行动计划》中提出智能算力规模占比要从 22.8% 提升到 2025 年的 35%，并提出"算法基建化""服务智件化"等要求，为公司业务提供巨大潜在市场。

◆ 典型代表：九章云极

作为智能算力建设核心供应商，九章云极 DataCanvas 公司凭借在人工智能和智算领域的深厚 AI 技术积累，为智算中心建设提供灵活高效的算力操作系统和全链路的 AI 智算服务，加速智算中心在全国的广泛落地和快速发展。

通过对智算资源的高效管理和精准调度，九章云极 DataCanvas 公司自主研发的 DATACANVAS AIDC OS 智算操作系统，充分突破异构算力适配、异构算力调度等关键"卡脖子"难题，为政府和企业提供集"算力、数据、算法、调度"于一体的 AI 智算服务，推动人工智能产业化的创新发展。以告别"裸金属"、为 AI 而生、全局加速优化、异构算力纳管与调度和 1 度算力五大价值体系为基核，AIDC OS 将全面支撑智算中心的算力运行与业务运营，为政府和企业自主化定制"大 + 小"模型和 AI Agent 提供强大赋能。

公司目前已参与建设运营北京、山东、安徽、大湾区等地的智算中心，依托智算云平台赋能智算中心，带来算力服务收入、贡献大量税收的同时带动地方经济和智能化产业发展，帮助地方政府"算力招商"、吸引大量高端人才。

3. 新模型范式：生成式大模型

受地缘政治影响，AI 大模型已演变为各主要国家和地区选择战略扶持的核心科技。各国纷纷加大对 AI 初创企业的投入力度，不仅在资金支持上倾注更多资源，还在政策上提供便利和支持。美国、欧洲和中国等科技大国，正通过政策引导和资源倾斜，推动本国 AI 技术的自主创新和发展。这种战略扶持不仅旨在提升本国在全球科技竞争中的地位，还希望通过 AI 技术的领先地位，获得在经济和安全领域的优势。未来，AI 大模型的发展将不仅仅是技术竞赛，更是各国综合实力和战略眼光的体现。在这一背景下，AI 技术的进步和应用的广泛落地将继续推动全球科技创新浪潮，并深刻影响各国的经济和社会结构。

当前，全球范围内大模型竞争已经趋于白热化。在 2024 年 2 月，OpenAI 震撼推出了文生视频大模型 Sora，可生成长达 1 分钟的视频，实现了显著进展。2024 年 5 月，他们再次突破，发布了 GPT-4o，可接受文本、音频和图像的任意组合作为输入、输出，响应音频的速度与人类正常交流无异。

谷歌的大模型也进行了全面升级，推出 Gemini 1.5 Pro，将上下文窗口长度从 100 万 Tokens 扩展到 200 万 Tokens。同时，还发布了视频生成模型 Veo 和文生图模型 Imagen 3，展示了其强大的技术实力。

在开源大模型领域，2024 年 4 月，Meta 推出了 Llama 3 系列，包含 8B 和 70B 参数的两个版本，从综合性考试、通用知识、逻辑推理、代码能力、指令跟随等多个维度对 Llama 3 进行测评，结果显示基于学术开源数据集，Llama-3-70B-Instruct 取得了优异效果，平均分接近 GPT-4-1106 版本，在代码能力、指令跟随能力和数理逻辑能力等方面均处于开源模型领先水平。更令人期待的是，Meta 正在开发 400B 版本的模型，未来有望媲美 GPT-4，赋能开源社区，推动技术的进一步普及和应用。英伟达科学家 Jim Fan 认为，这一版本未来的推出将意味着开源社区的一个分水岭，开源模型将一举翻越 GPT-4 这一高峰。

全球大模型在各项任务的表现

		GPT-4-04-09	Claude-3-Opus	GPT-4-1106	Llama-3-70B-Instruct	Qwen1.5-72B-Chat
综合性考试	MMLU	84.2	84.6	83.6	80.5	77.1
	中文多任务语言理解评估（CMMLU）	72.4	74.2	71.9	70.1	82.2
	C-Eval	70.5	71.7	69.7	66.9	81.4
	GAOKAO-Bench	76	74.2	74.8	67.8	88.3
	子项平均	75.8	76.2	75	71.3	82.2
知识与理解	TriviaQA(wiki)	82.9	82.4	73.1	89.8	83.8
	NQ(Open)	30.4	39.4	27.9	40.1	37.4
	RACE-High	89.6	90.8	89.3	89.4	91
	WinoGrande	83.3	84.1	80.7	69.7	76.9
	HellaSwag	93.5	94.6	92.7	87.7	89
	子项平均	75.9	78.2	72.7	75.3	75.6
数理逻辑	GSM8k	79.7	87.7	80.5	90.2	79.7
	MATH	71.2	60.2	61.9	47.1	45.2
	BBH	78.5	78.5	82.7	80.5	71.7
	TheoremQA	23.3	29.6	28.4	25.4	17.3
	GPQA_diamond	48.5	46.5	40.4	38.9	29.3
	子项平均	60.2	60.5	58.8	56.4	48.6
代码能力	OpenAI's Human Data Team	82.3	76.2	74.4	72.6	60.4
	MBPP(sanitized)	77	76.7	78.6	71.6	66.5
	LCBench	56.6	49.3	54.1	44.7	18.9
	子项平均	72	67.4	69	62.9	48.6
指令跟随	IFEval	79.9	80	71.9	77.1	51.8
平均分	Average	71.1	71.1	68.7	67.2	63.8

如上表所示，种种迹象表明，海外主流大模型基础能力在快速演进。下表也以 OpenAI 发布的各代 GPT 模型为例，不仅训练数据量迅速增加，模型的参数也从最早的 1 亿暴涨至现在的万亿级别。

各代 GPT 模型指标

GPT 各代	发布时间	训练数据	模型参数	上下文窗口	输入	输出
GPT-1	2018 年 6 月	约 5GB	1.17 亿	512	文本	文本
GPT-2	2019 年 2 月	40GB	15 亿	1024	文本	文本
GPT-3	2020 年 6 月	45TB	1746 亿	2048	文本	文本
GP T-3.5	2022 年 11 月	百 TB 级别	—	4096/16385	文本	文本
GPT-4	2023 年 3 月	百 TB 级别	万亿级别	8192/32768	文本、图像	文本、图像
GPT-4Turbo	2023 年 11 月	百 TB 级别	万亿级别	128000	多模态	多模态
GPT-4o	2024 年 5 月	百 TB 级别	万亿级别	128000	多模态	多模态

同时，开源模型逐渐成为趋势。如下图所示，在 2023 年，全球共发布了 149 个基础模型，是 2022 年的两倍多。在这些新发布的模型中，65.7% 是开源的，相比之下，2022 年只有 44.4%，2021 年为 33.3%。

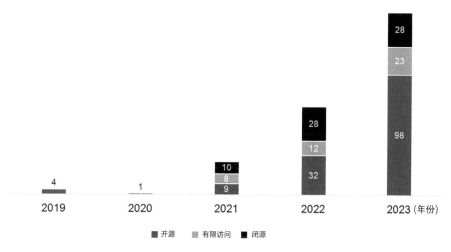

2019—2023 年基础模型数量演变（按开闭源分类）

国内大模型也在迎头追赶。在通用大模型领域，百度文心一言 4.0、阿里云通义千问 2.5、智谱 GLM-4、昆仑万维天工 3.0、科大讯飞星火 V3.5 等最新版本代表了国内在通用大模型上的先进水平。在垂类大模型领域，2024 年上半年，Kimi Chat 凭借突出的长文本处理能力，支持 200 万字超长无损上下文，访问量显著激增，引发市场对对话大模型的关注。5 月，字节火山引擎推出包含大模型、腾讯元宝 App 等面向 C 端的 AI 助手陆续正式发布。

在多模态大模型领域，美图奇想、万兴天幕、快手可灵等团队各自借助自身生态优势布局大模型，文生视频能力持续追赶 Sora。

下表为国内一批最优秀大模型公司的基本情况：

国内领先大模型概览

公司	发起人	累计融资金额（美元）	主要投资方	主要落地行业应用	主要优势 / 特色
月之暗面	杨植麟（前循环智能联合创始人，前华为"盘古"大模型主要负责人）	10 亿	阿里、美团、小红书、红杉、今日资本、真格	类 ChatGPT C 端应用	■ 创始人技术能力强 ■ 主攻长文本处理特色
智谱	唐杰（科技部＋北京市＋清华＋北大＋中科院发起的智源 AI 研究院核心成员之一，清华教授，曾主导"悟道"大模型研发）	4 亿	阿里、腾讯、小米、美团、红杉、高瓴、光速、君联、启明、今日资本等	金融、客服、军工等	■ 背靠智源 AI 研究院（由从 0 到 1 构建大模型经验，可获得超算中心算力支持） ■ 产业合作方众多，获北京市政府扶持
MiniMax	闫俊杰（前商汤科技副总裁兼通用智能技术负责人）	2.5 亿	腾讯、米哈游、高瓴、IDG、云启、明势	社交 / 娱乐、数字城市	■ 获上海市政府扶持 ■ 米哈游合作 IP 授权 ■ 通过自有类 Character.AI 数字人社交 App（Glow/Talkie 收集训练数据）
百川智能	王小川（前搜狗 CEO）	3 亿	阿里、腾讯、小米、顺为、红点中国、深创投	教育、医疗、办公软件	■ 服务金山软件客户 ■ 创始人企业经营经验丰富

续表

公司	发起人	累计融资金额（美元）	主要投资方	主要落地行业应用	主要优势/特色
零一万物	李开复（创新工场创始人）	1.5 亿	阿里云、创新工场	类 ChatGPT C 端应用	■ 工具链自研能力强 ■ 服务中东地区客户 ■ 李开复在行业的影响力

然而中美大模型方面的差距依然存在。在资本市场方面，2023 年美国生成式人工智能市场总融资额为 230 亿美元，而中国总融资额大概是 13 亿美元，只有美国 5% 左右。在美国 230 亿美元的投资中，近 200 亿美元投给了大模型企业，大约有几十亿美元投给了应用公司；而中国 13 亿美元投资主要都投给了大模型公司，纯粹使用第三方模型和技术来开发应用的中国公司，拿到的融资额是比较低的。

在技术维度方面，中国科技巨头公司 AI 大模型性能对比，与美国大模型主要差距在多模态、逻辑等维度。国内初创公司多基于 LLAMA 2 开源模型做进一步调参（剪枝蒸馏模型参数），模型体验在部分场景接近 LLAMA 2 水平。智谱和 MiniMax 有从 0 开始搭建的模型（主要使用国内智算中心资源训练而成），但模型性能表现比较美国大模型还有较大的差距。

2024 年年初时，大模型开源开放评测体系司南（OpenCompass2.0）揭晓了 2023 年度大模型评测榜单，对过去一年来的主流大模型进行了全面评测诊断。结果显示，在各项评测中均获最佳表现，国内厂商近期发布的模型则紧随其后，包括智谱清言 GLM-4、阿里巴巴 Qwen-Max、百度文心一言 4.0。而随着 GPT-4o 的发布，大模型的格局也发生了改变，头部模型再次变动。2024 年 5 月中英双语评测前十名揭晓，如下表所示，OpenAI 研发的 GPT-4o 位居第一，排名第二至第五的依次是：OpenAI 的 GPT-4 Turbo、字节跳动的 Doubao-Pro-4k、阿里巴巴的 Qwen-Max、Anthropic 的 Claude 3 Opus。

司南大模型评测榜单（2024 年 5 月）

模型	均分	语言	知识	推理	数学	代码	智能体
GPT-4o-20240513 闭源·OpenAI	65	59.4	71.8	47.8	71	65.3	74.9
GPT-4 Turbo-20240409 闭源·OpenAI	62.8	55.1	69.8	52.1	62.2	61.5	75.7
Doubao-Pro-4k-240515 闭源·ByteDance	62.5	63.4	67.4	56	65.8	52.6	70.1
Qwen-Max-0428 闭源·Alibaba	60.2	62.1	76.6	52.9	54.3	49.2	66
Claude 3 Opus 闭源·Anthropic	59	44.6	68.9	42.9	60.9	55.2	81.1
Yi-Large 闭源·01.AI	58.9	55.7	71.1	46.8	52.7	50.7	76.2
DeepSeek-V2-Chat 开源·DeepSeek	57.1	50	63.5	41.5	61.3	57.1	69.1
GLM-4 闭源·ZhipuAI	56.5	57.7	68.9	44	50.5	44.5	73.4
Baichuan4 闭源·Baichuan	55.9	57.9	69.8	39.5	43.5	45.9	79.1
Qwen 1.5-110B-Chat 开源·Alibaba	55.5	59.8	71.4	37.5	58.4	45.4	60.2

在部分公开场合，不少投资人和产业领袖表示，人工智能的三要素包括算力、数据和人才，其中中美之间最大的差距在于算力，约为 10 倍。这一差距可以通过大量资金投入来弥补。尽管美国拥有大量高性能 GPU，但中国的国产芯片正在迅速发展。此外，算力本质上是一种可以融资的商品，通过高效的资金周转和杠杆作用可以放大投资规模。目前，亚洲市场在 GPU 算力建设方面进展迅速，为中国赶超美国奠定了基础。

另外，AI 领域的人才目前仍然大量聚集在美国。这是因为美国拥有丰富的算力资源，如果我们能够弥补中美之间的算力差距，许多人才也会流动到亚洲市场，融入中国，共同参与 AI 大模型的创新。

目前，大模型技术仍处于发展的初级阶段，技术尚未完全成熟，如下图所示，其应用范围也因此受到了一定的限制。现阶段，大模型主要被用于咨询顾问模式，为企业和个人提供数据分析、决策支持等服务。然而，随着技术的逐步完善和应用场景的不断扩展，未来还有待探索更多的商业模式和应用领域。通过不断地研究和创新，我们期待大模型技术能在更多行业和场景中发挥更大的作用，带来更广泛的商业价值。

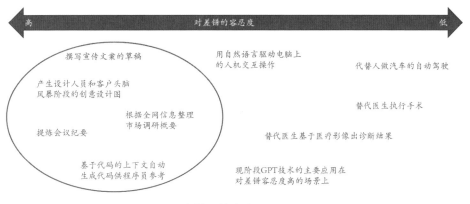

大模型技术应用受限

AIGC（AI Generated Content，人工智能生成内容）大模型从单模态向多模态发展的趋势已成为行业共识。 自 2022 年 11 月，文本生成的 ChatGPT 横空出世，再到 2023 年 3 月，图像生成领域的 Midjourney V5 惊艳亮相，文本和图像生成应用在 2023 年如雨后春笋般迅速崛起。随之而来的是 2024 年 2 月 16 日 OpenAI 发布的文生视频应用 Sora，瞬间点燃了视频生成领域的行业热情。预计 2024 年，这一领域将迎来技术与资本的高度聚焦，掀起新一轮的创新浪潮。

事实上，文生图赛道的争夺甚至早于 ChatGPT 这类聊天机器人。2021 年 1 月，OpenAI 发布了 DALL·E，这是一款基于 GPT-3 和 Transformer 架构的文生图模型，拥有 120 亿个参数。两个月后，OpenAI 不仅公布了 DALL·E 的论文，还开源了部分代码，这激发了市场上众多文生图模型的涌现，如

Midjourney、Stable Diffusion 和 Disco Diffusion 等。美国初创企业 Midjourney 基于 DALL·E 模型的能力最早开放公众测试版本，率先实现商业化。2022 年 7 月，Midjourney 推出了其同名的文生图应用，迅速吸引了大量用户，截至 2023 年 6 月，其社区成员数量已超过 1600 万。Midjourney 在图像生成领域超越竞争对手的关键在于其生成的图片具有高度的商业化潜力。Midjourney 的提示词简短且带有科幻色彩，Midjourney 的创始人坚信 AI 不只是现实的复制，而是人类想象力的延伸。

同时 Midjourney 也在图像生成的质量和速度之间找到了一个平衡点，即"黄金区域"。它最初提供了两种算法：一种是 20 分钟生成高画质图片，另一种是 15 秒生成低画质图片。通过测试，Midjourney 发现用户更倾向于速度而不是质量，但速度过快也不会显著提升用户体验。因此，最终选择了 60 秒生成图片的算法，这个版本的图片质量比 10 秒生成的更高，同时速度也处于用户感到舒适的范围内。

2023 年 12 月，Midjourney V6 版本发布。以往，当我们看一张 AI 生图时，可能马上就会感觉到这是 AI 画的。但在 Midjourney V6 中，你很少会有这样的感觉。相比于之前的 V5.2 版本，V6 版本的核心特征是超现实主义。特别是在模拟摄影风格方面，其成果逼真到足以令人产生迷惑，难以区分是真实拍摄还是 AI 生成。

Midjourney 在文生图领域的主要竞争对手是 Stability AI，其以自研开源 AI 模型 Stable Diffusion 而闻名。该模型自推出以来，以其完全开放的代码、数据和模型，允许用户自由下载和使用，成为开源 AI 社区的标杆，催生了一个繁荣的生态系统，并在 AIGC 领域产生了深远影响。尽管 Stable Diffusion 在用户普及度上超越了 Midjourney 和 OpenAI 的 DALL·E 等闭源模型，但在商业化方面，Midjourney 通过其订阅模式实现了显著的盈利，而 Stability AI 则在寻找有效的开源商业模式上遇到了挑战，这引起了投资者对其商业化前景的担忧。2024 年 3 月 23 日，Stability AI 的 CEO Emad Mostagne 离职。2024 年 5 月，Stability AI 被曝出面临资金链断裂问题。

An image of a house for a pianist,
designed by Tim Fu using Midjourney

使用 Midjourney 生成的钢琴家房子

　　每一代技术的变迁，都为内容创作的繁荣注入了新的活力：胶片技术催生了好莱坞和迪士尼的黄金时代，数字化革命铺就了家庭录像的普及之路，为 YouTube 的崛起奠定了基础；在移动互联网和算法主导的时代，人们对于视频消费的渴望也不断放大。

　　从技术的视角来看，相较于文本、代码和图片的生成，视频生成一直被视为 AIGC 的高地，面临着巨大的计算需求、高质量数据集的稀缺以及可控性等挑战。过往，该领域的头部公司生成视频时长都较为有限。例如，Pika 模型只能生成 3 秒的视频，Runway 的公测版本视频时长为 4 秒，即使是 Runway 的网页版，最长也仅支持 18 秒的视频生成。

Sora 改变了这一切。OpenAI 发布 Sora 模型后，360 创始人周鸿祎在个人微博发文：Sora 意味着 AGI 实现将从 10 年缩短到 1 年。之后，周鸿祎在 2024 亚布力中国企业家论坛上又一次讨论了 Sora 横空出世的意义：Sora 实现了机器对这个世界的感知、观察和交互的能力，也就是说真正给人工智能补上了眼睛。

Sora 生成的视频截图（来源：OpenAI 官网）

OpenAI 于 2024 年 2 月 15 日首次详细介绍了他们的新产品 Sora，这款文本转视频模型，能够根据用户的提示词生成长达一分钟的视频，并且视频的质量足以达到以假乱真的效果。下面是视频提示词译文及 Sora 直接根据提示词英文原文生成的"作品"。如上图所示，"一位时尚的女士走在亮着霓虹灯和广告牌的东京街头。她穿着黑色皮夹克、红色长裙和黑色靴子，手提一只黑色包包。她戴着太阳镜，涂着红色口红。她走路既自信又随意。街道潮湿，地面上的水能够像镜面一样反射色彩斑斓的灯光，路上有很多行人来来往往"。

目前，Sora 的功能仅对安全人员开放，用于测试和评估模型在关键领域的风险，同时也会向特定的艺术家、设计师和电影制作人员提供访问权限。

OpenAI 开发的 Sora 模型在生成视频的时长方面具有显著优势。更长的视频生成时长为 Sora 带来了更高的创作灵活性，能够实现运镜效果，并在一段视频中通过不同的镜头切换来展示同一主体，包括远景、中景、近景和特写等。

中国在文生视频领域动作不及美国。2024 年 3 月底，字节跳动旗下的剪映推出了 Dreamina 视频生成模型的内测版本，用户开始陆续获得内测资格。Dreamina 提供了图片生成视频和文本生成视频两种功能，用户不仅可以输入提示词，还可以选择运镜类型、视频比例和运动速度，生成后的视频还有选项进行再次生成或编辑，甚至可以延长 3 秒。

不过，视频生成服务并非免费，用户需要消耗积分，每条视频需要 12 积分，而通过每月 69 元的订阅会员可以获得 505 积分，此外，会员还可以下载无水印视频并享受更长的视频生成时长。尽管财新在测试中发现 Dreamina 在视频生成的写实度和细节方面还有待提高，且视频生成需要超过 1 分钟的等待时间，并且需要下载后才能预览。

2023 年，谷歌的 MusicLM、Meta 的 MusicGen 以及 Suno 的 Bark，使得 AI 生成的音乐作品逐渐变得可欣赏。Suno 的独特之处在于它可以根据简单的提示，生成从歌词到人声再到配器的完整作品，接近商业化水平，为全球近 6 亿音乐流媒体付费用户提供创作工具，开辟了新的市场。

如下图所示，Suno 网页版本的产品形态很简单，远没有到达 Spotify 等产品的复杂度。主要由 Explore、Create、Library 组成。通过 Suno V3，用户现在可以使用免费账户创建两分钟时长的完整歌曲，具体效果取决于用户所选择的流派。

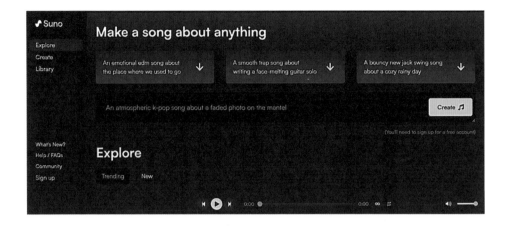

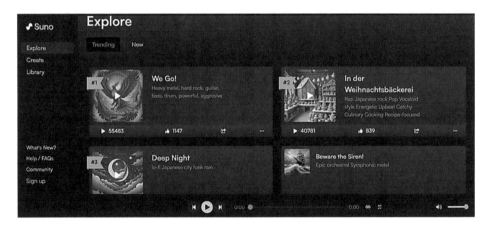

Suno 主页

昆仑万维于 2024 年 4 月 2 日启动了其 AI 音乐生成大模型"天工SkyMusic"的免费邀请测试活动，标志着该模型成为国内首款且唯一公开可用的产品。该模型采用了与 Sora 相似的音乐音频领域模型架构，能够支持生成长达 80 秒、44100 Hz 采样率的双声道立体声歌曲。值得一提的是，"天工 SkyMusic"在 AI 人声合成方面达到了业内顶尖的 SOTA 水平，确保了发音的清晰度和无异响的高品质输出。

近日，网易云音乐也推出了一款名为"网易天音"的 AI 音乐创作平台。这款 AI 编曲系统可以说是音乐创作的神器，操作简单到令人惊叹。你只需跟着指引，短时间内就能完成一首原创音乐的编曲。如下图所示，网易天音具备了从歌词创作到音乐编曲的全方位功能。用户可以选择 AI 作词、AI 一键写歌、AI 编曲等多个创作选项。网易云音乐不仅支持用户上传和分享通过 AI 工具创作的音乐，还鼓励大家利用这些作品申请成为认证音乐人。

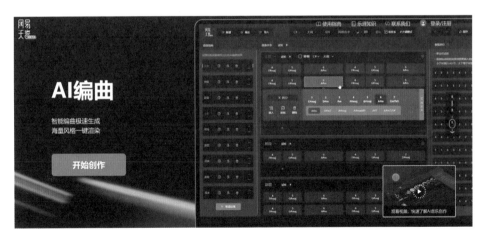

网易天音主页

◆ 典型代表：微软和谷歌

作为 OpenAI 背后最大的金主，闭源模型 GPT 赋予了微软巨大的声量。但业内人士普遍认为，神经网络初创公司 DeepMind 是最有可能先开发出通用人工智能的公司。如果成功，谷歌将在这一领域占据主导地位。谷歌之所以未能占据先机，是因为"声誉风险"导致其在战略布局上过于谨慎。"声誉风险"是指 AI 模型由于训练数据集来自网络，容易导致生成错误信息，表现出种族和性别偏见以及重复仇恨性语言的现象。

像谷歌和 Meta 这样的公司，其产品影响广泛，因此对每一步行动都会经过深思熟虑，其策略不会像 OpenAI 这样的初创公司一样灵活。谷歌的 AI 负责人 Jeff Dean 曾表示，谷歌有能力开发出媲美 ChatGPT 的产品，但由于担心这类产品可能产生错误信息等问题而影响公司声誉，谷歌一直没有发布类似产品。谷歌禁止其所有 AI 模型生成真实人物的图像，以防止深度伪造（Deepfake）带来的风险。

声誉风险既是谷歌的优势，也是其劣势。谷歌陷入了"创新者的困境"：成熟公司难以采用破坏传统市场的新技术或商业模式，而更小、更灵活的竞争对手则能够迅速进入市场，最终可能导致这些成熟公司的衰退。

谷歌作为全球 AI 技术领域的领军企业之一，在大模型技术的发展上未能领先于 OpenAI。为了改变这一局面，谷歌于 2023 年 12 月推出了多模态大模型 Gemini，对其寄予厚望。Gemini 包含三个不同规模和能力的版本，分别是 Nano、Pro 和 Ultra。谷歌宣布，计划在 2024 年年初为其聊天机器人 Bard 推出基于 Gemini Ultra 的进阶版本，名为 "Bard Advanced"。

2024 年 2 月 8 日，谷歌 CEO 桑达尔·皮查伊在技术博客中强调，Gemini Ultra 是首个在大规模多任务语言理解（Massive Multi-task Language Understanding，MMLU）测试中超越人类专家的模型，该测试覆盖了数学、物理、历史、法律、医学等 57 个学科。他还提到，谷歌正在积极开发 Gemini 模型的下一代迭代版本。

尽管谷歌公布的对比结果显示，Gemini Ultra 在多个领域如综合能力、推理能力、数学能力、代码能力和图像理解等几乎全面超过了 GPT-4，但这些优势并不是非常明显。从时间线上来看，OpenAI 在 2023 年 3 月发布了 GPT-4，而谷歌的 Gemini Ultra 首次亮相和正式上线分别晚了大约 9 个月和

11 个月。

微软与谷歌的 AI 之争表面上是在争夺 AI 技术领域的主导权和市场份额，但从长远角度来看，生成式 AI 技术已经成为全球科技行业的核心竞争力，两家公司在 AI 领域的竞争或将有助于推动整个 AI 产业的发展和创新。

◆ 典型代表：OpenAI

2023 年 11 月 17 日，OpenAI 宣布了一项震惊业界的决定：公司的 CEO Sam Altman 将辞去职务并离开董事会，而 CTO Mira Murati 将临时接任 CEO。同时，Greg Brockman 也将不再担任董事会主席。OpenAI 在公告中明确表示，Altman 的离职是董事会经过深思熟虑后的结果，他们认为 Altman 在沟通上缺乏坦诚，损害了董事会履行职责的能力，因此对他继续领导公司失去了信心。这一消息在科技界引起了轩然大波，Brockman 和 Altman 本人也通过社交媒体表达了他们的失望和不满。

Brockman 在社交媒体上进一步透露了解雇 Altman 的细节，指出 Altman 和自己都是在董事会宣布当天才得知被解雇的消息。随后，Altman 与董事会进行了谈判，微软宣布 Altman 和 Brockman 将加入微软，领导一个新的 AI 研究团队。OpenAI 董事会也迅速采取行动，任命了 Twitch 前 CEO Emmett Shear 为新的临时 CEO，以稳定局势。

Shear 上任后，他承诺将采取一系列措施来恢复外界对 OpenAI 的信任，包括雇用独立调查者、与各方沟通、改革管理架构。然而，员工对董事会的不满情绪高涨，超过 700 名 OpenAI 员工联名要求董事会全体辞职，并威胁要集体辞职加入微软新宣布的 AI 子公司。最终，在 11 月 22 日，OpenAI 宣布 Altman 将回归并重组董事会。作为 OpenAI 最重要的出资人，微软对这场闹剧却丧失了控制力。尽管二者从表面上看是生成式 AI 领域盟友，但却并非真心朋友，关系脆弱。微软与 OpenAI 的微妙关系要从下图 OpenAI 的股权结构说起。

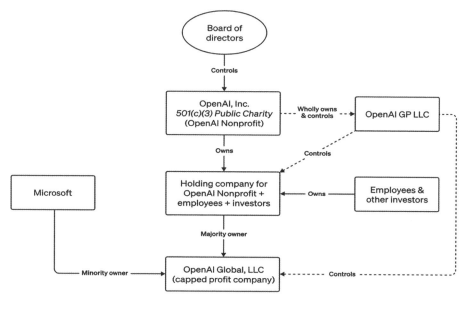

OpenAI 公司架构

　　最初于 2015 年创立的时候，OpenAI 是一家非营利公司，起步资金计划为 10 亿美元的捐款，结果只筹到 1.3 亿美元。随着 AI 研究对算力和人才的需求日益增长，捐赠已无法满足 OpenAI 的需求。2019 年，OpenAI 在非营利母公司下设立了营利性子公司 OpenAI LP（后更名为 OpenAI Global LLC），以该主体募资，引入了微软等股东。但同时，OpenAI 的董事会保持了高度的独立性，尽管微软作为 OpenAI 的主要投资者之一，投入了巨额资金，但并未赋予其在董事会中的代表权。董事会只对非营利母公司负责，可能与营利子公司的利益相关者产生冲突。这也是微软在 OpenAI 宫斗过程中始终无法介入的原因。

　　时间点拉回到现在，表面和睦下，OpenAI 与微软间的嫌隙已难以遮掩。2024 年 4 月，Sam Altman 在旧金山、纽约和伦敦积极地向全球《财富》500 强企业的高管们推广 OpenAI 的 ChatGPT Enterprise 工具。从本质上来讲，这种行为是与微软直接竞争的。OpenAI 的行动引起了微软的不满，其

CEO Satya Nadella 曾表示，即使 OpenAI 消失，微软也不担心，因为他们已经具备了所有必要的专利和能力。微软还聘请了 DeepMind 的联合创始人 Mustafa Suleyman 担任 AI 部门的 CEO，开发与 OpenAI 直接竞争的 MAI-1 模型。这一系列动作显示，微软正在积极准备应对 OpenAI 可能的独立行动，并确保自己在 AI 领域的竞争力。

此外，在这场举世瞩目的"宫斗剧"中，有一家公司的身影屡屡出现，那就是 Anthropic。Anthropic 由前 OpenAI 高管 Dario Amodei（首席执行官）和 Daniela Amodei（总裁）兄妹两人于 2021 年创立。在推出 Anthropic 之前，Dario Amodei 是 OpenAI 的研究副总裁，而 Daniela 是 OpenAI 的安全与政策副总裁。

Sam Altman 在被解职前与公司董事会的争论持续了一年多。他试图让董事会成员 Toner 离开，因为她合著的一篇论文批评了 OpenAI 在确保 AI 安全方面的工作，同时赞扬了 Anthropic 的方法。在 Altman 被解职后，OpenAI 的董事会成员、问答网站 Quora 的联合创始人 Adam D'Angelo 试图说服多位科技界领袖，包括 Anthropic 的创始人 Dario Amodei，接任 OpenAI 的新领导，这导致 Altman 的回归计划没有立即实现。

Anthropic 在所有大型 AI 初创公司中的融资额仅次于 OpenAI，并且是唯一同时获得谷歌和亚马逊两大公司支持的公司，已于 2024 年 3 月 4 日晚间发布了其最新系列的人工智能模型 Claude 3，该系列包括 Haiku、Sonnet 和 Opus 三种不同的模型，它们各自提供独特的功能和定价策略。公司宣称这些模型在多项测试中的表现超越了 GPT-4，并接近人类水平。

◆ 典型代表：月之暗面

在 ChatGPT 高歌猛进的时候，国内的大模型公司却稍显沉寂，尽管不少大厂纷纷推出自己的大模型，但始终无法与 ChatGPT 抗衡，国产大模型真正的破圈者是 Kimi。

Kimi 背后的公司，叫月之暗面。创始人杨植麟身上有很多标签：保送清华、卡耐基梅隆大学博士、天才 AI 科学家、连续创业者……在采访中，杨植麟用三个词形容月之暗面和自己：创新、长期、第一性原理。据他介绍，Kimi 是自己的英文名，而月之暗面这个名字，则来源于人类登上月球四年之后，摇滚乐队 Pink Floyd 发布的著名专辑 The Dark Side of the Moon。正如专辑名所暗示的，月球的暗面总是隐藏在人们的视线之外，它神秘莫测，令人向往。这与通用人工智能（AGI）的探索何其相似。AGI 的奥秘，就如同月球的暗面，我们渴望揭开它的面纱，却又感到困难重重。于是公司的英文名正好也取为 Moonshot（登月计划），寓意要追求充满挑战的远大理想。下图为 Kimi 的问答主页：

Kimi 问答主页

登月的第一步，是长文本。 在大模型的商业化进程上，长文本的爆火是关键一环。其实月之暗面并非该赛道最先布局的国内公司。

2019 年 3 月，百度为了与谷歌的 BERT 一较高下，推出了文心大模型 ERNIE 1.0。到了 2021 年 12 月，文心的参数已经冲到千亿级别。百度董事长兼 CEO 李彦宏表示："千亿参数是智能的门槛，没到这数量，就别指望有智能涌现。" 百度在 2024 年的 AI 开发者大会上宣布，自 2023 年 3 月 16 日发布以来，其 AI 产品文心一言的用户数在短短一年零一个月的时间内已经突破了 2 亿大关。百度董事长兼 CEO 李彦宏还提到，文心大模型在这一年中取得了显著的技术进步：算法训练效率提高了 5.1 倍，周均训练有效性达到了 98.8%，推理性能提升了 105 倍，而推理成本则降至原来的 1%。

尽管不像大厂产品面面俱到，但 Kimi 主打赛道垂直——长文本理解。Kimi 在 2023 年 10 月首次亮相时，就以支持高达 20 万字的中文无损上下文而著称。2024 年 3 月，Kimi 宣布支持高达 200 万字的无损上下文，成为该领域第一个爆款产品。

4. 新智能范式：具身智能与 AI Agent

人工智能技术的迅猛发展不仅推动了技术创新，也引领了智能载体的多样化和革新。在物理世界中，具身智能正逐渐成为现实，它们以机器人、无人机、自动驾驶汽车等形态存在，能够通过先进的感知系统、决策算法和执行机构与环境进行直接的互动和操作。这些智能体不仅能够执行简单的任务，还能在复杂环境中进行自主学习和适应，展现出高度的灵活性和智能性。与此同时，在数字世界中，AI Agent 作为虚拟智能体，正在成为我们日常生活和工作中不可或缺的伙伴。无论是虚拟助手、聊天机器人，还是智能推荐系统，AI Agent 都能够在不可见的数字空间中，为用户提供信息检索、数据分析、决策辅助等功能。在这一波技术浪潮下，具身智能和 AI Agent 之间的界限正在变得模糊。越来越多的系统开始融合两者的优势，形成更加综合和强大的智能解决方案。

◆ AI Agent

"大模型下一场战事""最后的杀手产品""开启新工业革命时代"，人们毫不吝惜对 AI Agent 重要性的描述。那么究竟何谓 AI Agent？ AI Agent 本质上是一个构建在 LLM 之上的智能应用，可以被理解为一颗能自主使用工具、执行任务的"人造大脑"，是一种具有主动性的智能系统，它能够独立地理解环境、记忆信息、做计划和决策，甚至与其他智能体协作完成任务。而 LLM 则相对被动，只有在用户提出问题或指令时才会进行回应。

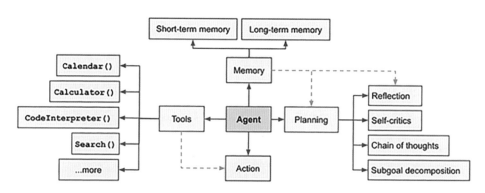

OpenAI 提出的 Agent 示意图

由上图可见，AI Agent 由记忆、规划、工具、行动四大块组成，就有了下面的公式：Agent = LLM+ 记忆 + 感知 & 反思 + 规划 + 工具使用。所以，Agent 是基于 LLM 的加强，其具备规划和拆分目标的能力，并且根据执行结果进行自我优化和调整。

AI Agent 较目前广泛使用的 Copilot 模式更加独立。如下图所示，对比AI 与人类的交互模式，目前已从过去的嵌入式工具型 AI（例如 Siri）向助理型 AI 发展，目前的各类 AI Copilot 不再是机械地完成人类指令，而是可以参与人类工作流，为诸如编写代码、策划活动、优化流程等事项提供建议，与人类协同完成。而 AI Agent 的工作仅需给定一个目标，它就能够针对目标独立思考并做出行动，它会根据给定任务详细拆解出每一步的计划步骤，依靠来自外界的反馈和自主思考，给自己创建提示词（Prompt），来实现目标。如果说 Copilot 是 "副驾驶"，那么 Agent 则可以算得上一个初级的 "主驾驶"。

以一次家庭聚餐为例，虽然 LLM 可以提供基本的就餐地点建议，但 AI Agent 不仅能够基于用户的预算和口味偏好搜索并推荐餐厅，还能自动预定，智能地将聚餐安排添加到用户的日历中，并在关键时刻发送行程提醒，确保用户能够轻松享受聚餐时光，无须担心细节安排。

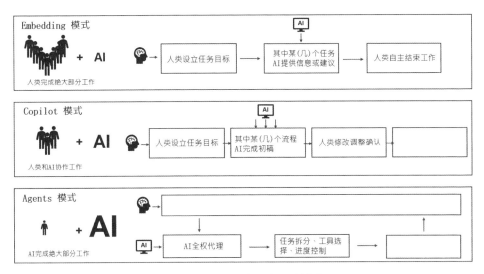

人类与 AI 进行协作的三种模式

通往 AGI 的道路仍需探索，AI Agent 是当前的主要路线。 在大模型浪潮席卷全球之时，很多人认为大模型距离真正的通用人工智能 AGI 已经非常接近，很多厂商都投入了基础大模型的研究。但经过了一段时间后，大家对大模型真实的能力边界有了清晰的认知，发现大模型仍存在大量的问题如幻觉、上下文容量限制等，导致其无法直接通向 AGI，于是 AI Agent 成了新的研究方向。通过让大模型借助一个或多个 Agent 的能力，构建成为具备自主思考决策和执行能力的智能体，来继续实现通往 AGI 的道路。AI Agent 将是未来 AI 的前沿方向。根据是否设有特定目标，AI Agent 可分为自主式（Autonomous）和生成式（Generative）。自主式 Agent 通常专注于具体任务，比如开发特定功能的软件或制作指定内容的 PPT。而创意型工作如剧本创作和游戏脚本编写，往往需要灵感的碰撞。为了激发 Agent 的创意潜能，不设特定目标的生成式 Agent 应运而生。

生成式 Agent 在 2023 年 4 月迎来了一个里程碑——斯坦福大学和谷歌研究院联手打造了 "虚拟 AI 小镇"。如下图所示，在这个小镇里，15 个个性鲜明的 Agent 居民自由地进行社交互动。这一创新让开发者和厂商看到了 Agent 在游戏和社交领域的巨大潜力。

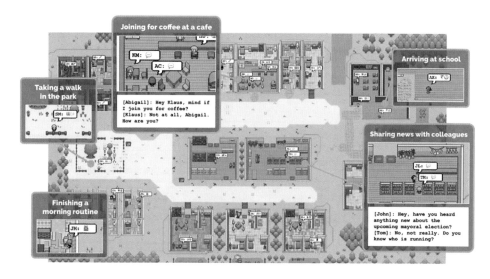

虚拟 AI 小镇

2023 年 11 月 6 日的开发者日（DevDay），被众多人视为 OpenAI 正式进军 Agent 市场、与现有 Agent 厂商争夺蛋糕的重要标志。在这次活动中，OpenAI 展示了新开发的框架和工具，旨在为开发者提供更强大的支持和更便利的生态系统。OpenAI 不仅仅满足于提供基础的 AI 模型，而是希望通过全面地开发框架，吸引更多的开发者加入其生态系统，从而在 Agent 市场中占据一席之地。

OpenAI 的加入无疑加剧了 Agent 市场的竞争。目前已有的几万个 GPTs，功能涵盖了设计、写作、故障排除等工作需求，还延伸到算命、教学、食谱生成等生活娱乐场景。

虽然 OpenAI 在 Agent 市场上雄心勃勃，但现有的 GPTs 还达不到企业级应用的标准。Sam Altman 在大会上将 GPTs 称作"Agents 的前身"，表明当前的 GPTs 更多是聊天机器人，尚未具备自主行动的能力。经过一个月的试用和研究，许多开发者发现大部分 GPTs 主要由简单指令创建，远未达到企业级标准。这意味着 OpenAI 的 GPTs 目前还不能完全取代现有的 Agent 解决方案。

然而，OpenAI 的布局促使国内外厂商重新审视自身的优势和壁垒。要在 Agent 竞争中构建优势，数据是关键的资源。拥有大量高质量数据的厂商将在这一竞争中占据有利位置，因为数据是训练和优化 Agent 性能的核心资源。

让我们将目光转回国内。字节跳动推出的 Coze 是一个新的 AI 聊天机器人开发平台。从功能定位上看，Coze 比较接近 OpenAI 在 2023 年 11 月发布的 GPTs，能够帮助用户"0 代码"创建属于自己的 AI Chatbot，还可部署在不同的社交平台和应用程序上。2023 年 12 月，Coze 在海外上线，2024 年 2 月正式上线中文版 Coze——扣子。2024 年 4 月，月之暗面的 Kimi 智能助手的大模型将搭载进 Coze 扣子平台；阿里的通义千问、通义万相已入驻 Coze 扣子。

Coze 扣子主页

在探索自主智能体的广阔天地中，单智能体和多智能体是两类应用最广泛的形态。下表可见一些较知名的智能体：

单智能体在执行简单任务，如价格比较等方面，展现出其在消费者端的潜力。然而，当面临企业端场景的复杂挑战时，单智能体可能会遇到完整性评估不足、任务队列过长以及大模型的幻觉等问题，这些问题限制了它们在软件开发等复杂任务上的应用。与此相对，多智能体通过协作，能够解决更为复杂的任务，展现出团队合作的巨大力量。例如，MetaGPT、Cha+Dev 等多智能体框架，正是在这一领域展现出了巨大的潜力。

知名智能体概览

项目	发布时间	实验性/实操性	单智能体/多智能体	配置模块	记忆		有无反馈规划	是否使用工具	能力获取有无调整
					操作	结构			
WebGPT	2021/12	实验性	单					是	有
ReAct	2022/10	实验性	单				有	是	有
Hugging GPT	2023/03	实验性	单			统一存储器	无	是	
Auto-GPT	2023/04	实验性	单		读/写	混合存储器	有	是	无
Cha+Dev	2023/07	实操性	多	手工		混合存储器	有	否	无
MetaGPT	2023/08	实操性	多	手工	读/写/反射	混合存储器	有	是	

Auto-GPT，是由游戏开发者 Toran Bruce Richards 在 2023 年 3 月推出的 AI 实验项目，以其多才多艺的能力，自动生成提示并使用各种工具和 API 完成多步骤任务，无须人类干预。这个项目在 GitHub（一个开源项目托管平台）上迅速获得了超过 14.9 万的星星，成为 AI 领域的标志性项目。该系统通过集成多种外部工具，如 GitHub 克隆、代理启动、社交媒体互动和图像生成等，以及支持矢量数据库和文本到图片模型，实现了强大的功能集合。同时，利用 Pinecone 数据库进行长期内存存储，保持上下文连续性，并通过 Python list 结构有效管理历史文本信息，以优化决策过程。尽管主要面向办公和开发场景，提高了自动化流程和市场研究的效率，但在实际操作中可能会遇到效率和逻辑循环的挑战。

GPT-Engineer，由 Anton Osika 在 6 月 11 日推出的开源代码生成工具，基于 GPT 模型，能够根据用户的指示和需求生成高质量的代码。截至 2023 年 9 月，GPT-Engineer 在 GitHub 上星星数量接近 4.4 万，成为编程界的新星。

GPT-Engineer 以其两大亮点脱颖而出：首先，其高度的可定制性允许用户根据个人编码风格、项目需求和编程习惯定制代码生成，确保输出的代码与用户期望无缝对接。其次，它所具备的上下文感知能力，能够智能理解并融入代码上下文，生成适宜的代码片段，省去了用户适应和调整的烦恼，极大提升了编程工作的效率。

◆ 具身智能

具身智能（Embodied AI）是实现通用人工智能（AGI）的必经之路，而人形机器人作为具身智能的理想平台，能够提供与物理世界互动和学习的机会。AI 大模型可以看作是机器通过互联网学习大量知识的过程，相当于"读万卷书"。而具身智能则为智能体提供了实体形式，使其能够与物理世界进行交互，通过实践"行万里路"。

在过去 20 年里，人形机器人领域最著名的产品来自波士顿动力公司，它由麻省理工学院的 Leg Lab 实验室发展而来，以其机器人 Altas 能够翻跟头和倒立而闻名，引领了当时的技术潮流。尽管波士顿动力公司在技术上取得了显著成就，但一直未能解决人形机器人商业化的问题，经历了多次所有权变更，先后被谷歌、日本软银和韩国现代汽车收购。

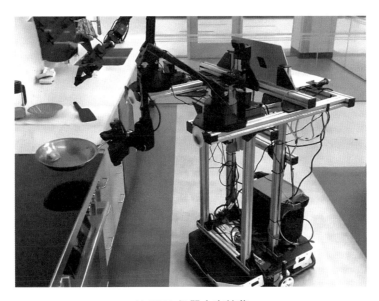

ALOHA 机器人在炒菜

2024 年 1 月，斯坦福大学开发的 ALOHA 机器人因其能够独立完成如"滑蛋虾仁""干贝烧鸡""蚝油生菜"等复杂中餐菜式的烹饪而成为社交媒体 X（原推特）上的热门话题。如下图所示，这款半人形机器人配备了手臂和滚轮式下肢，不仅能够自主进行烹饪相关的拿锅、炒菜和洗锅等动作，还具备乘坐电梯、浇花和操作吸尘器等多样化的生活技能。

人工智能正在引领机器人技术的革命性变革，尤其是在人形机器人领域。这一领域的发展机会被认为将远超自动驾驶汽车，并且其采用速度更快，预示着一个全新的商业和技术时代的到来。特斯拉作为这一变革的中心，处于技术前沿地位。2024 年 6 月，特斯拉的创始人埃隆·马斯克在 X 平台上发布了一段令人惊叹的短视频。如下图所示，视频中，一台全身涂装成白色的特斯拉"擎天柱"（Optimus）机器人站在工作台前，灵巧地动用手指和手臂，从一个框子中取出一件黑色 T 恤，铺开并整齐地叠好，整个过程就像一场优雅的机械舞。马斯克自豪地宣称，这款人形机器人拥有的潜力，远超特斯拉所有其他产品价值的总和。

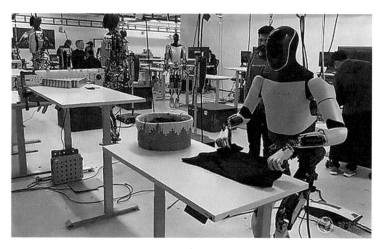

Optimus 在叠 T 恤

随着劳动力短缺和人口趋势的变化，人形机器人在各行各业中的商业潜力和应用前景变得愈加清晰。摩根士丹利通过建立专有的总可寻址市场

（Total Addressable Market，TAM）模型，深入考察了劳动力动态和人形机器人的潜在市场，结果显示其覆盖了超过 830 个工作分类，揭示了全球劳动市场高达 30 万亿美元的巨大价值。埃隆·马斯克在 2024 年 6 月的股东大会上提出了一个宏伟的愿景，他相信未来人形机器人的数量将至少是人类的两倍，甚至可能达到 200 亿或 300 亿。这一预测基于对技术进步和市场需求的深刻理解。他还预测，到 21 世纪 40 年代，将有超过 10 亿个人形机器人在全球范围内运行，这个数字远远超出了目前市场的预期。特斯拉已经在这一领域取得了实质性进展，预计在 2025 年将有至少 1000 个 Optimus 机器人在特斯拉投入工作，并计划从那时起迅速扩大规模。人形机器人不仅将成为劳动力的重要补充，更有可能在未来社会中扮演关键角色，推动各行各业的自动化和智能化发展，实现人类劳动力的解放和生产力的飞跃。

Optimus 机器人展出

人形机器人的快速进步得益于具身智能的突破，这种 AI 通过自然语言、模仿和仿真加速了物理机器的学习过程。正如 LLM 和生成式人工智能（Generative AI，GenAI）推动了 ChatGPT 等应用的能力提升，多模态模型

（Multimodal Model，MMM）正在为机器人技术的创新打开新的大门。这些技术使得机器人能够观察、模仿并在物理和虚拟世界中进行学习，通过自然语言与人类进行交互，实现了与智算中心的连接和迭代。

机器人学正经历"ChatGPT 时刻"，这是一次由人工智能的突破性发展所引发的技术革命。谷歌旗下的 DeepMind 相关业务负责人表示，我们正从机器人学的"美好旧时光"跨入一个由 LLM 和 GenAI 主导的新时代。这些技术曾是独立领域，但现在它们正融合，为机器人学带来深远的影响。就像法拉第将电和磁结合，发明了电动机，开启了电力革命，我们现在可能正站在 GenAI 与机器人学结合的门槛上，预示着一个创新的新时代。这种融合将不仅推动技术进步，更将重塑我们对机器人在社会中角色的认识，引领我们进入一个智能化的未来。

在 OpenAI 的大型语言模型支持下，初创公司 Figure 的人形机器人 Figure 01 在交互能力上取得了显著进步。2024 年 3 月 13 日，Figure 在社交媒体 X 上发布了一段视频，演示了 Figure 01 如何与人类进行流畅的对话和互动。如下图所示，视频中，Figure 01 能够描述周围环境，并响应测试人员的请求，如拿起苹果递给对方，解释为何要捡垃圾，并在没有具体指示的情况下，准确地将杯子和盘子放入沥水架。

Figure 01 将杯子和盘子放入沥水架

　　在提到为什么选择人形机器人作为研发方向时，Figure 的创始人这样回答："我们所生活的世界，其操作系统是与人类相适应的——例如门把手、仓库货架，这些设计初衷都是为了符合人类的形态和能力。通用人形机器人作为一个通用界面，可以直接与我们的物理世界互动。它们的出现将为人类带来诸多益处，有助于解决劳动力市场中的重要问题，例如提高生产效率，减轻家务和护理老人的负担。"许多专家认为，尽管机器人可以采用各种高度专业化的形态，如机械臂、蛇形机器人、机器狗等，但人形机器人在适应我们所建造的环境中更为简单直接。此外，因为和人类拥有相同的体型，所以相比于其他类型的机器人，我们拥有大量的数据来训练这些人形机器人，我们自身就是最好的参照模型。这种数据丰富和环境适应性，使得人形机器人在执行任务和与人类互动方面具有无可比拟的潜力，这是它们成为研究和开发热点的重要原因。下图展示了通用人形机器人相比于专用机器人的优势。

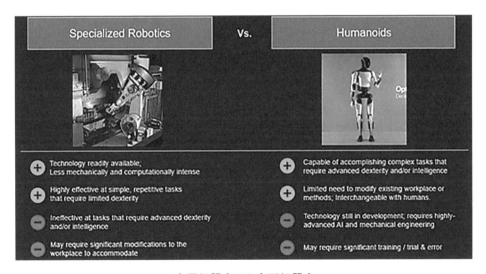

专用机器人 VS 人形机器人

　　但同时，人形机器人又不能完全像人。根据恐怖谷效应，当机器人的外观越来越接近人类时，人们对它的信任感会增加，但是当它们过于接近人类时，人们会感到不安和恐惧。所以我们的目标并不是追求机器人在外观上看起来像人类，比如说有五官和表情，而是希望机器人在功能上能够模仿人类的操控和移动能力。这样的话机器人就能够执行需要与人类操作系统交互的任务。

通过触感识别技术感知抚摸

被用户举起来时会惊奇地睁大眼睛

Panasonic NICOBO：日本爆红的具身智能萌宠，开启情感养成新纪元

　　Panasonic 的 NICOBO 智能宠物在日本备受瞩目，它以萌宠外形和"Moko语"交流特色，满足了现代人对情感寄托的渴求。该产品设计旨在激发用户的关爱，通过学习与互动，NICOBO 能更好地理解主人，营造独特的情感纽带。其价位虽高，但情感价值无可比拟，尤其适合对宠物有过敏反应或需要陪伴的用户。NICOBO 获奖殊荣标志着市场对其设计与质量的认可，预示着其在智能宠物领域的广阔前景。此产品不仅是技术革新，更是情感陪伴解决方案的典范，凸显了在人工智能时代，非人形具身智能产品的市场潜力与社会价值。

　　中国的具身智能赛道同样火热。2024 年 5 月 13 日，初创公司宇树科技也发布了公司最新的人形机器人 Unitree G1，售价仅 9.9 万元起，远低于马斯克认为特斯拉 Optimus2 万美元的售价目标。早在 2024 年 3 月的英伟达大会上，宇树科技的 H1 机器人受到了黄仁勋的特别关注，其外形酷似《瓦力》中的萌宠机器人"小黄"和"小绿"也采用了宇树科技的 Go1 四足机器人的电机和电池等核心组件。据了解，宇树科技成立于 2016 年，以四足机器人"机器狗"起步。2023 年的杭州亚运会期间，宇树四足机器人因在田径赛场上运送铁饼、标枪而"出圈"。

◆ 典型代表：艾利特机器人

艾利特机器人作为新一代协作机器人领域的领先企业，通过自主研发和创新，解决了传统工业机器人在操作复杂性、空间受限性和高能耗等方面的痛点。公司的协作机器人具备高负载自重比、先进的安全功能和灵敏的拖拽示教功能，能够满足多种工业和商业应用需求，为多个行业客户提供更高效、更灵活的自动化解决方案。

艾利特机器人创始团队来自北航机器人研究所，拥有丰富的数控和机器人行业经验。从操作系统、嵌入式硬软件到关键传感器和关节模组，所有核心部件均为自主研发，使公司在技术上处于领先地位。公司以"创新创造，自主研发"为基因，致力于打破国际技术壁垒，成为国内技术驱动的协作机器人制造商。

公司的协作机器人在全球市场中获得了广泛认可，覆盖 30 多个国家和多个行业，涵盖汽车制造、3C 电子产品、生物医药、新能源等领域。通过与众多大客户和全球生态合作伙伴的紧密合作，艾利特机器人不断推动协作机器人技术的发展和应用。

在 AI 2.0 时代，艾利特机器人紧跟行业前沿技术，推出了新一代复合机器人，进一步拓展了业务范围。复合机器人结合了轮式机器人和具身智能技术，能够在复杂环境中执行多种任务，提升了自动化生产的灵活性和效率。公司还通过开设生产基地和扩展产能，增强了自身的市场竞争力和技术影响力。

艾利特机器人通过技术创新和市场拓展，不仅推动了自身业务的发展，也为全球工业自动化和智能制造提供了强大的技术支持。公司坚持技术领先和自主创新，为客户提供高效、可靠的协作机器人解决方案，助力各行业实现智能化转型和升级。

5. 新应用范式：B 端和 C 端场景渗透

在人工智能的商业应用领域，B 端市场和 C 端市场呈现出不同的特点和发展趋势。B 端市场，即面向企业的应用，通常以提升效率、降低成本、增强决策支持等为核心目标。由于企业用户的需求较为明确，且对产品的体验要求相对较低，更强调产品的实用性，这使得 B 端应用的落地速度相对较快。此外，B 端市场的付费逻辑较为简单，企业用户更倾向于量化的指标，如投资回报率（Return on Investment，ROI），这为 B 端应用的商业化提供了便利条件。然而，B 端市场也面临着一些挑战，如数据安全和隐私保护问题。随着技术的发展，越来越多的企业开始关注人工智能在商业运作中的应用，但同时也对数据泄露等风险保持警惕。例如，一些大型企业如三星、台积电等已经开始限制某些人工智能服务的使用，以防止数据泄露。此外，国内市场中，订阅制付费意愿相对较弱，人工成本相对较低，这也对 B 端应用的商业模式提出了挑战。

与 B 端市场相比，C 端市场，即面向消费者的应用，其发展速度相对较慢。C 端用户的需求往往不够明确，很多时候是由市场供给激发需求。因此，C 端应用需要更加注重用户体验，包括易用性、学习成本、响应速度等，以适应广大用户群体的多样化需求。同时，C 端市场的合规门槛较高，尤其是政府层面的监管规定，这对 C 端应用的推广和使用带来了一定的制约。

尽管如此，C 端市场的巨大潜力仍然吸引了众多企业和创业者的关注。随着技术的进步和市场的成熟，C 端应用开始探索更多创新的商业模式和应用场景。例如，一些 C 端应用通过提供个性化推荐、智能客服、多模态交互等功能，来提升用户体验和满意度。此外，随着人工智能技术的不断进步，C 端应用也开始向更多垂直领域拓展，如教育、医疗、娱乐等，以满足用户的特定需求。

总体来看，无论是 B 端市场还是 C 端市场，人工智能的应用都面临着机遇与挑战并存的局面。技术的持续进步与市场的日益成熟为人工智能在商业应用中开辟了无限可能，然而，这同样要求行业内的参与者持续进行探索与创新，以确保能够更广泛地实现商业上的成功与突破。

模型类型 ＼ 应用场景	办公软件	平面设计	游戏研发	影视制作	广告营销	金融	医疗健康	电商贸易	法律
文字生成	微软Office 365 Copilot Notion AI 谷歌Duet AI			DramatronAI	Jasper Air Meta广告助手 Bing AI搜索	BloombergGPT prodigal	AWS HealthScribe Schrodinger	Shopify Surfer SEO AI	Harvey
图片生成		Adobe firefly Midjourney	Unity AI组件 英伟达ACE Roblox AI Leonardo.ai Promethean AI						
音频生成									
视频生成				Runway Pika Sora					

美国 B 端 AI 应用场景和底层模型类型分析

由上图可见，人工智能作为提升生产力的关键工具，正在迅速改变多个行业的工作方式。在办公软件和平面设计等具有高容错率和简单工作流程的通用性场景中，AI 应用已经取得了显著的进展，并逐渐成为这些领域的标准配置。这些工具主要用于处理单一模态的内容生成任务，属于通用型产品，其成功关键在于产品功能的完善和用户体验的优化。

随着 AI 技术的不断进步，其应用范围正在向游戏开发、影视制作和广告营销等更为专业的垂直行业扩展。这些领域对多模态内容生成的需求较高，工作流程更为复杂，同时对专业水平的要求也更为严格。尽管 AI 在这些领域的应用仍处于初期阶段，主要受到当前多模态处理能力的局限，但它们具有较高的容错率和娱乐属性，预示着一旦 AI 技术能够满足这些行业的特定需求，将有巨大的市场潜力等待挖掘。

在金融和医疗健康等专业度高、工作流程复杂的行业中，AI 应用的落地面临更多挑战。这些领域存在较高的数据壁垒和极低的容错率，对 AI 技术的准确性和可靠性有着极高的要求。然而，一旦 AI 解决方案能够在这些行业中成功落地，它们将形成强大的技术壁垒，为早期采用者带来显著的竞争优势。例如，在金融领域，AI 技术已被用于风险管理、欺诈检测和算法交易等，而在医疗健康领域，AI 技术则被应用于辅助诊断、患者监护和药物研发等。

对于法律和电商贸易等领域，其核心数据主要以文本形式存在。AI 的主要任务是文本的调取和生成，这看似简单，实则对专业度和精确度有着严格的要求。这些领域的 AI 应用需要深入理解行业数据，具备强大的模型能力，并能无缝集成到客户的工作流程中。随着 AI 技术的不断成熟和行业特定模型的开发，预计将在这些领域看到更多的创新和应用。例如，AI 在法律领域的应用包括合同分析、案件预测和法律研究等；而在电商贸易领域，AI 技术则被用于个性化推荐、客户服务和供应链优化等。

总体而言，AI 在 B 端的应用正从通用性场景向更专业的垂直行业拓展，尽管面临不同的挑战和需求，但随着技术的发展和行业数据的积累，AI 的潜力将得到更充分的发挥，为各个行业带来深远的影响。

B 端、C 端应用方面，美国科技巨头保持优势，商业化加速落地。在 B 端市场，人工智能应用的落地展现出迅猛的增长势头，其付费模式亦日趋成熟。科技行业的领军企业，依托其庞大的客户基础和市场推广优势，持续巩固市场地位。AI 技术的融入并未像移动互联网和云计算那样带来全新的用户群体，但这些巨头企业凭借其"go to market"（市场进入策略）的优势和先发地位，在 AI 时代依然占据着市场的制高点。

这些行业巨头采取的策略具有双重焦点：一方面，他们通过 AI 技术赋予现有产品新的生命，同时将 AI 作为营销的新利器，以期在用户心中重塑品牌形象。例如，Salesforce 的 Einstein GPT 功能让品牌 logo 再次成为焦点，尽管 Einstein 作为 AI 品牌之前并未取得巨大成功。微软的 Bing 通过引入 the new Bing 也在搜索市场上获得了更多的关注，缩小了与谷歌在搜索体验和品牌知名度上的差距。

另一方面，这些公司在保持毛利率的同时，也在积极扩大 TAM。他们通过增加新的付费功能或升级现有服务计划，来实现收入的增长。例如，微软的 Bing Chat 企业版、Zoom 的 AI 功能、Adobe 的 Photoshop AI 等，都采用了与现有付费服务捆绑销售的策略，这不仅扩大了市场，也为公司带来了新的收入来源。

AI 应用的渗透率正在稳步提升，部分应用已经开始提高价格，反映出市场对 AI 功能的高度认可。以 Microsoft 365 的 Copilot 功能为例，其价格涨幅显著。如下表所示，Copilot 从 E3 的每月 36 美元到 E5 的每月 57 美元，部分版本的价格涨幅甚至达到了 375%。Notion AI 和 Salesforce 的 AI 功能也显示出价格上涨的趋势，这表明 AI 技术的商业价值正在被市场所接受。特别是 Microsoft 365 的 Copilot，凭借其强大的用户基础和便捷的 AI 功能，有望成为市场上的"杀手级应用"。自 2023 年 11 月向全体企业级用户开放 Copilot 以来，截至 2024 年第一季度，已有 40% 的《财富》百强企业采用了这一功能。这一普及速度预示着，随着头部 AI 应用的普及，B 端客户对产品的认知将进一步提升，AI 在 B 端应用的每用户平均收入（Average Revenue Per User，ARPU）和渗透率的增长都有望加速。

展望未来，随着 AI 技术的不断进步和应用的深化，B 端 AI 应用预计将在提高企业效率、优化决策过程、增强客户体验等方面发挥更加关键的作用。科技巨头们通过战略性的市场布局和产品创新，不仅能够保持其市场领导地位，还将推动整个行业的快速发展和转型。

B 端大模型应用

应用名称	AI 功能	原价格	AI 工具价格	价格涨幅
Microsoft 365	可通过自然语言交互，便捷操作 Office 三件套	E3: $36/月; E5: $57/月; F3: $8/月	Microsoft 365 Copilot: $30/月	50%—375%
Notion AI	实现智能文档编辑、处理	免费版; $20/月, $200/年	$96/年或 $8/月	50%—100%
Salesforce	SalesGPT: 销售助手，包括 AI 生成销售邮件等; ServiceGPT: 客服助手，包括 AI 辅助撰写客户回复词等	专业版: $75/月; 企业版: $150/月; 无限版: $300/月	专业版: $80/月; 企业版: $165/月; 无限版: $330/月; 两个 AI 功能各另收费 $50/月	6%—140%

如下图所示，根据"AI 产品榜（aicpb.com）"的统计数据，2024 年 5 月全球 AI 在 C 端应用的排名显示了一个多元化和动态的市场格局。Chatbot 和图像处理工具继续占据主导地位，其中 ChatGPT 以其 2.58 亿的访问量和 39.60% 的显著增长率稳居市场第一，显示出其在全球范围内的深远影响力和用户基础。与此同时，国内的 AI 应用正迅速崛起，百度文库 AI 功能和 360AI 搜索等应用不仅首次跻身前 30 名，还实现了显著的访问量增长，分别达到了 71.18% 和 332.79% 的增长率。这不仅展现了国内 AI 技术的蓬勃发展态势，也反映了市场对国内应用的认可度的提升。

全球排名	产品名 AI产品榜	分类 aicpb.com	5月上榜 访问量	5月上榜 变化
1	ChatGPT	AI ChatBots	2.58B	39.60%
2	New Bing	AI Search Engine	1.44B	-5.62%
3	Canva Text to Image	AI Design Tool	666.03M	9.05%
4	Gemini	AI ChatBots	432.18M	1.12%
5	Character AI	AI Character Generator	318.01M	21.56%
6	Deepl	AI Translate Tools	289.57M	4.66%
7	Notion AI	AI Writer Generator	170.45M	-0.40%
8	Q-Chat	AI Tools for Education	123.67M	-16.06%
9	Shop	E-COMMERCE	109.56M	13.57%
10	Jambot	Productivity	95.38M	4.41%
11	Salesforce AI	AI Customer Support	89.73M	2.06%
12	Perplexity AI	AI Search Engine	89.08M	21.98%
13	Grammarly	AI Writer Generator	70.83M	-5.35%
14	Claude	AI ChatBots	66.94M	-0.53%
15	Quillbot Paraphraser	AI Paraphrasing Tool	65.86M	0.96%

续表

16	百度文库 AI 功能	AI Writer Generator	65.36M	71.18%
17	LINER AI	Browser Copilot	64.28M	-3.14%
18	Remove.bg	AI Image Editor	64.11M	6.74%
19	Poe	AI ChatBots	51.17M	3.31%
20	360AI搜索	AI Search Engine	50.98M	332.79%
21	Khanmigo	AI Tools for Education	47.86M	1.09%
22	JanitorAI	AI Character Generator	47.22M	-6.89%
23	GPT3 Playground	AI Code assistant	43.57M	20.16%
24	CheggMate	AI Tools for Education	34.22M	-34.74%
25	Feedly	AI Research Tools	33.89M	5.85%
26	Miro	Productivity	31.8M	1.57%
27	SpicyChat AI	AI Character Generator	27.27M	28.13%
28	Civitai	Model Training & Deployment	26.16M	7.44%
29	Google Bard	AI ChatBots	24.79M	-27.79%
30	Beacons AI 2.0	AI Marketing Tools	23.79M	5.01%

AI 产品榜（aicpb.com）

图像处理工具 Remove.bg 的 AIGC 编辑功能和 Canva Text to Image 同样表现出色，分别以 6.74% 和 9.05% 的访问量增长率显示出用户对创意工具的持续需求。在聊天机器人类别中，除了 ChatGPT 之外，Gemini 和 Claude 也稳定保持在前列，相较而言，Google Bard 的热度则有所下降。此外，the new Bing 作为全球 AI 搜索引擎龙头，尽管访问量略有下降，但仍以 1.44 亿的访问量保持在第二名的位置。

可以看到，AI 在 C 端应用市场正在经历快速的变革和增长。尽管头部应用的格局相对稳定，但新兴应用的快速崛起和访问量的大幅增长表明，

AI 技术的创新和市场的需求都在推动这一领域的不断发展。随着技术的不断进步和市场的进一步开拓，预计 AI 应用将继续扩大其影响力，为消费者提供更加丰富和高效的服务。

类比移动互联网应用落地节奏，新硬件开启生态，基础设施完善推动应用繁荣。 在移动互联网时代，智能手机的普及和 4G 网络的完善共同催化了应用生态的蓬勃发展。类比这一历史进程，我们对人工智能在 C 端应用的发展趋势进行预测，可以发现两者之间存在着明显的相似性。

AI 在 C 端应用落地节奏，工具先行，社交社区初现雏形，内容仍待孵化。 AI 应用的兴起正如当初智能手机的问世，标志着技术新时代的开启。在这一新时代的初期，工具类应用担当先锋，它们利用 AI 技术在搜索问答、视频编辑等领域提升了性能和交互体验。这与移动互联网早期涌现的工具型 App 颇为相似，都是为了满足用户日常需求而设计的。随着 AI 技术的不断演进，社交社区类应用开始崭露头角，它们通过人机交互的方式，为用户提供了情感陪伴等差异化服务。这种从人—人到人—机器的转变，标志着社交模式的革新。这与移动互联网时代社交社区和内容应用的崛起有着异曲同工之妙，它们逐渐成为用户日常生活中不可或缺的一部分。

然而，AI 在内容创造领域的应用尚处于孵化阶段。类似于移动互联网时代 4G 网络普及之后才迎来生态繁荣，AI 的深度应用也需要底层模型技术的持续迭代和算力基础设施的进一步完善。目前，虽然已有影视和游戏领域的大厂开始探索 AI 与内容的结合，但这些应用的成熟仍需时日。

展望未来，随着 AI 技术的不断成熟和基础设施的完善，我们预计 AI 在 C 端应用将迎来更加繁荣的发展。工具类应用将继续作为 AI 生态的基石，社交社区类应用将进一步丰富用户的交互体验，而内容类应用则有望在技术突破和基础设施普惠化的推动下迎来爆发。

综上所述，AI 应用的发展节奏与移动互联网时代有着相似的轨迹。从工具类应用的先行，到社交社区类应用的初步形成，再到内容类应用的孵化，每一步都伴随着技术进步和基础设施的完善。随着这些条件的逐步成熟，

AI 在 C 端应用有望实现更广泛的落地，为用户带来更加丰富和高效的服务体验。

◆ 典型代表：Midjourney

Midjourney 的卓越成就凸显了用户反馈在产品迭代和完善中的核心作用。这个 AI 领域的佼佼者自 2022 年成立以来，便以其独特的发展路径和创新实践，成为业界的典范。公司的创始人 David Holz，曾是 Leap Motion 的幕后推手——这是一家致力于手势识别技术的初创公司，虽然最终以被收购告终，但其曾经的辉煌和累计高达 9000 万美元的融资额，证明了 Holz 在科技领域的远见和能力。然而，由于在 Leap Motion 时期与风险投资的不尽人意的合作，Holz 在 Midjourney 的运营中坚决摒弃了 VC 融资的模式，转而依靠公司的自我资金循环来维持增长和扩张。

这种自力更生的战略不仅赋予了 Midjourney 更大的自主性和灵活性，也带来了财务上的成功。目前，公司年收入已达到约 2 亿美元，并成功实现了盈利，这一切成就的背后，是一个仅有 40 人的小而精悍的团队。

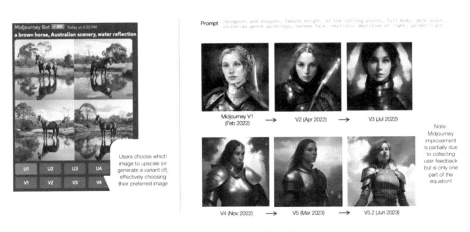

Midjourney 生成的图像

Midjourney 之所以能在 AI 领域脱颖而出，关键在于其先发优势所建立的品牌影响力，以及通过大量用户使用其平台进行图文生成操作所积累的宝贵反馈。这些反馈成为产品持续优化和改进的源泉，形成了一个强有力的体验优化闭环，为公司筑起了难以逾越的竞争优势。Midjourney 的成功案例不仅展示了一家企业如何通过倾听和响应用户的声音来实现自我超越，也反映了在快速变化的科技行业中，持续创新和快速迭代的重要性，为那些寻求在 AI 领域取得突破的企业提供了宝贵的启示：重视用户反馈，构建以用户为中心的产品开发策略是走向成功的关键。

◆ 典型代表：微软

微软一方面通过股权和算力投资，与 OpenAI 形成了紧密的合作关系。自从微软对 OpenAI 进行大规模投资以来，两家公司在多个领域展开了深入合作。微软不仅提供了强大的 Azure 云计算平台，支持 OpenAI 的模型训练和部署，还在技术研发和创新方面进行了广泛的协作。这种合作关系使得微软能够优先获得 OpenAI 的最新技术和应用，进一步增强其在人工智能领域的竞争力。

另一方面，微软本身也在全面拥抱 AI，推动其产品和服务的智能化升级。微软将人工智能技术融入其核心产品线中，包括 Office 365、Bing、Dynamics 365 等，提升了这些产品的功能和用户体验。

一个突出的例子是 GitHub Copilot，这是微软与 OpenAI 合作开发的一款 AI 编程助手。GitHub Copilot 利用 OpenAI 的先进自然语言处理技术，能够实时为开发者提供代码建议和自动补全功能，极大地提升了编程效率和代码质量。开发者只需在代码编辑器中输入部分代码或注释，Copilot 就能智能地预测并补全剩余代码，使得编程过程更加顺畅和高效。

GitHub Copilot 的成功说明用户界面（User Interface，UI）设计嵌入用户体验实现数据飞轮 + 切实兑现生产力提升的重要性。GitHub Copilot 以其卓越的代码辅助功能，成为编程界的一股革新力量，这是一个关于精心设计和用户体验至上的胜利。自 2021 年 10 月面市以来，这款产品迅速赢得了市场的青睐，如今已拥有百万级的付费用户群体和超过四万家企业的信赖，创造了超过 1 亿美元的年收入。GitHub Copilot 的定价策略定位在每月 10 美元到 20 美元，这对于欧美国家平均月薪高达 1 万美元的程序员来说，无疑是一笔划算的投资。用户反馈表明，Copilot 平均提升了他们至少 1% 的编程效率，每月创造的价值远超其使用成本，达到了 100 美元，实现了 10 倍的价值回报。

GitHub Copilot 成功的秘诀在于其对 UI 的深思熟虑设计，这种设计巧妙地融入了用户体验之中，减少了对程序员日常编码习惯的干扰。通过直观且流畅的交互，Copilot 不仅提高了自身的易用性，还巧妙地在用户使用过程中收集了宝贵的反馈数据。这些数据成为产品持续进化的燃料，推动了一个自我增强的数据循环，进一步提升了产品的市场竞争力。

此外，GitHub Copilot 通过实现对程序员生产力的实质性提升，兑现了其作为代码助手的核心承诺。它不仅仅是一个工具，更是一个能够激发创造力、加速开发流程的合作伙伴。随着 AI 技术的不断进步，GitHub Copilot 的故事还将继续，它将作为 AI 在编程领域应用的一个标杆，引领未来技术创新的潮流。下图为 GitHub Copilot 生成的代码：

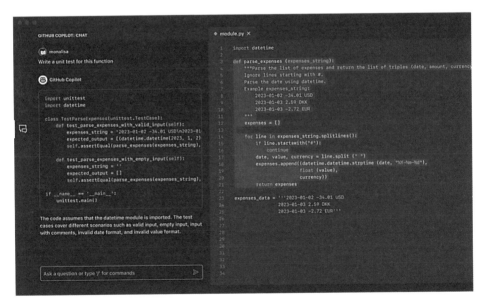

GitHub Copilot 生成的代码

◆ 典型代表：EvenUp 和 Harvey

在法律服务领域，人工智能的融合正逐步提升律所的工作效率，为行业带来创新变革。EvenUp 和 Harvey 两个案例便是这一趋势的生动体现。

EvenUp 作为一个 AI 平台，专注于解锁因法律服务成本过高而未能满足的市场需求。通过该平台，律师助理仅需上传原告的基本信息，AI 便能自动编制详尽的诉讼书，用于个人伤害赔偿案件。这一过程显著减少了律师助理的工作时间，每个案例至少节省两小时，同时加快了案件处理速度，提升了客户满意度。EvenUp 的商业模式已得到市场的广泛认可，拥有超过 200 家律所客户，每月生成诉讼书文档数量超过 1000 份，年收入达到约 2000 万美元，同比增长 5 倍。2023 年 4 月，EvenUp 获得了 BVP、Bain Capital Ventures 等知名投资者的支持，投后估值达到 3.5 亿美元。EvenUp 的成功预示着 AI 工具在降低法律服务成本、开拓市场增量需求方面的潜力。

另一方面，Harvey 作为 OpenAI 投资的法律领域创新产品，被誉为法律界的 Copilot，致力于提升律所的生产效率。如下图所示，Harvey 的功能类似于法律行业的 Chatbot，能够进行法律文书写作、解答复杂法律问题、处理合同文件，甚至定制公司专有的模型。自 2023 年 4 月至年底，Harvey 的收入增长了 10 倍，并与多家顶级律所建立了合作关系。

Harvey 的成功得益于几个关键因素：首先是大模型训练能力，Harvey 在 2022 年下半年获得了 GPT-4 的优先使用权，并结合大量法律专业数据进行了微调（Finetune）。其次是行业专业数据库的构建，与 Allen & Overy 等顶尖律所及普华永道等知名审计公司建立了合作关系，确保了客户资源和优质训练数据的获取。然后是对行业工作流程的深刻理解，公司 CEO 曾是 DeepMind 的科学家，而联合创始人拥有著名律所的职业背景，这样的团队组合既具备丰富的法律实践经验，又对大模型技术有深刻理解，知道如何有效训练模型以适应法律服务的需求。

这两个案例共同描绘了一个趋势：AI 技术正成为法律服务行业的重要推动力，通过提升效率、降低成本，为传统法律服务带来创新解决方案，同时为行业开拓新的市场空间。随着技术的不断进步，预计 AI 将在法律服务领域扮演越来越重要的角色。

An AI-driven solution for winning personal injury claims

1. Upload plaintiff information

You can upload the documents by using the EvenUp portal or by integrating with a practice management solution.

2. Let the AI work

Our intelligent software will automatically pull out all relevant injuries, procedures, and dates of treatments from medical records.

3. We write the story

Our team of former defense counsel, adjusters and case managers compile the data gathered into a compelling story for your client.

AI 助力法律服务

◆ 典型代表：阿丘科技

作为全球工业 AI 视觉平台及解决方案提供商，专注于将领先的人工智能、机器视觉、大数据等技术应用于工业，解决各种场景的工业检测问题。应用领域横跨新能源、3C 电子行业、印制电路板（Printed Circuit Board, PCB）行业、传统制造业、光伏行业和汽车行业等等，已在多个行业标杆客户上线使用。阿丘科技以 AIDI 工业视觉平台为核心，打造智能易用的 AI 工业视觉平台软件，并坚持一横三纵布局，除了提供平台软件、通用硬件、解决方案，还积极与 3C 电子、半导体、新能源等行业客户建立合作伙伴生态。目前部署上线工厂 400 余家，是国内工业 AI 的领跑者，且在德国、泰国、越南等地均有项目落地。目前，国内工业视觉市场已达百亿规模，增速远超全球市场，未来市场空间巨大，同时 ChatGPT 引发 AI 行业的持续纵深发展，而阿丘科技作为深耕领域多年，已经具备成熟应用场景和行业头部客户的 AI 加工业企业，将在新一轮 AI 技术升级的促进下，迎来更快速的增长和更广阔的发展空间。

6. 新竞争范式：AI 2.0 时代的中美博弈

在 2023 年，全球科技舞台上，中美两国在人工智能领域的竞争已经成为一场没有硝烟的战争。这场竞赛不仅是技术的较量，更是国家实力和战略眼光的比拼。中国的 AI 产业在过去一年中历经艰辛，努力追赶美国的步伐，社会中也普遍存在着一种忧虑，担心中国与美国在人工智能领域的差距是否正在逐步扩大。然而，随着 2024 年的到来，焦虑中孕育而生的是一种新的希望和信心。

这种情绪的转变得益于中国在自研大型 AI 模型方面的显著进步。过去，我们常常只能羡慕地看着美国的 AI 技术领跑世界，而如今，中国的 AI 技术也开始展现出其实用性和成熟度，使得那种只能远观的焦虑逐渐消散。同时，中国的科技企业在开源大模型领域也取得了显著成就，如昆仑万维的天工 3.0、阿里的通义千问 1.5 以及百川的 Baichuan2-53B 等，这些模型的出现标志着中国 AI 技术开始在国际舞台上占据一席之地。

此外，在一些专业领域，中国的 AI 技术已经显示出超越美国同行的潜力，特别是在工业制造和音乐创作等方面，中国的垂直大模型在综合评分上已经超越了对手。这一进展不仅表明了中美在 AI 技术上的差距正在缩小，而且也预示着在 AI 与实体产业深度融合的垂直领域，中国正展现出其独特的竞争力和市场潜力。

AI 模型的构成要素可以分解为算力、算法、数据和场景四方面。这四大要素构成了 AI 模型的基础，并决定了其发展的速度与质量。在算力方面，全球市场目前呈现出由英伟达等领先企业主导的局面，形成了明显的市场优势。这种优势在一定程度上限制了其他企业的发展空间，但中国企业并没有因此停下发展的脚步。相反，中国正在积极探索和发展自己的算力解决方案，以期在未来实现技术突破和市场竞争力的提升。

◆ 中美在数据和场景要素上的竞争

除了算力，算法、数据和场景的结合构成了 AI 解决问题的两大类别。**第一类是具有统一最优解的场景**，如 AI 编程、翻译和解题等，这些领域内的竞争是全球性的，各国的成就容易衡量和比较。**第二类是根据应用需求而具有局部最优解的场景**，例如特定于矿业、农业、工业的 AI 应用，或是根据本国人口的 DNA 数据训练的医疗大模型，以及基于民族音乐特征创作的 AI 模型。在这些领域不存在全球统一的最优解决方案，而是需要根据具体场景定制化开发。中国在这些垂直领域的 AI 竞争力尤为显著。中国拥有 31 个制造大类和 609 个小类，每个类别都包含研发设计、仿真、生产、测试、运维和售后等多个环节，这为 AI 技术的应用提供了上万个细分场景。此外，作为全球最大的新能源汽车、手机、家电制造国，中国在未来可能成为最大的机器人制造国，这为中国 AI 技术提供了广阔的应用场景。

中国 AI 产业的竞争优势在于利用专有数据优化垂直大模型算法，并在真实场景中进行强化学习，形成数据闭环。这种闭环不仅促进了算法的持续改进，而且为 AI 产业提供了结构性的机遇。通过这种方式，中国能够在 AI 与实体经济的深度融合中发挥出独特的优势，推动 AI 技术的创新和应用，为全球 AI 领域的发展贡献中国智慧和中国方案。

◆ 中美在算法上的竞争

除了数据和场景方面的竞争对比，算法方面的差距也是经常被提及和讨论的部分。有观点认为，中国 AI 算法和美国的差距巨大，难以望其项背，中国的 AI 公司自研大模型的速度还比不上美国大模型开源的速度。然而，这种观点忽视了中国在特定专业领域所展现的强大研发实力。事实上，中国的技术团队已在多个垂直领域证明了自己构建世界级全自研大模型的能力。以 AI 音乐大模型的发展为例，近期的行业热点中，美国的 AI 音乐软件 Suno 发布了其 V3 版本，引起了全球媒体的广泛关注。几乎同时，中国昆仑万维公司也推出了自研的天工 SkyMusic，引发了行业内的热烈讨论和比较。下图的横向测评显示，SkyMusic 在多个关键维度上的表现超越了 Suno V3，在综合评分上也更胜一筹。在音乐 AI 生成这一领域，目前尚未有全球性的开源大模型，而 Suno 也未曾公开其技术框架。相较之下，SkyMusic 公开了其技术架构，为技术分析师提供了丰富的公开资料，且其技术水平已达到全球前沿。在功能上，SkyMusic 与 Suno 存在明显差异。SkyMusic 能够根据示例音源生成音乐，甚至有望根据用户哼唱的旋律创作

歌曲，这一功能更贴近普通人的使用习惯，降低了音乐创作的门槛。此外，
SkyMusic 还能够创作包含粤语、四川话、北京话、上海话等方言的音乐，
这一功能不仅丰富了音乐的多样性，也体现了对中国丰富语言文化的尊重
和利用。这说明在百花齐放的应用场景里，中国团队的自研大模型是有能
力达到世界前沿水平的。

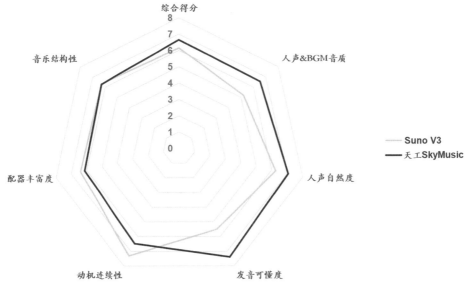

Suno V3 VS 天工 SkyMusic

除此之外，中国科技公司在 AI 领域的竞争中拥有一个常被忽视的优
势：出海优势。近年来，中国移动互联网的出海战略取得了显著成就，其
中 TikTok 的全球成功尤为引人注目。美国对 TikTok 的制裁行为反映出其
在美国乃至全球的巨大影响力。并且 TikTok 并非孤例，中国还有许多其他
应用如 SHEIN、Temu 等在海外市场取得了巨大成功。中国互联网公司之
所以能够集体在海外市场取得成功，是因为中国移动互联网产品的整体竞
争力已经全面超越了美国同行。中国在移动时代的激烈竞争环境孕育了强
大的 App，这些在国内经过严苛筛选后存活下来的产品，在海外市场展现
出了无与伦比的竞争力。中国互联网的发展周期与美国不同，美国互联网

产业起步较早，PC 时代的巨头至今仍占据重要地位。而中国的互联网企业，如腾讯、阿里巴巴、百度、京东等，多数是在移动时代兴起的，这使得中国的互联网产业天生具有更强的移动化基因。随着时间的推移，中国公司在全球移动流量的争夺中展现出了越来越明显的优势。这种出海优势不仅为中国公司带来了广阔的市场空间，还为中国 AI 技术的发展提供了丰富的数据资源。以昆仑万维为例，其旗下音乐社交应用 StarMaker 的成功，为音乐大模型 SkyMusic 的训练提供了海量数据。StarMaker 自 2016 年出海以来，已经覆盖了几乎所有的国家和地区，在 130 个国家地区的音乐音频排行榜上位列第一，这表明中国公司在海外音乐市场的积累可能超过了美国公司。

　　未来，中美 AI 竞争将更加激烈，中国应继续在基础研究、国际合作和垂直领域创新方面加大投入。通过这些努力，中国有望在未来的全球 AI 竞赛中占据更有利的地位。科技创新不仅是经济发展的驱动力，更是实现国家竞争力和全球影响力的关键。尽管目前中美在 AI 领域仍存在差距，但随着中国在技术创新和应用场景开发方面的不断努力，这种差距将逐渐缩小。中国的 AI 产业正处于一个快速发展的阶段，越来越多的中国企业在全球市场上崭露头角，展示出强大的创新能力和市场适应力。

　　◆ 以史为鉴：18 世纪英美竞争

　　这场中美 AI 竞赛让人不禁联想到 18 世纪初英国和美国在第一次工业革命时的竞争。彼时，英国凭借工业革命中的机器制造领先地位，奠定了其在全球经济中的主导地位。英国凭借其工业革命的先发优势，成为机器制造的霸主。当时的英国对先进机械产品实行了出口限制，特别是对新兴的美国市场。然而，这样的限制并未能长期阻碍美国的科技进步。在随后的几十年里，美国不仅学会了英国的技术，还在更广泛的领域内推广和应用了科技创新的成果，最终超越英国。

　　这种历史的回声，仿佛预示着今天的中美 AI 科技竞赛将对未来世界格局产生深远的影响，并且也为我们提供了深刻的洞见。它表明，尽管短期内一个国家可能因技术封锁或贸易限制而面临严峻挑战，但从长远来看，科技创新的普适性和不可阻挡的扩散趋势将最终推动后发国家的技术进步和快速发展。

将这一历史经验应用于当前中美在 AI 科技领域的博弈，我们可以发现一些相似之处。中国目前在算力方面面临一定的制约，类似于美国在 18 世纪初所面临的技术壁垒。然而，正如美国最终通过自主创新突破了英国的技术封锁一样，中国也在积极探索和发展自己的算力解决方案，以减少对外部技术的依赖。

2023 年各国 AI 领域投资（单位：$B/ 十亿美元）

短期来看，中国 AI 技术的起步较晚，投资支持力度也不及美国，这造成了目前看起来差距非常大的严峻形势，尽管在某些 AI 核心技术领域能做到与美国比肩，但整体实力仍有差距。从企业规模和资本投入的角度来看，美国的人工智能企业不仅在数量上占据优势，而且在融资规模上也远超中国。具体来说，截至 2023 年 6 月底，全球人工智能企业共计约 3.6 万家，其中美国拥有约 1.3 万家，占比达到 33.6%。相较之下，中国的人工智能企业数量虽超过 4500 家，但与美国相比仍有较大差距。在资本投入方面，如图所示，据 CB Insights，2023 年亚洲的 AI 行业融资额同比下降 61%，欧洲下降 29%，只有美国保持了 14% 的同比增长，以 672 亿美元的私人投资额在全球人工智能领域占据首位，这一数字是中国的近 9 倍。这一巨大的资本投入差距，反映了美国在人工智能领域的深厚积累和强劲动力。尽管中国在人工智能专利申请量上位居世界第一，占全球总量的 74.7%，但在高质量发展和核心技术创新方面，与美国相比仍存在一定差距。中国的大学和公共研究机构在人工智能领域的起步较晚，与产业界的知识和技术交流相对有限，这在一定程度上制约了技术创新的转化和应用。

尽管中国目前在 AI 创新的投资支持力度上与美国存在差距，但这一差距并非不可逾越。正如美国在 19 世纪通过大量投资和政策支持迅速崛起为工业强国，中国也有机会通过加大研发投入、优化创新环境、培养人才和鼓励企业参与，逐步缩小与美国在 AI 领域的差距。在全球 AI 竞争中，中国仍有许多短板需要补齐，许多领域需要长期的努力和追赶。但值得注意的是，中国作为一个现代国家，其发展历史相对较短。从历史的角度来看，中国在现代化进程中取得的成就已经相当显著。从 1602 年的万历皇帝时期到工业革命时期的落后，再到今天在某些技术领域与发达国家并肩，中国的发展速度和潜力不容小觑。

中国在 AI 领域的快速发展，正是这种后发优势的体现。科技创新的普适性意味着，无论起点如何，最终能够推动社会进步和改善人类生活的关键技术，都具有跨越国界和文化障碍的潜力。因此，尽管短期内中国在 AI 科技方面面临一些挑战，但从长期来看，通过持续努力，中国完全有能力在全球 AI 科技领域占据重要地位，并为全球 AI 技术的发展贡献中国智慧和中国方案。未来，中国 AI 产业的发展前景广阔，值得期待。

7. 新投资范式：算力投资新流派

在 AI 2.0 时代，算力不仅仅是一种技术能力，它已经转变成了一种全新的投资模式。其重要性堪比资金对于企业的发展。算力是实现人工智能应用的基石，它涉及数据处理、机器学习、深度学习等多个方面。在这个时代，算力可以被用来向公司注入资源，推动其技术创新和产品开发。

随着人工智能技术的不断进步，算力的需求也在不断增长。企业通过投资算力，可以获得更快速的数据处理能力，更高效的算法运行效率，从而在激烈的市场竞争中占据优势。算力投资已经成为企业获取竞争优势的一种手段，它可以帮助企业缩短产品开发周期，提高产品质量，加快服务响应速度。此外，算力作为一种投资模式，还可以为企业带来直接的经济收益。例如，通过提供云计算服务，企业可以将自身的算力资源出租给其他公司或个人使用，从而获得收益。同时，算力还可以作为一种虚拟货币参与到各种交易中，为企业创造新的盈利模式。

在 AI 2.0 时代，算力的共享和交易正在变得越来越普遍。企业和个人可以通过算力交易平台，购买或出售算力资源，实现资源的最优配置。这种算力的市场化运作，不仅提高了算力资源的使用效率，也为算力的投资者带来了可观的回报。算力作为生产力，在 AI 大模型浪潮之下，许多厂商都在急切地投资购买芯片、增强算力，以竞争智算中心的资源。例如，商汤科技早在 2018 年就投资数十亿元自建智算中心，并于 2022 年年初投入使用，后续持续扩建，使其成为全国规模最大的人工智能计算中心之一。

全球范围内，预计有约 30 家科技巨头和 300 家 AI 大模型初创企业在进行算力相关投资。到 2025 年，这对应大约每年 300 亿美元训练芯片和 600 亿美元的推理芯片。这表明算力投资已经成为一个庞大的市场。此外，AI 2.0 时代带来了新的投资机会和平台型机会。李开复指出，AI 2.0 将诞生新平台并重写所有应用，带来的平台型机会将比移动互联网大 10 倍，且 AI 2.0 将是提升 21 世纪整体社会生产力最为重要的赋能技术。算力在这一过程中起到了关键作用，因为它能够支持更高效、更智能的应用，从而推动经济和社会的全面发展。

美国资本市场追捧 AI 2.0 时代受益公司，塑造新时代投资范式。如下表所示，美国上市的 AI 相关标的在 2023 年迎来了资本市场的重点关注，其市值增幅也远超过其确定的收入和净利润，AI 行业的资本泡沫进一步放大，而这一波泡沫是否能被逐渐落地的 AI 应用、逐渐打开的应用市场所消化，仍有待时间的检验。

美国 AI 上市公司财务指标

细分领域	公司	主营业务	2023年度市值($B)	2023年度市值涨幅	2023年收入($B)	2023年收入增长率	2023年毛利率	2023年净利率	2023年净利($B)	2023年净利增长率	P/S	P/E
半导体	NVIDIA	GPU 芯片	1747	240%	58	120%	71%	46%	27	522%	30	65
	AMD	CPU，GPU芯片	340	128%	23	−2%	46%	4%	0.9	−35%	15	378
	Intel	CPU，GPU芯片	302	94%	55	−14%	40%	3%	1.7	−79%	5	178
	Marvell	数据中心宽带通信与存储芯片	52	68%	6	−2%	40%	−13%	−0.8	n.a.	9	n.a.
	Applied Materials	芯片制造设备	135	64%	27	3%	47%	26%	7	5%	5	19
半导体	Lam Research	芯片制造设备	102	82%	18	1%	45%	26%	4.7	1%	6	22
	KLA	芯片量测设备	79	48%	11	14%	60%	27%	3	2%	7	26
	Synopsys	芯片设计EDA 软件	78	63%	6	15%	79%	21%	1.3	25%	13	60
	Cadence	芯片设计EDA 软件	74	68%	4	15%	89%	25%	1	23%	19	74
AI云服务	Amazon	云服务＋电商	2243	83%	582	14%	47%	5%	29	扭亏为盈	4	77
	Google	云服务＋搜索	2507	53%	311	10%	56%	24%	75	25%	8	33
	Microsoft	云服务＋办公软件	3992	56%	250	14%	70%	37%	89	20%	16	45
	Broadcom	数据中心ODM	522	124%	37	8%	69%	39%	14	23%	14	37
	Dell	数据中心ODM	78	89%	85	−14%	23%	3%	2.6	12%	1	30
	MongoDB	数据库软件	42	116%	1.7	33%	74%	−10%	−0.2	n.a.	25	n.a.
	Elastic	数据库软件	16	128%	1.2	18%	74%	−12%	−0.1	n.a.	13	n.a.

美股市场的七大科技巨头，即"Magnificent 7"，包括：苹果、微软、谷歌、特斯拉、英伟达、亚马逊和 Meta。"Magnificent 7"中的 4 家公司：微软、亚马逊、英伟达、谷歌（简称"MANG"）利用手上的现金大规模在 AI 领域进行战略投资，2023 年累计投资 230 亿美元，占整个美国 VC 行业在 AI 领域投资的 30%。**如下图所示，"Magnificent 7"贡献了美股主要收益来源，"MANG"借助产业投资拉动股价飙升。**

"Magnificent 7"贡献美股主要收益来源

"MANG"投资方式多为现金 + 云计算 Credits 方式，通过"收入循环"方式做高公司收入与利润，进一步提升股价。云计算 Credits 指的是云服务提供商（如亚马逊 AWS、微软 Azure、谷歌云等）向客户提供的一种形式的预付或赠送的使用额度。这些 Credits 可以用于支付云服务的费用，包括计算、存储、数据库和其他云服务资源。企业可以利用这些 Credits 来减少其实际的现金支出，同时仍然能够使用云服务来运行其业务和应用程序。但这样的投资方式对 AI 行业估值体系造成了大幅扭曲。

下图为"MANG"主要扮演最近轮次领投角色的初创公司，覆盖 AI 产业链各环节：

AI 大模型公司　　　　　　算力服务公司

AI 应用公司　　　　　　AI 数据工具链公司

"MANG" 主要扮演最近轮次领投角色的初创公司

2023 美国 AI 领域 VC 投资多流入模型基建层，类似 20 世纪 90 年代的光纤基础设施浪潮，长期看产业链价值分布可能重塑。在 20 世纪 90 年代，围绕互联网和相关技术的乐观情绪激发了电信行业的大规模扩张。公司积极融资以扩展光纤基础设施，累计股权融资金额约为 1600 亿美元，债权融资金额约为 600 亿美元。结果是带宽成本在四年内骤降 90%，促进了许多新技术的发展。尽管最初的繁荣时期过后，许多当时叱咤风云的公司已从市场上消失。下图为当年盛极一时的电信行业头部公司：

20 世纪 90 年代电信行业头部公司

基础设施在技术发展的早期阶段起着至关重要的作用。就像互联网的发展需要大量的光纤基础设施建设一样，AI 技术的发展也依赖于强大的计算能力、高效的数据处理和大规模的模型训练，因此投资于模型基础设施是为了支持和推动 AI 领域的整体发展。技术进步和成本降低是另一个关键因素。光纤基础设施的建设显著降低了通信成本，使互联网普及和应用扩展成为可能。同样，大规模投资于 AI 模型基础设施有助于提高计算效率，降低模型训练和数据处理的成本，从而推动更多 AI 应用的开发和普及。

生态系统的构建也是重要原因。光纤投资不仅改善了通信网络，还促进了整个互联网生态系统的构建，包括服务提供商、内容创作者和终端用户等多方参与者的协调发展。同样，AI 模型基础设施的投资也在构建一个更为完善的 AI 生态系统，包括数据处理、模型训练、应用开发等各个环节，一个健全的 AI 生态系统可以促进各类 AI 应用和服务的快速发展，形成良性循环。

	公司例子	2023年累计吸引VC投资金额	占比
AI应用	character.ai runway	~ $5B	17%
AI大模型	OpenAI ANTHROP\C	~ $17B	60%
AI工具链	Hugging Face Weights & Biases	~ $1B	4%
AI算力服务	Lambda CoreWeave	~ $4B	13%
AI算力芯片	SambaNova cerebras	~ $2B	6%

AI 产业链代表公司

	公司例子	2023年全球市场规模	占比
SaaS	salesforce Adobe	~ $260B	40%
PaaS	snowflake CONFLUENT	~ $140B	22%
IaaS	amazon web services Azure	~ $200B	30%
云计算芯片	AMD intel	~ $50B	8%

云计算行业代表公司

　　从长期来看，AI 行业产业链价值分布可能会类似如今云计算行业现状。 目前，云计算行业在软件即服务（SaaS）、平台即服务（PaaS）、基础设施即服务（IaaS）和计算芯片等不同层次形成了明确的分工，AI 行业也可能会在算法、平台和硬件等层次实现类似的分工。此外，云计算经历了从基础设施到平台再到软件服务的演进路径，AI 行业也可能会经历类似的发展路径。云计算行业的成功离不开完整的生态系统，AI 行业也在逐步形成涵盖芯片设计、算法研发到应用开发的全链条生态系统。

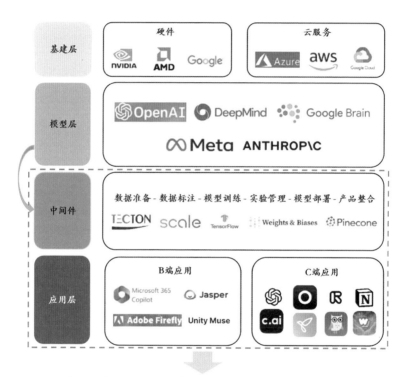

由于基建层、模型层竞争格局已较为稳定，目前硅谷投资人
主要关注中间件、应用层的初创企业。

AI 产业链竞争格局

　　基建、模型层竞争格局趋于稳定，AI 工具链和应用层的关注度在提高。 在全球 AI 领域，初创公司如雨后春笋般涌现，融资活动热度不减。基建层和模型层的竞争格局逐渐趋于稳定，OpenAI 以 113 亿美元的总融资额遥遥

领先，Anthropic、Mistral AI、Adept 和 Cohere 等公司也紧随其后，展示了在通用大模型及算法方面的强劲实力。然而，随着技术的不断演进，AI 工具链和应用层的关注度日益提高。Replit 在 AI 基础设施层面脱颖而出，向量数据库领域的 Pinecone 和 Weaviate 也取得了显著的融资成绩，表明在模型部署和数据分析等方面的巨大潜力。同时，应用层面则更加百花齐放，Inflection AI 凭借 15 亿美元的融资成为这一领域的领军者，Character AI、Runway、Harvey 等公司在情感陪伴、视频生成和专业法律助手等细分市场中纷纷崭露头角，吸引了大量资本的关注。Perplexity AI、ElevenLabs 等公司在 chatbot 和语音合成等应用上的成功，进一步彰显了 AI 技术在实际应用中的广泛前景。如上图所示，AI 技术在基建和模型层的竞争逐渐明朗化，而工具链和应用层的多样化发展正在成为新的焦点，推动着整个行业向前迈进。

基建层包括 AI 硬件及云服务。近年来，以英伟达为代表的 AI 硬件制造商在算力方面取得了显著进步，使得大模型的单次训练成本降至可接受的 1000 万美元以下。这种成本的降低为更多企业和研究机构提供了进入 AI 领域的机会。同时，以 Azure 为首的云服务厂商，通过整合算力资源和 AI 建模能力，逐步成为 AI 基础设施的重要组成部分。这些云服务不仅提供强大的计算能力，还为用户提供了灵活便捷的 AI 开发平台，推动了 AI 技术的普及和应用。

模型层包括 AI 模型及算法。以 OpenAI 为首的研究机构连续推出了多模态生成的高质量模型，包括文本生成和图片生成等。这些模型不仅在对话和图片产出内容的质量上表现优异，短期内已成为提高内容生产效率的重要工具。长期来看，这些模型有望引领下一代人机交互方式，成为新的流量入口。高质量的 AI 生成内容正在改变各个行业的生产方式，为创作者和企业提供了前所未有的效率提升和创新可能性。

中间件包括机器学习运维（MLOps）及 AI 基础设施。在底层模型和上层应用之间，中间件扮演着至关重要的角色。MLOps 等 AI 基础设施包括模型训练和模型推理两大板块中的各个细分环节。代表性公司如 Scale AI 和

Pinecone 等，通过提供高效的模型管理和部署解决方案，帮助企业优化 AI 工作流程。随着上游大模型厂商之间的竞争加剧，中间件公司作为"卖武器"的供应商，有望在这一"军备竞赛"中持续受益，获得更多的市场机会和发展空间。

应用层包括在 B 端及 C 端 AI 应用。得益于上游企业分摊了大量研发成本，下游应用能够针对垂直应用场景定制小模型，以满足特定的用户需求，实现商业化变现。从当前的落地节奏来看，B 端应用的进展速度快于 C 端应用，工具类应用的部署速度快于社交和内容类应用。这种趋势表明，AI 技术在企业服务和生产力工具领域的应用更为成熟，同时也显示出这些领域对 AI 技术的高度需求和接受度。通过针对性地开发和应用 AI 技术，企业和开发者能够更快地实现商业价值，推动 AI 在各行业的深入应用和普及。

如下表所示，从融资角度看，海外 AI 初创公司模型层融资金额较高，中间件和 B 端应用融资数量较多。

海外 AI 初创公司融资金额

基建层（AI 硬件）			
被投公司	最近融资轮次	总融资金额（美元）	领域
Etched.AI	种子轮	540 万	AI 推理芯片

模型层（AI 模型及算法）			
被投公司	最近融资轮次	总融资金额（美元）	领域
OpenAI	–	113 亿	通用 LLM
Anthropic	公司轮	76 亿	
Mistral AI	A 轮	4.9 亿（欧元）	
Adept AI	B 轮	4.15 亿	
Cohere	公司轮	4.35 亿	
Stability AI	种子轮	1.7 亿	
Contextual AI	种子轮	2000 万	

中间件（AI 基础设施）			
被投公司	最近融资轮次	总融资金额（美元）	领域
Replit	VC 轮	2.22 亿	向量数据库
Pinecone	B 轮	1.38 亿	向量数据库
Essential AI	A 轮	6450 万	模型部署
Weaviate	B 轮	6770 万	向量数据库
Qdrant	A 轮	3780 万	向量数据库
LangChain	A 轮	3500 万	开源 AI 工具包
Chroma	种子轮	2030 万	向量数据库
Fixie.ai	种子轮	1700 万	AI 模型自动化平台
Beehive AI	种子轮	510 万	数据分析
GPTZero	种子轮	350 万	AI 生成检测

应用层（AI 在 B 端及 C 端应用）				
被投公司	最近融资轮次	总融资金额（美元）	领域	2B/2C
Inflection AI	VC 轮	15 亿	chatbot	B+C
Character.AI	A 轮	1.5 亿	情感陪伴	C
Runway	C 轮	2.365 亿	视频生成	B+C
Harvey	B 轮	1.06 亿	专业法律助手	B
DeepL	VC 轮	1 亿	翻译	B+C
Perplexity AI	B 轮	1 亿	chatbot	B+C
ElevenLabs	B 轮	1 亿	语音合成	B
Synthesia AI	C 轮	1.566 亿	音乐生成	C
Figure	VC 轮	7.54 亿	营销助手	B
Rewind AI	A 轮	2790 万	搜索引擎	B+C
Luma AI	B 轮	6850 万	3D 模型生成	B
EvenUp	B 轮	5050 万	个人法律助手	C
Tome	B 轮	7530 万	笔记	C
Vectara	种子轮	2850 万	图表制作	B
Captions	B 轮	4000 万	视频生成	B+C
CodiumAI	种子轮	1060 万	AI 代码工具	B
Hypcr	种子轮	360 万	视频生成	C

| Alltius | 种子轮 | 240 万 | 企业 AI 助手 | B |
| Narrato | 种子轮 | 100 万 | 图文生成 | B+C |

来源：Crunchbase（数据截至 2024 年 3 月）

在人工智能领域的投资热潮中，硅谷的风险资本呈现出分化的态度和观点。一部分投资者对 AI 技术颠覆性的潜力充满热情，而另一部分则对潜在的行业泡沫表示担忧。热情的支持者中，有些是已经在 AI 行业凭借明星项目声名鹊起，并成功募集新基金的机构，例如 Kholsa Ventures（参与了 OpenAI 的 A 轮融资）、Menlo Ventures 和 Spark Capital（两者均为 Anthropic 的 C 轮领投方）、Coatue（投资了 Hugging Face、Runway、Scale、ByteDance 等公司）。

这些支持者的主要论点有三个方面：首先，他们认为 AI 行业正在经历结构性变革，大型企业如谷歌、微软之间的激烈竞争将推动技术不断进步，创业公司将能够利用这些新技术获得发展，类似于拼多多利用阿里巴巴和腾讯之间的竞争获得市场机会；其次，他们相信许多有潜力的公司会随着 AI 技术的发展而不断演进，就像字节跳动最初并非直接推出短视频应用抖音和 Tik Tok，而是通过今日头条逐步发展，如果早期没有投资字节跳动，就可能错失良机；最后，他们预期许多 AI 领域的明星项目将吸引像英伟达、谷歌这样的产业投资者，以及希望投资 AI 明星公司的家族办公室，这意味着早期投资者不必等到公司上市，就可以通过后续融资轮次实现退出。基于这些观点，支持派的主要行动是在 AI 领域的初创公司进行大规模的 A 轮和 B 轮投资（投资额度从 500 万美元到 5000 万美元不等），追求广泛的覆盖，并在明星项目中通过特殊目的实体（SPV）从有限合伙人（LP）那里募集资金，进行进一步的投资或出售股份。

而反对派则由坚持传统 VC 模式、注重纪律性投资方法的老牌 Tier 1 机构组成，如 Benchmark Capital、Founders Fund 和 Accel 等。反对派们认为 AI 行业的大模型公司所需的资本量过于庞大，频繁的融资和股权稀释可能会大大压缩早期投资者的回报空间，使得这些公司并不适合 VC 投资。其次，目前大模型主要基于文本内容训练，能够提供的应用多为小规模的功能改进，现有的软件公司很容易实现这些功能，因此难以出现独立的新平台。他们警告说，AI 行业存在明显的估值泡沫，许多公司的商业化进展尚处于早期阶段，但估值却异常高昂，存在严重的泡沫化风险，这可能导致这些公司未来上市退出面临困难。

因此，反对派在 AI 领域的行动是采取观望和保守的态度，选择性地投资一些 AI 应用软件和工具链公司（这些公司所需的资金量比模型层公司要少），倾向于在天使轮阶段投资以降低估值，并寻找 AI 领域之外的其他投资机会以规避估值泡沫。

从移动互联网时代到人工智能 AI 1.0 乃至 2.0 时代下，业界对于优秀的创业者通常有以下粗略的划分方式：小天才、老司机、操盘手和科学家。这些类别不仅代表了创业者的背景和特质，也反映了他们驾驭商业世界的能力。

小天才类型的创业者，通常年轻、聪明、富有创造力，多为名校毕业 / 肄业，他们凭借锋利的产品创新和对市场的敏锐洞察，快速建立先发优势。例如，Facebook 的创始人扎克伯格，他在哈佛大学宿舍里启动了这个社交网络巨头。同样，大疆的汪滔，通过创新的无人机技术迅速占领了市场。这些创业者多为名校毕业，拥有扎实的技术背景和对创新的深刻理解。

老司机则是指那些经验丰富、人脉广泛的连续创业者。他们通常依靠过往的经验和行业洞察来驱动商业发展，依靠商业模式驱动创新，通过组织能力和执行力取胜。例如，美团的王兴，他凭借丰富的商业经验和市场理解，将美团打造成中国领先的生活服务平台。拼多多的黄峥也是通过丰富的行业经验和对市场的深刻洞察，精准把握了用户的需求和痛点，通过商业模式的创新快速建立了一个成功的电商平台。

操盘手类型的创业者一般为产业老兵或离职的知名企业核心高管，擅长整合资源，依靠大客户关系和产业链整合高举高打以及大规模融资建立壁垒取胜。

科学家类型的创业者，他们通常拥有深厚的技术背景和科技创新能力，一般为大学教授、博士或企业核心研发人员等在科研领域有深厚积累的专家。

在移动互联网时代，对于互联网等 TMT（Technology, Media and Telecom，科技、媒体和通信行业）领域，成功创业者的主要类型可归类为"小天才"和"老司机"类型，而在 AI 2.0 新时代下，由于对技术水平要求的上升和产业经验的依赖，被偏好创业者的类型转变为"操盘手"和"科学家"类型。操盘手类型的创业者，通常具备丰富的行业经验和卓越的资源整合能力。他们擅长在复杂的市场环境中把握机遇，通过高效的执行力和战略眼光，引领企业实现快速成长。科学家类型的创业者，则以其深厚的技术背景和创新精神为特点。他们通常拥有博士学位或在科研领域有着显著成就，能够通过硬核的技术创新建立企业的核心竞争力。在硬科技领域，如新能源、先进制造等，科学家型创业者的专业知识和研发能力尤为宝贵。他们不仅能够推动技术突破，还能够将科研成果转化为实际的产品和服务，为企业带来持续的竞争优势。

（三）AI 新时代的争论与思辨

1. 大模型的开源闭源路线之争

在人工智能领域，开源与闭源的路线之争引发了激烈的讨论。**开源路线**是指开发者通过开放源代码，使其他开发者能够使用、传播并改进技术，迅速建立生态系统；而**闭源路线**则如同一座坚固的堡垒，守护着企业的知识产权与商业利益，通过封闭源代码，赋予企业对软件产品的绝对控制权，使其能够进行细致的质量把控和精准的市场定位，保障产品的专业性与市场竞争力。

美国的 AI 开源阵营在技术上不断追赶闭源的 GPT，努力缩短开源模型与闭源模型之间的技术差距。曾经业界普遍认为，这一差距大约保持在一年半左右。然而，随着开源阵营的持续发力，这一时差正在不断缩短，AI 技术的开放与封闭之争也愈发激烈。

2024 年 2 月 29 日，一场关于开源与闭源的辩论激烈展开，主角之一便是埃隆·马斯克这位科技界的领袖人物。他起诉了 OpenAI 及其高管，指控其违反创始协议，追求商业利益，并将 OpenAI 视为微软的闭源子公司。OpenAI 则回应称，马斯克早在 2017 年就支持 OpenAI 需要成立一个营利实体以获取资源，构建通用人工智能，并曾建议将 OpenAI 并入特斯拉以对抗谷歌。2024 年 3 月，马斯克与 OpenAI 之间的论战愈演愈烈，他公开指责 OpenAI 背离了其开放的原则，并采取了决定性的行动：宣布他所创办的 AI 公司 xAI 将其最新的大语言模型 Grok 开源，这一消息在 3 月 11 日通过 X（原推特）平台公布。

xAI 的最大优势在于其强大的数据支持。Twitter 作为全球性的社交媒体平台，提供了实时的、海量的用户生成内容；特斯拉作为电动汽车和能源解决方案的领先企业，拥有大量的车辆使用数据和用户行为数据；Neuralink 专注于脑机接口技术，其数据源具有独特的价值，涉及人类认知和行为模式。xAI 整合这三大高质量数据源，为其赋能，形成了强大的竞争力。

与此同时，Facebook 的母公司 Meta 也不甘落后，于 4 月 18 日发布了被业界视为迄今为止最强大的开源 AI 大模型——Llama 3 系列。这款模型在测试中展现出了惊人的实力，其 700 亿个参数版本在与 GPT-3.5 的对决中胜率高达 63.2%。Meta 表示，他们正在训练一个 4000 亿参数规模的大模型，其能力将全面超越现有的 700 亿个参数版本，并预告将在未来几个月推出具备更强长文本处理能力、支持多种尺寸和多语言的模型。

Meta 的 CEO 马克·扎克伯格在年初的财务报告会议上阐述了公司的开源方针："我们一贯的策略是打造并共享开源的通用基础设施，同时保留我们的产品实现细节作为专有技术。"

他同时强调了以下几点：

其一，开源软件因其社区的持续反馈、审查和开发，通常更为安全和可靠，这提高了其效率；其二，开源软件经常发展为行业标准，当企业基于我们的技术基础构建标准时，会将创新融入我们的产品使其变得更加便捷；其三，开源在开发者和研究者中非常受欢迎，这有助于吸引顶尖人才，使我们在新兴技术领域保持领先；其四，开源正在成为一种创新的、有影响力的构建大型模型的方法，它对人类社会的贡献是长远的。然而，扎克伯格也补充了不一样的看法："如果模型本身就是产品，Meta 会考虑停止开源。此时是否开源就是一个更棘手的经济考量了。"

在中国，同样也有一波又一波关于开源、闭源路线之争的讨论。百度是闭源策略的坚定支持者。百度的 CEO 李彦宏在 2024 年 4 月的一次内部讲话中提出，开源模型的价值有限，而闭源模式才是真正的商业之道，这有助于盈利、集中计算资源和吸引人才。在 2024 年的百度 AI 开发者大会 Create 上，他进一步指出开源模型将逐渐落后。通过百度的文心 4.0 技术，他们能够开发出更小但性能更优的模型，这些模型在成本和效果上都优于直接采用开源模型的产品。李彦宏还认为，开源模型与 Linux、安卓等传统开源软件不同，尽管 Meta 的 Llama 模型鼓励社区贡献，但主要的开发工作还是由 Meta 完成，并非真正的协作开发。月之暗面科技有限公司的创始人杨植麟和人工智能科学家沈向洋也支持闭源策略。杨植麟认为，闭源能够吸引人才和资本，最终取得更好的成果。沈向洋则认为，行业内的领头羊往往是闭源的，而跟随者还在犹豫，只有第三位才会选择开源。

与之相对应的是，360 公司的董事长周鸿祎是开源理念的忠实拥护者。在 2024 年 4 月 13 日的一个论坛上，他表达了对开源的理解，并提醒人们不要被错误观点所误导，认为开源不如闭源。他强调，开源能够集中资源完成重大项目，并对闭源模式形成明显的制约，防止市场垄断。在接受 AI 智领者峰会采访时，他表示，开源生态系统对全球技术领域的发展有着不可磨灭的贡献。他指出，Lama-3 模型提高了行业标准，坦言不是所有闭源公司的模型都能达到开源模型的水平，闭源模型必须超越开源模型，才有资格参与行业讨论。也有资深从业者表示，开源生态系统对中国的大型模型技术发展和实际应用至关重要。

与 Meta 全面开放源代码、OpenAI 和百度倾向于闭源的策略不同，许多其他大型模型公司倾向于采取折中的方法：它们会开源一些基础或低配置的模型，而将具有更高参数的模型保持闭源。例如，谷歌的 Gemini 多模态模型是闭源的，但它们宣布开源了单模态的 Gemma 语言模型；法国的 Mistral AI 在获得微软的投资之后，决定对其新推出的旗舰级大模型保持闭源；由王小川创立的百川智能在初期发布的模型是开源的，但对于超过千亿参数的大模型则完全闭源。王小川认为，开源与闭源并不需要像手机操作系统中的 iOS 和安卓那样只能选择其一。他认为开源有助于快速建立品牌形象，让人们能够迅速了解并评估大模型的性能，并为未来的商业化打下基础。王小川非常重视开源所带来的价值，他预测，未来将有 80% 的企业会采用开源模型，因为它们更加灵活，而闭源模型则难以为多种场景提供最佳适配。

国内的其他大模型公司如智谱 AI、MiniMax、零一万物等，也在开源与闭源之间进行探索和选择，力求在技术创新与商业化之间找到平衡点。

2. 大模型可能的发展方向

◆ 过往：LLM 大模型竞争时代结束，即将迎来新革命

自 OpenAI 推出 ChatGPT 3.5 以来，短短数月内，便在市场中引发了一场大规模语言模型的"大跃进"。互联网巨头、风险资本、企业家、人工智能初创公司以及开源社区纷纷加入这场大型模型的竞赛，涌现出众多大型模型初创企业和各种开源模型。在这场竞争中，所有大型模型都在理解力、数学逻辑、推理和创作等能力上相互角逐，目标普遍是全面超越 ChatGPT。为了超越 ChatGPT，行业普遍认同两个关键的发展方向：多模态支持和长文本处理能力的提升。

ChatGPT 不仅在各个版本迭代后保持领先地位，而且其 GPT-4 Turbo 版本在两个重要方面进行了显著改进：一是支持多模态输入，包括语音、图片和视频等；二是支持 128k Tokens 的长文本处理能力，这相当于能够处理 300 多页的书籍，直接在行业中确立了这两个突破方向的领先地位，结束了竞争。实际上，GPT 3.5 的问世已经展现了其在泛化能力和涌现性方面的决

定性突破，这预示着大型语言模型能力竞争的结束。最近 GPT-4 Turbo 的更新不仅使这一事实成为现实，也标志着整个 LLM 革命进入了一个新的时代。

◆ 现在：大模型竞争格局开启"一超多强"时代

大模型能力之争的终结并不意味着只有 OpenAI 一家独占鳌头，而是意味着其他大模型的发展和生存策略将不再仅仅依赖于模型的基础性能，而是会扩展到更多复杂的维度。OpenAI 以其领先的技术成为行业的领头羊，其能力不断提升，定义了大模型基础性能的新高度。与此同时，一些实力强大的公司开发的大模型，尽管在性能上与 OpenAI 存在差距，但它们通过在特定方向上的能力提升或在其他领域的独特优势，成为大模型领域的有力竞争者。这些模型在特定的地区、应用场景或生态系统中拥有显著的竞争优势。

特别值得注意的是，在这些竞争者中，开源模型扮演了一个非常重要的角色。作为新时代底层基础设施的核心，开源模型越是基础，越强调民主和开源精神。如果大型公司的闭源模型强调的是特定功能和生态支持以提升用户体验，开源模型则以其易于获取和成本效益高的特点受到青睐。开源模型不仅促进了技术的广泛传播和创新，而且为人工智能创业者提供了一个快速迭代和测试新理论、算法的有效平台，这对于新技术的发展和商业化至关重要。因此，开源模型与大型公司的闭源模型相互补充，共同构建了一个动态平衡和互补的生态系统。

◆ 未来：新工业革命时代——Agent-Centric 开启

当前，一个由大趋势和新生态系统塑造的格局正在逐步形成。"一超"的领域壁垒高筑，难以逾越，而"多强"的机会正在逐步显现，其中最为显著的主线是新型 AI 智能体（Agents）。这些 AI 智能代理有望开启一个全新的智能代理时代。

回顾数字时代的发展历程，每个时期都会出现一种核心的产品形态，这种形态是技术普及和惠及每个人日常生活的桥梁，也是时代变革中最有价值和机会的领域。最近两次变革分别是互联网和移动互联网时代。在以 PC 为主导的互联网时代，网页是最重要的产品形态，是人们与虚拟世界互动的门户。围绕这一核心，互联网时代不仅见证了".com"泡沫的巨大波动，也见证了新企业的兴起与衰落，如 Yahoo、网景等，以及抓住时代机遇、如今站在世界科技之巅的巨头，如谷歌、亚马逊、eBay、微软等。

在移动互联网时代，我们日常接触的是各种应用程序，App 成为这个时代的核心产品形态。在这个时期步入巅峰的科技巨头包括国外的 Uber、Facebook、Airbnb，以及中国的腾讯、阿里巴巴、字节跳动等。

在这个由大模型 AI 引领的新时代，我们见证了一种全新的交互方式——智能代理的诞生。这些由先进大模型所驱动和赋能的智能代理，预示着未来 10 年内，它们将可能成为人们日常生活交互的新平台。智能代理的不断优化——无论是性能、用户体验还是应用范围——将成为推动整个产业链发展的关键，从技术底层到商业模式的创新。

智能代理的崛起，不仅仅是技术上的突破，它更代表着一种社会行为和习惯的根本转变，引领我们步入一个以智能代理为核心的新时代——智能代理中心时代。

3. 大模型的商业化最先会发生在哪个领域

如今，大模型的商业化问题再次被摆在台面上。在人工智能的大模型世界里，无论选择的是开放的开源路线还是封闭的闭源路线，对中国的 AI 生态来说，最关键的一步是找到一个合适的场景让这些模型落地生根，找到一条可行的商业化之路。纵观整个 2023 年，AI 大模型在"实验室"和与它们紧密相关的内容产业中发展得风生水起，但在更广泛的商业领域里却步履蹒跚。

拿那些身价不菲的通用大模型来说，在 AIGC（人工智能生成内容）的热潮中，许多科技巨头都纷纷推出了自己的通用大模型，竞相增加算力和参数，好像在比赛谁能端出更大的碗来盛接这场"天降的财富"。但现实是，由于成本控制难和目标定位不准确，在真正的商业战场上，这些被寄予厚望的通用大模型却显得有些力不从心。

在此背景下，如何让大模型满足实际的商业期待，成了一个复杂且急需解答的命题。而这，恰恰是过往的 AI 赛道发展难以绕开的死结。

　　换言之，若是仅仅聚焦于技术层面，忽视了后续的应用落地、商业化变现问题，所谓的 AI 大模型热潮，终将在狂热褪去后一地鸡毛。

　　阿里前首席 AI 科学家贾扬清近期在一次高山书院的活动中，谈到目前大模型商业化落地过程内市场的两个纠结点：一是营收的流向和以往不太一样，二是大模型对比传统软件，可以创造营收的时间太短。大模型有一个特点，每次训练完一个模型后，下一次还是要从零开始训练。但同时大模型的迭代速度又很快，中间能够赚钱的时间窗口可能只有一年左右甚至更短。

　　当目光投向 B 端和 C 端，我们发现商业化的挑战各有千秋。在 B 端，传统企业在接纳 AI 技术时，需权衡投资回报率、数据安全等多重因素，而且将 AI 技术融入现有工作流程及后续维护，都需要不小的成本。

　　转向 C 端，普通消费者对 AI 产品的支付意愿正在上升，但这些收益对于覆盖大模型训练和运行的巨额成本而言，仍杯水车薪。同时，许多企业过分沉迷于 AI 技术的魅力，却忽略了对消费市场的深耕和消费者需求的挖掘。

　　知名 AI 科学家吴恩达在 2024 年 1 月的消费电子展上谈到，作为新一代通用技术，即使 AI 无法继续取得技术和新进展，其商业基础也将持续壮大。金沙江创投主管合伙人朱啸虎认为，无论是 PC 互联网，还是移动互联网，每个技术周期开启之后，虽然一开始赚钱的是硬件和基础设施，但挣钱最多的都是应用，收益至少是硬件和基础设施的 10 倍以上。

海外 C 端 AI 产品商业化案例

产品	公司	应用场景	商业模式
ChatGPT	OpenAI	聊天机器人	月度订阅
Gemini	谷歌	聊天机器人	月度订阅
Character AI	Character AI	聊天机器人	月度订阅
Perplexity	Perplexity AI	搜索	月度订阅
Midjourney	Midjourney	图像设计	月度订阅
Firefly AI	Adobe	图像设计	点数制收费，月度订阅

来源：a16z

在 C 端，AI 办公成为重点场景。根据上表所示的风险投资机构 a16z 于 2024 年 3 月发布的生成式 AI 消费级应用 Top100 报告，ChatGPT 仍是 C 端应用顶流，在网页端和移动端均排名第一，且访问量分别是第二名的 5 倍和 2.5 倍。

在这份榜单上，我们看到了各种 AI 产品，从聊天机器人 ChatGPT、Gemini、Character AI，到 AI 搜索平台 Perplexity，再到图像生成工具 Midjourney、Firefly AI 等，它们都拥有庞大的用户基础和成熟的商业模式。这些产品大多采用月度订阅模式，有的还提供点数购买服务，为用户带来了多样化的选择。在应用场景上，虽然海外的 AI 应用以通用场景为主，竞争激烈，但我们也看到了一些融合了具体场景的工具类应用，如图像设计、视频生成、办公助手等，它们正逐渐崭露头角。特别是 AI 与办公的结合，已经成为释放生产力的重要工具。微软和谷歌等巨头纷纷推出了自己的 AI 办公产品，如 Microsoft 365 Copilot 和 Duet AI，这不仅体现了它们对 AI 办公方向的重视，也彰显了这一领域的商业价值。

国内市场也在积极探索 AI 大模型的商业化可能。2024 年 4 月 8 日，360 周鸿祎透露"360AI 办公"产品即将上线，将 AI 技术与浏览器结合，提供一站式的解决方案，满足多行业、多场景的办公和营销需求。这种服务采用会员付费订阅模式，不仅为用户带来便利，也为企业带来稳定的收入流。360 安全浏览器的高市场占有率，也为 AI 办公服务的推广提供了坚实的用户基础。

垂直定制成为 ToB 赛道的关键解法。与面向个人消费者不同，B 端市场对数据安全、部署成本有着更为严苛的要求，同时对行业专业性和定制化需求也更为突出。企业客户寻求的是能够深刻理解并解决他们特定行业问题的解决方案。这不仅要求大模型具备强大的通用能力，更要求它们能够针对不同行业进行精准的定制化调整和优化。

在海外市场，科技巨头们已经在 B 端 AI 产品的商业化上取得了显著进展。例如，微软通过订阅模式提供面向办公场景的 365 Copilot 服务；AWS

专注于大模型的托管服务；SaaS 领域的领头羊 Salesforce 和 SAP 将 AI 技术融入其企业服务产品中；OpenAI 则通过出售大模型 API 来获取收入。这些案例表明，将 AI 技术与传统的软件服务、云服务等产品相结合，并提供基于企业数据的垂直定制能力，是 B 端 AI 商业化的有效途径。

国内市场也在积极跟进。以"AI 四小龙"为代表的国内 AI 企业，早期依靠服务政府部门的业务起家，在大模型技术兴起之际，也在 B 端和 G 端业务上展现出了强劲的生命力。商汤科技就是其中的佼佼者，通过"大装置 + 大模型"的深度协同，推动了自身大模型体系的迭代，业务覆盖智慧商业、智慧生活、智能汽车和智能城市等多个领域。

周鸿祎指出，企业构建大模型需要知识中枢和情报中枢两大基础设施，分别对应内部知识和外部知识。垂直场景结合专有知识，形成知识的闭环，并持续优化企业大模型。360 公司构建的知识中枢架构方案，通过收集、分析、整理各类知识，建立起内部的知识中枢，为某大学电子图书馆的智能化改造提供了强大支持。

此外，一些企业选择了与 OpenAI 类似的道路，通过售卖大模型 API 接口来实现变现。智谱 AI 和百川智能就是其中的代表。它们虽然提供开源模型，但也在积极探索商业化路径。智谱 AI 的商业模式包括 API 调用、云端私有化、本地私有化以及软硬结合一体机等多种方式；百川智能则主要采用计费模式，提供各类 API 接口，按 Tokens 数收费。

4. 谁能撼动 Transformer 的统治地位

如果说现代人工智能有一本圣经，那一定就是谷歌 2017 年发布的研究论文"Attention Is All You Need"（你需要的只是注意力）。这篇论文介绍了一种被称为"Transformer"的新型深度学习架构，并在过去 5 年里彻底改变了人工智能领域。

现在，我们看到新闻上的各种人工智能技术和应用，比如 ChatGPT、GPT-4、Midjourney、Stable Diffusion、GitHub Copilot 等，大多采用了 Transformer 架构。在 Transformer 出现之前，人工智能处理语言的主要技术是循环神经网络，它按顺序逐个处理信息，即按照单词出现的顺序一次处理一个单词。

但是，语言中的很多重要信息并不总是按顺序排列的。为了解决这个问题，研究者们引入了注意力机制（Attention Mechanism，Attention），它可以帮助模型同时关注句子中的不同部分，无论这些部分是否相邻。这种机制最早由深度学习领域的专家约书亚·本吉奥于2014年提出。谷歌的研究团队进一步发展了这个概念，他们完全放弃了RNN，转而完全依靠注意力机制来构建Transformer。这个架构的一个关键特点是它能够同时处理整个句子，而不是一个词接一个词地处理，这大大提高了处理速度和效率。

注意力机制使Transformer的根本创新成为可能，它实现了语言处理的并行化，即同时分析特定文本中的所有单词，而不是按顺序分析。Transformer架构的这种并行处理能力，让它能够更全面地理解语言，并且可以处理更大的数据集，构建更大的模型。这使得基于Transformer的人工智能模型在功能上更加强大和灵活。

简而言之，Transformer代表了当今人工智能技术无可争议的黄金标准，但没有一种技术能永远占据主导地位。

Transformer能解决一切吗？ 2024年3月21日，在英伟达GTC大会上，面对英伟达CEO黄仁勋关于"底层结构重大突破"的灵魂发问，Transformer架构论文的7名作者实名评论：7年前的绝世发明已经跟不上时代的发展。

再度活跃起来的"卷积神经网络之父"杨立昆则直接站在了Transformer的对立面。在之前的一次公开演讲中，杨立昆直接断言GPT模型活不过5年，他认为根据概率生成自回归的大模型，根本无法破除幻觉难题。杨立昆的质疑在于，这些模型主要是基于文本数据进行训练的，它们学到的只是语言的表面规则，而不是语言背后的深层含义或现实世界的物理规律。换句话说，这些模型可能在某些情况下给出看似合理的答案，但这些答案可能并不总是准确的，因为它们缺乏对现实世界的直观理解。此外，他还提到，由于这些模型的预测方式主要基于前文内容来生成下一个词，它们在进行长期规划或决策时可能会遇到困难，因为这种预测方式没有考虑到时间的流逝和事件的顺序。

矛头从根本上对准了 Transformer。这就是所谓的"不可能三角"问题：并行训练能力、性能和低成本推理。现实中，这三者很难同时满足。Transformer 中固有的自注意力机制带来了挑战，主要是由于其二次复杂度造成的，这种复杂度使得该架构在涉及长输入序列或资源受限情况下计算成本高昂且占用内存。简单点说，这意味着当 Transformer 处理的序列长度（例如，段落中的单词数量或图像的大小）增加时，所需的算力就会按该序列的平方增加，从而迅速变得巨大，因此有说法认为"Transformer 效率不高"。这也是当下人工智能热潮引发了全球算力短缺的主要原因。

谁将成为 Transformer 后的新王？ 当前，非 Transformer 架构的研究主要聚焦于优化模型的注意力机制，并尝试将其与 RNN 结合，以提高推理效率。Transformer 模型之所以强大，很大程度上归功于其核心的注意力机制，它让模型能够并行处理文本中的所有单词，而不是按顺序逐个处理，这大大提升了模型的理解和计算效率。然而，RNN 虽然在推理时内存和计算需求较低，线性增长，但它们在处理长序列时会面临梯度消失问题，难以训练，且无法实现时间上的并行化。CNN 虽然擅长捕捉局部模式，但在处理长距离依赖关系时表现不佳。因此，研究者们正尝试在保留 RNN 优势的同时，达到 Transformer 的性能。

目前，非 Transformer 技术研究主要分为两个方向：

第一类研究以 RWKV、Mamba 和 RetNet 为代表，它们尝试用循环结构来替代 Transformer 中的注意力机制。这就像用一个固定大小的笔记本来记录信息，笔记本的大小有限，所以只能记下一定量的内容。RWKV 是这类研究的代表，它已经发展到了第六代，从最初的 1 亿参数增长到了 140 亿参数。RWKV 的创造者认为，世界的运行更像循环结构，而不是需要考虑所有信息的 Transformer。

第二类研究则尝试让注意力机制变得更加稀疏，比如 Meta 的 Mega 模型。

这就像是在处理信息时，不需要关注所有细节，而是只关注重点部分，从而提高模型的效率。Mega 模型通过结合循环结构和稀疏的注意力机制，试图在保持效率的同时，也能够处理更长的序列。RetNet 框架由微软研究院和清华大学的研究团队提出，关键改进是降低了推理成本。在 Transformer 模型中，处理数据的时间和数据量是有关系的，如果数据量是 N，处理时间可能和 N 的平方成正比。但是 RetNet 模型通过一种新的方法，让处理时间几乎不随数据量的增加而增加。RetNet 模型的这种能力，让它在处理大量数据时，速度更快，内存使用更少。在一些测试中，RetNet 模型在处理速度和内存使用上都比 Transformer 模型有优势。此外，RetNet 模型在处理数据时的吞吐量也很高，这意味着它可以在同样的时间内处理更多的数据。而且，它的困惑度也更低，这表明它在预测下一个单词时更准确。这些特点让 RetNet 模型特别适合用来处理需要大量计算资源的大型语言模型。

目前人工智能领域中，尽管非 Transformer 架构的研究层出不穷，它们在小规模测试中的表现有时甚至超越了同等规模的 Transformer 模型。但整个行业对这些新兴模型存在一个普遍的疑问：当这些模型的规模扩大到 Transformer 模型的体量时，它们是否仍能保持出色的性能和效率？这是非 Transformer 模型必须面对和解决的关键问题。

以 RWKV 为例，它是目前参数量最大的非 Transformer 模型，拥有 140 亿参数，而 Meta 支持的 Mega 模型则有 70 亿参数。然而，与 GPT-3 的 1750 亿参数以及传说中的 GPT-4 的 1.8 万亿参数相比，非 Transformer 模型仍需证明自己能够训练出更大规模的模型。

目前，基于现有硬件的算力，将 Transformer 模型部署在端侧设备上进行大模型运算仍然具有挑战性，主要是因为 Transformer 模型在处理长序列数据时的资源消耗呈平方级增长，这限制了其在端侧的应用。而非 Transformer 模型，如 RWKV，尝试通过框架层的优化实现轻量化，以便模型能在本地运算，但这是否是最优解还有待验证。

另一方面，随着半导体技术的发展，未来硬件的算力和能源成本有望进一步降低，这可能使得大型模型能够直接在端侧设备上运行，减少了对底层架构改变的需求。但有观点认为，非 Transformer 模型应该在达到与 OpenAI 相当的水平后再考虑轻量化，而不是仅仅为了减小模型规模。

尽管 Transformer 拥有着日益坚固的生态护城河，但根据科技发展的规律，很难有一个架构能永远一统江湖。未来，非 Transformer 需要继续证明自己的天花板有多高，Transformer 架构也同样如此。

智算经济篇

新质生产力与智算经济

人工智能对世界的重塑不单单在细微之处，更是在宏观层面开创了全新的增长范式，随着算力逐渐升级为智算力，人类的经济社会发展也将切换到另一条以智算力为能源的道路上。

一、引言

世界会永远记住 2022 年 11 月 30 日这一天，当 OpenAI 正式发布了由 GPT-3.5 系列大型语音模型微调而成的全新对话式 AI 模型 ChatGPT，瞬间引爆了全球，这是硅基生物第一次涌现超出人类的推理和智能能力，标志着人类距离 AGI、距离真正的通用人工智能又迈出了坚实的一步。全世界的资本和科技力量的目光都聚焦于一个并不新鲜但充满想象的领域：人工智能。所有人都在期待，它将如何颠覆这个世界。

革命性的科技突破不仅仅是一个科技产品的迭代所带来的商业变化，而是因为科技所带来的生产关系、商业逻辑、政治体制和产业结构的变化，这才真正具有颠覆性的改变意义。作为本轮科技革命的发生地——美国，就是典型的一个例子。在 2022 年这一波人工智能浪潮兴起之前，几乎所有的经济学家都警告说美国的经济衰退不可避免，但这一波科技浪潮却扭转了这个周期趋势，给美国加上了一层经济软着陆的安全垫，让美国在经历 11 次加息后，失业率等经济指标依然表现强劲，维持着美国经济的强大韧性。这恰恰就是科技变革的神奇，对于原有生产关系和产业结构的重塑作用表现为对经济增长的巨大助力。

与此同时，在大洋彼岸的中国，人工智能浪潮也丝毫不逊。中国正以其独特的科技创新路径和产业升级战略，积极拥抱人工智能带来的变革。中国政府高度重视科技创新，将人工智能视为推动经济高质量发展的关键力量。在国家层面，中国出台了一系列政策，旨在加强基础研究、促进科技成果转化、优化人才培养机制，并构建起支撑高端引领的先发优势。这些举措不仅加速了科技成果从样品到产品再到商品的转化，而且推动了产业结构的优化升级，加快了新旧动能的转换，新质生产力就是其中的重要代表。

目前围绕新质生产力、第四次工业革命的讨论非常热烈，新质生产力的提出恰恰与这一波人工智能浪潮十分契合，是中国一个新的产业周期的开端。中国的智算经济时代的到来将有利于推动中国新质生产力的形成，能够实现中国经济增长的动能切换。

二、智算经济与新质生产力

（一）智算经济：起点是"算"，关键在"智"

智算经济从"算"起步，围绕"算力服务链条"形成的就是狭义的算力经济。算力经济最开始由中国科学院计算技术研究所张云泉博士在 2018 年首次提出。当时，他在参加一次地方政府活动上提出建议，根据当地的产业发展和资源情况，当地政府可以发展算力产业和算力经济。此时的算力经济还远远没有达到智算经济的高度，更多是一个在狭义上，聚集算力生产者、算力调度者、算力服务商和算力消费者的商业模式。中国信息通信研究院在其《云计算白皮书》中阐释了算力经济作为一种全新的经济模式，它不仅仅关注云计算或人工智能等单一技术领域的发展，而是更侧重于从算力的生产、调度、服务到消费等整个算力产业链的角度来评估数字经济的发展水平。

进入 2021 年，智算经济内核已经变成"智"。数字经济时代，算力在原来的基础上，其智能化程度和计算密度又得到了进一步的加强。算力逐渐上升到了生产力的地位，算法成为了新的生产关系。根据瑞士洛桑国际管理发展学院发布的报告，在综合手机、服务器、超算、边缘计算后的总算力上，中国已然成为仅次于美国的第二名。

在中国政府发布的《中华人民共和国国民经济和社会发展第十四个五年规划和 2035 年远景目标纲要》的背景下，中国电子信息产业发展研究院的温晓君等专家认为，为了加速社会经济的数字化转型和提升国家治理的现代化水平，对计算能力的需求正在全面升级。在生产、流通和消费各个环节，对高效算力资源的需求正在以指数级速度增长。这不仅包括了先进的计算软硬件系统产品供给体系，还包括了算法、算力平台的基础设施，以及"计算＋"赋能行业，预示着算力经济可能成为中国经济中长期增长的新动力。

算力经济是数字经济衍生的一种新经济形态，以数据作为主要生产要素，通过算力、算法、算效等技术创新，促进数字经济与实体经济深度融合，实现效率、效能、质量提升和经济结构优化升级的一系列经济活动。

随着算力密度和价值量提升，在算力从"计算力"升级到"智算力"的过程中，算力经济将进一步发展为智算经济，具体定义为：作为数字经济衍生发展过程中的一种全新经济形态，智算经济与算力经济类似，同样以数据作为主要生产要素，但智算经济将通过更高密度的智能算力、算法和算效，扩展全新的人工智能产业，并促进智能算力向产业端渗透，实现效率、效能、质量提升和经济结构优化升级的一系列经济活动。

（二）新质生产力：起点是"新"，关键在"质"

1. 新质生产力阐意

所有的讨论都从一个词语开始：新质生产力。它可预见在未来的百年里，深度糅杂在中国的奋斗征程之中。习近平总书记在黑龙江考察时指出，整合科技创新资源，引领发展战略性新兴产业和未来产业，加快形成新质生产力。

之后围绕新质生产力，国家层面陆续对其进行解读和部署，2023 年 12 月 11 日中央经济工作会议，首次在经济工作中对新质生产力进行部署，提出以科技创新引领现代化产业体系建设，特别是以颠覆性技术和前沿技术催生新产业、新模式、新动能，发展新质生产力；2024 年 1 月 31 日习近平总书记在中共中央政治局第十一次集体学习时强调，加快发展新质生产力，扎实推进高质量发展，并对新质生产力进行了具体阐释："概括地说，新质生产力是创新起主导作用，摆脱传统经济增长方式、生产力发展路径，具有高科技、高效能、高质量特征，符合新发展理念的先进生产力质态。它由技术革命性突破、生产要素创新性配置、产业深度转型升级而催生，以劳动者、劳动资料、劳动对象及其优化组合的跃升为基本内涵，以全要素生产率大幅提升为核心标志，特点是创新，关键在质优，本质是先进生产力。"

2024 年 3 月 5 日两会政府工作报告中，更是将新质生产力提到了前所未有的高度，报告中指出，政府将把加快发展新质生产力作为政府的首要任务，政府将推动产业链优化升级，积极培育新兴产业和未来产业，深入推进数字经济创新发展。自此，新质生产力成为了推动产业升级、助力经济增长发展的重要动能。

2. 生产力：从蒸汽机时代走向新质生产力时代

回到最本源的讨论，无论是新质生产力还是传统生产力，最后落脚点还是在生产力。生产力是马克思主义政治经济学中的一个核心概念，它指的是人类社会为了满足自身需要而改造自然、生产物质财富的能力。如下图所示，生产力由多个要素构建组成。

生产力构建要素

劳动者要素：指具有一定生产经验和劳动技能、掌握科学知识与技术，能在社会生产中从事具体劳动的人；**生产资料要素**：指在生产过程中用来改变或影响劳动对象的一切物质资料或物质条件，如土地、原材料、工厂、机器等。**劳动对象要素**：指在劳动过程中劳动者作用于其上的一切物质资料，如待加工的原材料、待耕作的土地等。**科学技术要素**：马克思认为科学技术是生产力的重要组成部分，邓小平进一步明确指出"科学技术是第一生产力"。**社会组织形式要素**：涉及生产的组织方式，如企业制度、管理方式等，也对生产力的发挥有重要影响。

如下图所示，我们可以从这些要素的视角来看人类的科技进步之路：

时代演进背后是不同的动力来源和技术革新

人类在历史的长河中，经历了几个显著的技术发展阶段，每个阶段都以特定的动力来源和技术革新为特征。

首先是蒸汽机时代，这一时期标志着人类从农业社会向机械化社会的转变。煤炭和水作为主要的动力来源，催生了蒸汽机的发明。蒸汽机的广泛应用不仅推动了运河和铁路网络的建设，也为工业革命的蓬勃发展奠定了基础。

随后，人类步入了电气化时代。这一时期的发展动力转向了石油和电力。交流电和直流电的发明，以及发电机、电动机和内燃机的创新，进一步加速了工业化进程。电网、机场和油管等基础设施的建设，使得自动化设备得以广泛应用，极大地解放了人力，生产效率因此得到了前所未有的提升。

20世纪的到来，引领人类进入了信息化时代。这一时期的发展动力主要来自于电力和计算力。随着CPU的问世，数字化成为了推动社会发展的新引擎。信息化系统的广泛应用，使得传统产业得以升级改造，人类社会进入了网络化和信息化的新阶段。

而今，新质生产力的概念应运而生，我们正处在一个由新质生产力推动的崭新时代。智算力，即计算密度和价值量快速攀升的智能计算能力，成为了这一时期的关键动力。OpenAI 的创始人 Sam Altman 提出，人工智能的未来与清洁能源的突破密切相关。英伟达的创始人黄仁勋也强调，AI 的终极目标是实现光伏和储能技术的飞跃。在这个时代，新能源和智算力将共同成为社会发展的重要驱动力，智算中心将作为全新的社会基础设施，为人类社会的发展提供强大的支撑。

3. 告别传统的曾经，奔赴新质的未来

从不同视角了解的新质生产力，其表现形式也不尽相同，作为未来中国高质量发展的核心推力，新质生产力展现出了与传统生产力的显著差异。如下图所示，在最核心的对经济发展的经济拉动效应方面，新质生产力的核心在于科技创新和全要素生产率的提升带来的经济增长，传统生产力的核心在于大量资源投入带来的经济增长，而随着中国劳动力要素和资本要素效应的减弱，提升全要素生产率，成为未来无可避免的倚重。

	传统生产力	新质生产力
核心	大量资源投入	科技创新及全要素生产率的提升
成长性	成长性低	增长速度缓慢
劳动生产率	劳动生产率比较低	劳动生产率比较高
动力来源	主要受到自然资源、劳动力和资本的不断投入等驱动	其发展推力通常源自于科技创新
发展速度	传统生产力的发展较为缓慢	远远超过摩尔定律速度的发展速度
发展模式	要消耗大量的资源和能源	以科技创新为支撑，防止对资源和能源的过度使用
发展目标	追求经济规模的扩大	当前利益与长远利益的协调 经济效益、社会效益和生态效益相统一

传统生产力 VS 新质生产力

首先，从动力来源来看，传统生产力主要依赖于自然资源的大量消耗、劳动力的增加以及资本的持续投入，这种模式不可避免地带来了资源紧张

和环境压力。相较之下，新质生产力将科技创新作为其核心动力，通过不断的技术进步和创新活动，实现了生产效率和产品质量的显著提升，从而推动了生产力的质的变革。新质生产力的这一特点，不仅体现了对技术进步的深刻认识，也彰显了其高效能、高质量的发展追求，顺应了高质量发展的新时代要求。

其次，就发展速度而言，传统生产力由于对实体资源的依赖，其增长速度受到资源可获得性和劳动力增长速度的限制，因此增长相对缓慢。而新质生产力，得益于科技尤其是信息技术和互联网的快速发展，能够实现快速的迭代更新和指数级的增长，其速度和模式都远远超越了传统生产力，体现了数字时代生产力的融合性、创新性，以及对新时代内涵的深刻体现。

再次，看发展模式的转变，传统生产力模式常常伴随着大量的资源消耗和环境污染，其不可持续性问题逐渐显现。新质生产力则提出了一种节约型和环境友好型的新型发展模式，依靠科技创新推动生产过程向绿色化、循环化转变，致力于实现经济、社会和生态效益的协调统一。新质生产力的这种发展模式，更加注重长远的可持续发展，而不仅仅是短期的经济增长。

最后，从发展目标的角度比较，传统生产力更侧重于规模的扩张和短期的经济利益，而新质生产力则更加关注发展的质量和效益，追求长期利益与当前利益的协调，以及经济效益、社会效益和生态效益的和谐统一。新质生产力的这一目标定位，有助于推动经济、社会、资源和环境保护的协调发展，成为推动社会全面进步和实现共同富裕的重要物质技术基础。

由此可见，新质生产力代表了一种全新的发展思维和模式，它以科技创新为驱动，追求高效能、高质量的发展，倡导绿色、循环、可持续的发展方式，并致力于实现经济、社会和生态效益的协调统一，为实现社会主义现代化和共同富裕提供了强大的物质技术支撑。

4. 智算经济将推动新质生产力的发展

当我们深入探讨智算经济与新质生产力之间的联系时，可以发现它们在定义、内涵以及协同效应上存在着紧密而深刻的关联。智算经济的兴起不仅与新质生产力的发展相辅相成，而且为后者提供了强有力的支撑。在传统的生产力构成要素中，劳动者、劳动对象和劳动工具是核心。新质生产力强调这三大要素的全面提升和优化组合。智算经济，基于强大的智算力，正推动这三要素实现质的飞跃。

首先，智算经济的兴起催生了一系列高科技产业，如机器人技术、自动驾驶、增强现实（AR）和虚拟现实（VR），这些都是人工智能原生的、技术含量极高的行业。同时，智算力也在逐渐渗透到传统产业中，显著提升了这些行业的科技水平和生产效率。

从劳动者的角度来看，智算经济的发展正在塑造一批新型的"人机协同"劳动者。这些劳动者不再仅仅是执行简单重复任务的工人，而是能够熟练运用现代技术、适应高端先进设备，并具备快速知识迭代能力的高技能人才。

在劳动对象方面，智算经济引入了"数实结合"的新概念，这与传统的资本、劳动力等生产要素形成了鲜明对比。智算经济的生产对象不仅包括高端智能设备等物质形态产品，也涵盖了数据、智算力等新型生产要素，这些都是推动生产力发展的关键资源。

至于劳动工具，智算经济带来了"智慧互动"的革新。新兴工具如具身智能、脑机接、量子信息技术、算力加速技术等蓬勃出现，正在逐步取代那些依赖经验判断的传统工具，推动新质生产力向更智能、更高效的方向发展。

综上所述，智算经济的发展不仅为新质生产力提供了新的动力和方向，而且通过促进劳动者、劳动对象和劳动工具等构成要件的革新，为新质生产力的全面发展和经济社会的高质量发展注入了新的活力。

三、智算经济的经济学理解

（一）经济学视角下的智算经济

智算经济，作为一种新兴且充满活力的经济形态，正在全球范围内迅速发展。它依托于先进的计算技术，通过大幅提升算力这一关键生产要素，显著增强全要素生产率，从而驱动经济实现长期、稳定且高效的增长。从经济学的角度深入探讨智算经济的内涵，对于把握其发展趋势、优化政策导向以及推动经济转型升级具有重要意义。

根据中国信息通信研究院的最新测算数据，2022 年我国算力核心产业的规模已经达到了 1.8 万亿元的庞大体量。这一数字不仅反映了算力产业的迅猛发展势头，也凸显了其在国民经济中的重要作用。更为引人注目的是，算力产业对 GDP 增长的拉动作用极为显著：每投入 1 元算力，就能带动 3 元至 4 元的 GDP 增长。这一高效的投入产出比，揭示了智能算力在促进经济增长中的重要作用。算力作为智算经济的核心，其对国家 GDP 的拉动效应不仅呈现出显著的正相关性，而且增长的斜率极为陡峭。这意味着，随着算力的不断提升，其对经济增长的推动作用将愈发显著。在智算经济的推动下，传统产业的数字化转型将加速进行，新兴产业的创新活力将得到充分释放，从而为经济的高质量发展注入源源不断的新动能。

在深入探讨智算经济如何成为中国未来经济增长的重要动力之前，我们必须首先明确经济增长的基本机制。经济增长是一个复杂的过程，它由多种因素共同作用和推动。从短期视角来看，经济增长主要依赖于投资、消费和出口这三大传统动力，它们被形象地称为拉动经济增长的"三驾马车"。投资能够直接增加生产能力，消费是经济活动的最终目的，而出口则能够扩大市场范围，增加国内生产的商品和服务的需求量。

然而，从长期的角度来审视，经济增长的动力则更为根本和多元。它不仅仅是生产要素数量的增加，更重要的是生产要素效率的提升，即全要素生产率（Total Factor Productivity，TFP）的增长。全要素生产率的提高反映了单位投入所能获得的产出的增加，它是衡量一个经济体技术进步、效率提升和管理优化等综合因素的重要指标。如下图所示，经济增长的决定要素可以分为长期和短期两个维度。

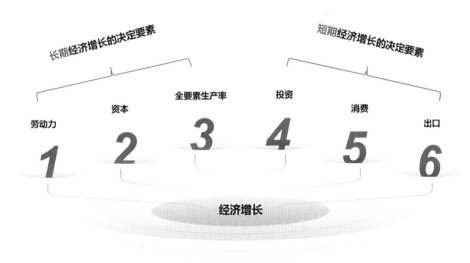

经济增长的决定要素

具体来说，长期经济增长的动力可以归纳为两个主要方面：

生产要素投入的增加：包括劳动力和资本。劳动力的增加可以通过人口增长或提高劳动参与率实现；资本的增加则通过投资积累，尤其是有效的投资，能够提升经济的生产潜力。

全要素生产率的提升：这是通过科技创新、组织机制和管理手段的创新来实现的。科技创新可以带来新的生产技术和工艺，提高生产效率；组织和管理创新则能够优化资源配置，提升经济系统的运行效率。

这就需要提到索洛增长模型（Solow Growth Model），也称为新古典经济增长模型或外生经济增长模型，这是由美国经济学家罗伯特·索洛（Robert M. Solow）于1956年提出的，该模型是现代经济增长理论的重要基石，对理解经济发展和政策制定有着深远的影响。索洛增长模型也被广泛应用于分析不同国家的经济增长路径，解释为何某些国家能够实现快速增长而其他国家则增长缓慢。索洛增长模型是除了各种各样的生产要素（如劳动力、资本、土地等）所作出的贡献之外，各种各样的创新（如技术进步和组织创新等）和效率提升也会对经济增长带来拉动效应。而在智算经济的视角下，传统的索洛增长模型也发生了变化，如下图所示，算力要素逐渐成为影响经济增长的重要一环。

智算经济视角下的生产函数

智算经济正是在这一框架下展现出其作为未来中国经济增长重要动能的潜力。传统经济增长的驱动力——资本和劳动力要素的拉动效应已然疲软。未来中国的经济增长必然需要依靠增加生产要素以及提升全要素生产率的方式来实现。智算经济通过增强算力——这一新的生产要素，不仅直接增加了经济的生产能力，而且通过促进科技创新和提高管理效率，间接提升了全要素生产率。例如，智能算法和大数据分析能够优化生产流程，提高资源配置的效率；人工智能的应用可以解放人力，提高劳动生产率；云计算和边缘计算的发展则为存储和处理大量数据提供了可能，这些都是推动经济增长的重要因素。

因此，智算经济的发展不仅能够为中国经济注入新的活力，更是推动经济实现质的有效提升和量的合理增长的关键。未来，随着智算技术的不断进步和应用的不断深入，其对经济增长的贡献将更加显著，智算经济也将成为推动中国经济持续健康发展的重要力量。

（二）新生产要素：经济增长动能切换下的必然选择

1. 中国目前经济增长的客观现实

从索洛增长模型的角度审视，生产要素的禀赋对于一个经济体选择其发展模式具有决定性的作用。该模型强调，劳动力、资本以及技术进步是推动经济增长的关键因素。然而，随着经济的发展和时代的变迁，这些传统生产要素对增长的贡献会出现变化，从而要求经济体进行相应的战略调整。

在中国当前的特定情境下，人口结构的演变、土地与自然资源的有限性以及生态环境保护的紧迫性，都对传统的发展模式提出了挑战。同时，随着工业化和城镇化进程逐渐进入成熟期，资本的边际效率可能面临递减的问题。

从劳动力生产要素的角度看，中国正面临人口结构的显著变化，这对经济发展模式和增长动力产生了深远的影响。

中国的人口发展经历了几个重要的转折点。2010 年，中国的劳动年龄人口占总人口的比重达到了 74.53% 的高点，标志着人口结构开始迅速老龄化。紧接着在 2015 年，劳动年龄人口的总数达到了 10.1 亿，达到了历史最高点，此后这一数字开始呈现负增长的趋势。

在 2020 年至 2022 年，中国的结婚人数和生育率出现了显著下降，到了 2021 年，中国的总人口数达到了 14.13 亿人的峰值。然而，仅在一年后的 2022 年，中国便迎来了首次的人口负增长，这一变化比联合国之前预测的 2027 年提前了五年。如下图所示，国家统计局最新统计数据表明，65 岁及以上的老年人口比例已经攀升至 15%，这一比例的上升意味着劳动力市场正经历着深刻的变化。特别是青年劳动力的减少，对经济增长的传统驱动力——劳动力数量的增加，构成了挑战。

与其他国家相比，中国的人口变化具有两个突出的特点。首先，中国人口减少的速度快，导致总人口达到峰值的时间大幅提前。日本在 1995 年劳动年龄人口达到峰值，直到 2009 年总人口才达到峰值，中间相隔了 14 年。而中国从 2015 年劳动年龄人口达到峰值到总人口达到峰值，只用了 6 年时间。

此外，中国在人口负增长时所处的经济发展阶段与其他国家存在显著差异。大多数经历人口负增长的国家是发达国家，而中国目前尚未跻身高收入国家的行列，其人均收入在全球排名中位于 60 多位。

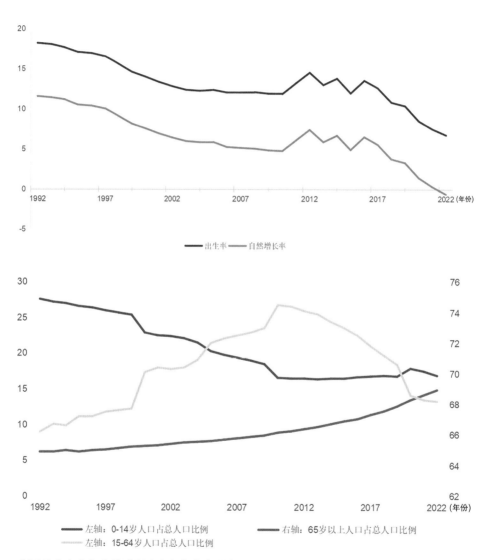

中国的出生率与自然增长率（左）各年龄段占总人口比例（右）（数据来源：国家统计局）

随着人口红利的减弱，中国的经济结构也在经历着转型。过去几十年，中国凭借丰富的低成本劳动力优势，成为全球制造业的中心。然而，随着经济的发展和国际竞争格局的变化，中国正逐步从以低成本竞争的世界工厂，向以技术创新和品牌建设为核心的高附加值产业转型。这一转型过程中，劳动要素对经济的直接拉动作用难以在短期内实现快速增长，经济增长的动力需要从传统的劳动力数量驱动，转向更多依赖于劳动力素质的提升和生产效率的改进。

从资本生产要素的角度看，资本效率的递减现象可以通过增量资本产出率（Incremental Capital Output Ratio，ICOR）这一关键经济指标来衡量，ICOR 反映了为增加一定量的经济产出所需的投资增量。具体来说，ICOR 表示为固定资本形成额与国内生产总值（GDP）的比值，即每投入一定美元的固定资本所带来的 GDP 增量。理想情况下，为了提升投资效率，我们期望单位投资能够带来尽可能多的产出，因此 ICOR 值越低，表明投资效率越高。

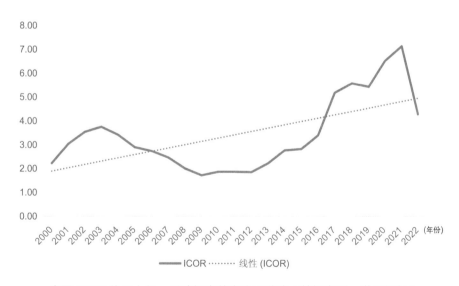

中国 ICOR 趋于上行，反映投资效率边际递减（数据来源：世界银行）

如上图所示，根据世界银行的数据，自 2003 年以来，中国的 ICOR 整体呈上升趋势，这表明单位产出所需的投资额在增加，资本效率有递减的趋势。

首先，随着中国经济的快速发展，尤其是在 2008 年金融危机后，通过大规模的财政刺激计划，资本积累速度显著加快，资本积累的过度导致边际资本产出递减，即每新增一单位资本带来的产出增长逐渐减少；其次，中国的投资结构存在不合理性，大量资本集中在房地产和重工业等领域，导致这些行业的资本边际产出率较低，过度投资和产能过剩问题使得新增资本的利用效率降低，进而推高 ICOR。

此外，近年来中国的技术进步速度放缓，导致资本的边际产出增长乏力，技术进步放缓意味着每单位资本带来的产出增长减少，从而提高了 ICOR；同时，市场机制的不完善，如资源配置不合理和政府过度干预，也会导致资本效率下降，在缺乏市场竞争和有效激励的情况下，资本难以流向高效益的项目，造成资源浪费。

特别是自新冠疫情暴发以来，全球经济面临前所未有的挑战，中国也不例外，疫情对资本效率产生了深远影响，主要体现在以下几个方面：

供应链中断导致全球供应链严重受阻，生产和物流成本大幅上升，企业难以正常运作，资本投入的效果受到严重影响，导致 ICOR 上升；防疫措施增加了企业的运营成本，同时原材料价格和物流费用上涨，进一步削弱了资本的边际产出，高成本环境下，资本的使用效率降低，导致 ICOR 上升；疫情带来的不确定性使市场需求波动性加大，企业投资决策变得更加谨慎，企业减少或推迟投资计划，导致整体投资水平下降，资本的边际产出随之降低；面对疫情带来的经济不确定性，企业为了规避风险，选择保留现金流而非进行新的资本投入，短期内降低了整体投资水平，影响了资本效率。

从全要素生产率的角度看，国际经验显示，经济体在工业化与城镇化快速推进时期，提升 TFP 会更为容易，但进入后工业化时期之后，服务业主导的经济增长模式会加剧 TFP 提升的难度，其原因在于，制造业整体技术进步较快而服务业整体技术进步较慢，在经济发展过程中会出现制造业就业技术门槛持续提升，劳动力持续被制造业淘汰而进入中低端服务业的过程。见下图，格罗宁根大学的测算显示，中国 TFP 相对于美国的水平从 2001 年的 35% 提升至

2012 年的 43%，但之后中国逐渐进入工业化与城镇化后期，TFP 增长的相对速度开始出现了放缓，就有这种原因。当然，回顾历史可以发现，德国和日本在经历了快速发展之后，遇到了同样的发展限制。这也是中国努力去实现自主创新，特别是原创性、颠覆性科技创新，从而突破发展上限的意义。

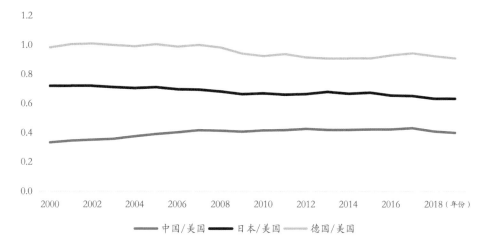

主要经济体现价全要素生产率（美国 =1）（数据来源：格罗宁根大学）

中国经济增长的拉动力量及其贡献率

2. 国际经济的经验教训

在全球经济舞台上，美国、日本和德国这三大经济体，各自的发展历程和经验教训为我们提供了宝贵的借鉴。通过比较这三个国家的经济发展轨迹，我们可以清晰地看到全要素生产率和人工智能技术在现代经济增长中的关键作用。

美国经济在过去 70 年保持稳健增长，劳动力和资本要素的持续增长是其主要动力。然而，随着经济规模的扩大，传统增长模式面临挑战，全要素生产率的提升变得至关重要。人工智能的快速发展为美国经济注入了新活力，提高了生产效率并促进新产业的发展。尽管在 5G 领域相对落后于中国，但美国在智算、超算和数据中心建设方面保持全球领先，大规模数据中心占全球 49%，政策如《美国本土外云计算战略》等支持数据中心市场的发展。在超算领域，美国橡树岭国家实验室的 Frontier 系统是世界上性能最强大的超级计算机，位居 2022 年国际超级计算大会 Top500 榜单首位。高盛预测，人工智能在未来 10 年将带来 7 万亿美元的价值，推动全球增长 7% 以上。

日本经济的增长历程可分为三个阶段。1960 年至 1975 年，日本经历了高速增长的黄金时期，GDP 增速平均高达 8.5%，这主要得益于大规模的基础设施建设和工业设备投资。1975 年至 1990 年，日本经济增速放缓至 4.5%，开始从劳动密集型向技术和资本密集型转变。自 1990 年起，日本经济进入被称为"失去的三十年"的停滞期，GDP 增速长期低于 1%，面临资产泡沫破灭、人口老龄化和技术创新滞后等挑战。为应对这些挑战，日本自 2017 年推出"互联工业"战略，推动数字化和智能化转型，发布《日本制造业白皮书》和《综合数据战略》等政策文件，强调工程设计力、数字化人才培养和 5G 等通信技术的应用。

德国经济的增长历程也经历了起伏，特别是在 20 世纪 90 年代初两德统一后的经济融合期间。1960 年至 1992 年，德国 GDP 增长率平均约 4.5%，得益于战后重建和"德国经济奇迹"。1992 年后，增速降至 1.3%，部分原因是东德经济转型和社会市场经济融合的挑战。资本要素对经济增长的贡献逐渐减少，劳动力要素驱动力相对稳定，近年因劳动市场改革和人口政策调整而增强。科技创新成为新动力，政府和企业对研发的投入推动了技术进步和产业升级，全要素生产率成为经济增长的重要支撑。2011 年，德国提出"工业 4.0"概念，通过"智能 + 网络化"构建基于 CPS 的智能工厂，实现智能制造。工业 4.0 的特点包括纵向一体化、横向一体化和端到端数字一体化，要求智能工厂内部生产纵向集成，全社会价值网络横向集成，产品全生命周期信息共享。

通过比较这三国的经验，我们可以看到，持续的技术创新、劳动力市场的灵活性以及对研发和教育的投资是推动经济增长的关键因素，加入新的生产要素以及提升全要素生产率将会是实现经济持续增长和提高国家竞争力的有效途径。这需要各国政府制定前瞻性的政策，鼓励创新和教育投资，同时优化劳动力市场结构，以适应快速变化的全球经济环境。

四、智算规模效应："世界分流"和"世界收敛"

在智算经济时代，规模效应这一经济学核心概念焕发了新生。规模效应的传统定义是，当生产规模扩展至某个关键点，生产效率会显著提高，导致单位成本降低。历经数百年的发展，这一理念在这一波 AI 2.0 的浪潮中被重新定义，形成了所谓的"Scaling Law"。在这一新范式下，大模型技术展现出了"大力出奇迹"的特性。随着模型规模的扩大，其处理能力得到增强，同时单位成本降低，效率提升。这一效应得益于算法的持续优化、算力的稳步提升和数据量的累积。当模型的参数数量达到千亿甚至万亿级别，其性能将迈上新的层次。设想未来，如果大模型的边际训练和使用成本能够降至接近零的水平，我们将无限接近于实现人工通用智能。这不仅是技术进步的体现，更是智算经济时代规模效应潜力的极致展现。

除了技术视角，在企业和行业维度，规模效应拥有内部规模经济性和外部规模经济性两个视角。内部规模经济性主要表现在企业层面，随着大模型等人工智能技术的深入应用，企业能够快速提高生产和运营效率。然而，这一过程中也存在一定的门槛。尽管大模型技术已经跨过了初步的发展阶段，但目前仍然面临较高的算力、人才和资源成本。在这种情况下，规模较大的企业更有可能率先实现内部规模经济性。从更宏观的产业视角来看，外部规模经济性对企业实现内部规模经济性具有决定性作用。资本的大规模投入和资源的集中使用，加上技术的连续突破，共同推动了算力、算法和数据优化，进一步降低了成本。随着市场整体在算法、数据和算力方面平均成本的下降，企业利用 AI 技术实现内部规模经济性的时间点也将提前到来。此外，高校、企业和个人开发者之间的互动也在加速技术的迭代和进步。这种跨界合作和知识共享，为技术创新提供了丰富的土壤，有助于整个行业更快地实现规模经济性，推动产业升级和经济增长。

每一次科技革命都隐隐产生了一波世界大分流和大收敛。在早期工业革命期间，西方国家如英、德、美因技术革新而经济飙升时，东方国家如中国却步伐渐缓，造成了全球财富与权力的重新分配，这一现象被经济学家称为"大分流"。然而，战后以互联网经济为代表的科技创新，却带来了一些亚洲经济体的崛起，特别是中国，在改革开放后迎来了经济迅猛增长，这也被经济学家称为"大收敛"的时期，也就是较贫穷国家通过工业化等方式快速缩小与富国的差距。

那智算经济时代的到来会带来世界大分流还是大收敛？经济学界讨论颇多，焦点在于技术进步的本质及其与经济规模的关系。根据新古典增长理论，技术进步被视为外生变量，随着资本边际效益递减，发展中国家因资本回报率较高而吸引投资，技术传播和学习效应对它们有利，最终推动人均收入的趋同。而内生增长理论则主张技术进步源于内部，规模经济效应显著。工业化国家因规模经济而能持续在研发上投入更多，占据技术创新的前沿，这可能固化国际间的收入不平等。该理论还暗示，相对于小国，大国因其庞大的市场和资源而享有更高的增长率和财富水平。然而，新古典理论在全球化趋势上升、贸易自由流通的背景下更具有适用性，在当前国际局势变化诡谲，贸易保护情绪陡增的背景下，世界走向 AI 分流的趋势更为清晰，对中美这两个全球最大的经济体更为有利。美国凭借其深厚的科研基础、先进的技术生态与成熟的市场机制，在 AI 领域的先发优势显著，特别是在深度学习、算法模型与高端算力等方面保持着领先地位。然而，中国凭借其庞大的市场规模、丰富的应用场景与强大的政策引导能力，正逐步在 AI 应用层面展现后发优势，特别是在智慧城市、智能制造与数字健康等领域。

五、智算底层驱动力：从"计算力"升级为"智算力"

通过前文的论述，我们尝试从经济学的角度来理解智算经济对于中国未来经济增长动能切换的重要意义。那到底什么是智算经济的底层能源和动力呢？

在历史的长河中，每一次生产力的飞跃都与底层能源的革新紧密相连。从以煤炭为能源的蒸汽时代，到以石油为能源的工业经济时代，再到以计算力为能源的信息经济时代，每一个阶段的变迁都极大地提升了人类的生产能力。现在，我们正站在一个新的时代门槛上，那便是以智算力为能源的智能经济时代。

每一次全要素生产率的提高，都是因为一种技术驾驭了更加先进的能源。智算力，即智能计算力，是指通过智能化的计算系统，如人工智能算法和高性能计算平台，来处理、分析和挖掘大量数据，从而产生智慧化决策的能力。与传统的计算力相比，智算力更加强调智能化和自动化处理数据的能力，它能够执行复杂的数据分析任务，支持机器学习和深度学习等先进的智能技术。智算力与计算力的主要区别在于其智能化水平和处理特定类型任务的能力。计算力更多指的是基础的数据处理能力，如执行简单的数学运算和逻辑处理。而智算力则侧重于利用先进的算法和计算架构，对数据进行深度学习和模式识别，以实现智能决策和自动化流程。

在基础设施层面，智算力的引入带来了显著的变化。首先，智算中心的建设成为智能经济时代的基础设施新需求。智算中心是专门面向 AI 计算的数据中心，它们通常配备有 GPU、现场可编程门阵列（Field Programmable Gate Array，FPGA）、专用集成电路（Application Specific Integrated Circuit，

ASIC）等 AI 加速芯片，以及优化的存储和网络系统，以支持高效的 AI 模型训练和推理任务。其次，智算力的基础设施要求更高的能效比和更先进的冷却技术，以应对大量 AI 计算产生的热能和能耗问题。此外，智算力还需要强大的网络连接和数据传输能力，以支持分布式计算和云计算服务。

随着智算力的发展，我们正在见证一个全新的生产模式的诞生，它将以更高的效率、更智能的决策和更自动化的流程，推动经济向更高层次发展。智算力不仅将成为推动经济增长的新引擎，也将深刻改变我们的工作和生活方式，引领我们进入一个更加智能和互联的未来。

人工智能不是大数据的延续，而是驾驭大数据的开始。人工智能与大数据之间的关系是革命性的，而非简单的继承。大数据本身是庞大而复杂的数据集合，单靠传统的计算方法难以挖掘其深层价值。人工智能的出现，标志着我们对大数据的理解和应用进入了一个新的阶段，AI 为大数据的分析和利用提供了强大的工具和方法。AI 的核心能力在于其对数据的处理和学习能力。通过机器学习和深度学习等技术，AI 能够识别大数据中的模式、趋势和关联性，这些在以往可能因为数据量过于庞大或复杂而难以被发现。AI 算法可以处理海量数据，从中提炼出有价值的信息，支持决策制定，优化业务流程，并推动创新。

此外，AI 在大数据领域的应用也带来了新的业务模式和洞察力。例如，在金融行业，AI 能够分析交易数据，预测市场动向；在医疗领域，AI 能够通过分析病例数据，辅助疾病诊断；在零售行业，AI 能够根据消费者行为数据，提供个性化推荐。这些应用展示了 AI 在处理大数据时的独特价值和潜力。更重要的是，AI 不仅仅是对现有数据分析方法的改进，它还推动了大数据向预测性分析和自动化决策的转变。AI 模型能够基于历史数据预测未来事件，为企业提供前瞻性的洞察，帮助它们在竞争激烈的市场中保持领先。

总结来说，人工智能不是大数据的简单延续，而是开启了大数据潜能释放的新纪元。AI 通过其高级的数据处理能力和智能算法，为大数据的应用和发展提供了新的动力和方向，使我们能够更深入地理解和利用数据，推动社会向智能化和自动化的未来发展。

六、基建之变：智算力和新能源将成为新基建

在智算经济时代，智算力的崛起标志着基础设施领域的一次重大变革。智算力，即智能化的计算能力，它通过集成先进的人工智能算法和强大的数据处理技术，为各行各业提供决策支持、效率提升和业务创新的能力。正如水、电、气、路和网等传统基础设施对现代社会的重要性，智算力正逐渐成为支撑现代社会运行不可或缺的新要素。

智算力的普及使得算力服务像水和电一样，成为广泛可用的公共服务，降低技术门槛和运营成本，使得更多的企业和个人能够享受到算力带来的便利。未来，智算力将作为新基建的重要组成部分，继续在经济社会发展中发挥关键作用。它将支持新一代信息技术的发展，促进传统基础设施的现代化改造，构建综合型基础设施，以支持科学研究、技术创新和新产品开发，进而推动经济向更高质量的发展方向前进。随着智算力的不断进步和应用场景的拓展，它将成为推动经济增长和社会进步的关键力量，为建设智慧社会贡献核心动力。

七、创新之变：智算经济将改变科研范式

在科研创新的历程中，人类已经经历了几种主要的科研范式，每一种都在其特定时期内极大地推动了科学技术的进步。从依赖直接观察和实验的经验范式，到通过数学建模和理论推导的理论范式，再到利用计算机进行数值模拟的计算范式，以及最近以大数据和机器学习为核心的数据驱动范式，每一种范式都代表了科研方法的一次飞跃。

然而，随着人工智能技术的飞速发展，科研创新正在迎来新的转折

点——智能范式，也被称作科研的第五范式。智能范式与前四种范式相比，具有本质的区别和独特的优势。**经验范式：**依赖于科学家的直接观察和实验，这种方法收集数据并从中归纳出自然规律。**理论范式：**通过数学建模和理论推导来预测和解释现象，这种方法强调演绎推理和抽象思维。**计算范式：**利用计算机的计算能力解决复杂的科学问题，这种方法使得大规模的数值模拟成为可能。**数据驱动范式：**侧重于从海量数据中发现模式和规律，这种方法依赖于统计分析和机器学习技术。**智能范式：**结合了前四种范式的优点，并引入了人工智能的算法和算力，特别是深度学习和强化学习等技术，以更高效地处理数据、建立模型、进行模拟和优化决策。智能范式的核心在于利用 AI 的预测和推理能力，加速科学发现的过程。

智算力之所以能够支撑智能范式的科研创新，主要原因在于其强大的数据处理能力和先进的算法。智算力通过集成先进的人工智能算法，能够对海量数据进行深度学习和模式识别，从而揭示隐藏在数据背后的科学规律。此外，智算力还能够执行复杂的计算任务，如分子动力学模拟、基因序列分析等，这些在传统的计算范式下可能需要巨大的计算资源和时间。

智能范式的科研创新不仅仅是对现有科研方法的补充，它还可能带来科研方法的根本变革。例如，科学智能（AI for Science，AI4S）技术在生物医药、材料科学、物理和化学等领域的应用，正在帮助科学家解决以往难以攻克的科学难题。通过机器学习模型，研究人员可以预测分子结构、模拟复杂系统的行为，甚至发现新的物理定律。

在智能范式的驱动下，科研工作将更加高效、精确，同时能够探索更加复杂的科学问题。智算力作为这一范式的核心支撑，预示着科研创新将进入一个全新的时代，为人类社会带来前所未有的发展机遇。

八、产业之变：传统产业升级，未来产业蓬勃

在智算经济的新时代，智能算力正成为推动经济转型和产业升级的关键

动力。这一新兴生产力不仅孕育出众多以人工智能为核心的前沿产业集群，如智能制造、智慧医疗、智能交通等，而且对传统制造业和消费行业进行了深刻的革新。

智能产业集群通过集成先进的智能系统，优化生产流程，实现资源的高效配置，极大提升了生产效率和产品质量。在消费领域，智能算力的应用使得个性化服务和精准营销成为可能，从而增强了消费者的购买体验。

智算力的融合应用还催生了新的商业模式和服务模式，如基于大数据分析的智能决策支持系统，为企业提供战略规划和市场分析服务。在金融领域，智能算力的应用提高了风险评估的准确性和交易的自动化水平，显著增强了金融服务的效率。

此外，智能算力正促进数字经济与实体经济的深度融合，推动经济向数字化、网络化、智能化方向转型，为传统产业注入新的发展活力。然而，智算力的发展同样面临算力资源调度、能耗问题、技术创新等挑战。

为应对这些挑战，有必要加强智能算力领域的技术研发，构建开放的计算平台，制定统一的行业标准，并出台相应的政策和规划，以确保智算力能够健康、高效、可持续地发展，为经济的高质量发展提供坚实支撑。通过这些措施，可以充分发挥智能算力的潜力，推动经济社会进入一个更加智能和互联的未来。

智能算力篇

算力即国力

一、算力的前世今生

算力是什么？从狭义的角度看，算力就是计算机系统执行特定任务所需的计算资源的度量，通常涉及处理器的速度、内存容量、存储速度和其他硬件组件的性能；而从更广义的角度看，算力并不是新时代的产物，而是贯穿了人类文明科技发展始终的核心主线，遵循着一条内在的逻辑轨迹和历史的必然趋势。人类科学技术发展的本质是不断提升对世界能量和信息的获取、处理和运用能力，即"算力"，繁荣的文明也在此基础上建立。

在早期，人类处理信息的方式完全依赖手工，算筹和算盘便是其中的典型例子，它们将人体的生物能量转换为处理信息的动力。之后，随着帕斯卡的加法器、莱布尼茨的乘法器、巴贝奇的差分机等机械装置的问世，人类得以更有效地处理复杂的信息，并且开始利用水力、热力等非生物能量来驱动这些机械，提高了效率。电磁学、半导体技术和信息论的发展，伴随着 Z 系列计算机、ENIAC（Electronic Numerical Integrator and Computer，电子数字积分计算机）和冯·诺依曼架构的诞生，使以电能为动力的电子计算机成为现实，为信息技术核心的第三次科技革命奠定了基石。

在当代，人类已经能够更高效地运用电能来驱动算力，并发展出了CPU、GPU、FPGA 等多种形态的计算单元。此外，云计算和边缘计算等新兴技术的兴起，进一步拓展了算力的应用范围和效能，推动了社会各行各业的数字化转型。算力已经成为现代社会不可或缺的基础资源，它的发展不仅加速了科技创新的步伐，也极大地丰富和改善了人类的生活质量。

从最早的人工计算到现代的机械辅助计算，再到电子计算机的诞生，每一步都是人类对计算追求的见证。在这段漫长的历史中，算力的演变不仅仅是技术的进步，更是人类智慧的积累和传承。

（一）人工算力

自古以来，人类就开始利用算力来适应和改造世界。大脑作为最本能的计算工具，赋予了我们生存的基础。在漫长的进化过程中，人类的大脑逐渐变得更加发达，使得我们能够在众多生物中脱颖而出，成为地球上的统治者。在早期的人类社会中，计算活动主要集中在狩猎、防御和繁衍等基本生存技能上，主要的计算方式还是用 10 根手指。随着基本生存需求得到保障，人类开始将更多的智力资源投入提升生活质量的活动中，比如建造住所、交换物品和制作工具等。

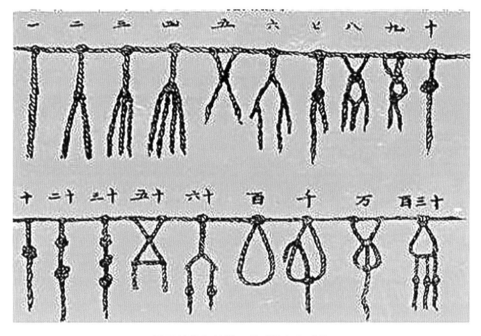

最早的外部计算工具"结绳记事"

计算实质上是对信息进行加工的过程。因此，如何有效地表达和记录信息成为了计算活动的关键前提。在原始社会，为了更准确地描述和交流观察到的信息，人类开始尝试绘画。在绘画的基础上，文字逐渐被创造出来。文字的出现，实际上是对信息进行编码的一种方式。它连接了物质世界与精神世界，极大地提高了信息记录和传递的效率，加强了社会的凝聚力，并使得历史与文明得以传承。在众多符号中，数字尤为特殊。各个古代文明都发展了自己的文字和数字系统，如巴比伦的六十进制、玛雅的二十进制或十八进制，以及中国和古埃及的十进制。数字的发明使计数和算术成为可能，这也是"计算"一词的起源。

随着时代的发展，社会对计算的需求日益复杂化。仅凭大脑这一"原始"计算工具已不足以满足需求，甚至手指和脚趾的辅助也显得力不从心。因此，人类开始寻求更有效的外部计算工具。最早的外部计算工具包括草绳和石头，即我们所说的"结绳记事"（如上图所示）。中国的结绳记事记录最早见于《易经》的《系辞下》篇章："上古结绳而治，后世圣人易之以书契。"现代的中国结也起源于这种古老的记事方式。

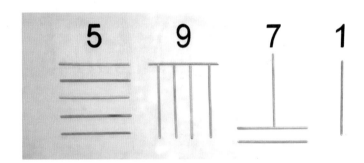

春秋时代用来计数的"算筹"（来源：清华大学科学博物馆网站）

在春秋时代，人们开始使用统一大小的短棒，通过不同的排列方式来代表数字 1 到 9，这种方法被称为"算筹"（如上图所示）。算筹代表了社会中最早用于增强计算能力的工具之一。这些短棒通常长度在 13 厘米至 14 厘米，直径约为 0.2 至 0.3 厘米，常用竹材、动物骨骼或象牙等材料制作而成。《孙子算经》中描述了算筹的记数原则："凡算之法，先识其位，一纵十横，百立千僵，千十相望，万百相当。"这段文字不仅强调了数位在算术中的重要性，也阐述了算筹的具体使用方法：个位采用竖放，十位采用横放，百位再次竖放，千位继续横放，依此类推，遇到零则留空，从而可以通过从右至左的纵横排列来表示任意大小的自然数。《夏阳侯算经》中也提到："满六以上，五在上方。六不积算，五不单张。"这句话阐释了单个数字的表示方法，1 到 5 通过相应数量的算筹以纵横方式排列来表示，而 6 到 9 则通过上方的算筹与下方相应的算筹组合来表示。公元480 年，祖冲之把圆周率精确计算到小数点后第七位（3.1415926），创造保持了 900 多年这一纪录的工具就是算筹。

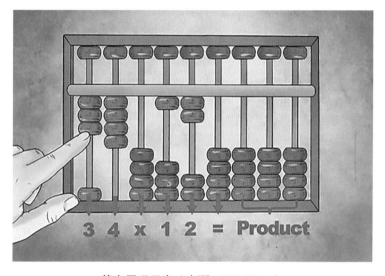

算盘原理示意（来源：WikiHow）

　　算筹的发明，有效解决了数字表示和记录的问题。然而，对于执行加减乘除等更复杂的数学运算，这种方法需要使用大量的短棒，不够高效。因此从元代开始，一种更先进的计算工具逐渐取代了算筹，成为了历史上首批广泛使用的计算设备，直至今日，这种工具——算盘，仍然是我们生活中的一部分（如上图所示）。我们在日常生活中一定听过"三下五除二""一推六二五"这种口诀，这些就是珠算口诀。算盘是计算工具发展史上的一次重大变革，由最原始的算筹演变而来，并且在很长的一段时期这两种计算工具并存。关于算盘的历史起源众说纷纭，但在元代后期，算盘凭借其灵便、准确的优势取代了算筹，成为古代乃至近代社会主流的计算工具，并先后流传到日本、朝鲜及东南亚国家，后来又传入西方。中国杰出科学家钱学森曾指出：

"算盘的创造，其重要性不亚于我国古代四大发明。从某种意义上讲，算盘对全球的影响甚至可能超越了这四项古老发明。"可见，这种起源于古代社会的基础"算力"，对人类社会不断向前发展产生了深远的影响和推动力。

除了算筹和算盘，古印度人在笈多王朝时期发明了从 0 到 9 的数字体系，这套数字体系随着阿拉伯帝国的崛起被带到了欧洲，并被误认为是阿拉伯人的发明，因此得名阿拉伯数字。与数字体系同样重要的是造纸术，它也传入了欧洲。早期的信息载体包括龟甲、兽骨、兽皮、竹简、木牍和缣帛等，但这些载体要么稀有昂贵，要么无法长期保存。到了西汉时期，中国出现了造纸术，尽管初期工艺粗糙。到了东汉元兴元年（105 年），蔡伦改进了造纸工艺，显著提高了纸张质量，为纸张的普及打下了基础。纸张的出现极大地提高了信息记录和传递的效率，促进了生产效率的提升和文化交流的频繁。阿拉伯数字和造纸术的传入，以及印刷术的引入，为欧洲的文艺复兴和科技革命奠定了基础。

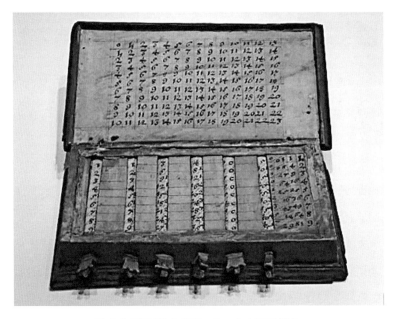

纳皮尔乘除器（来源：PanSci 泛科学）

在西方历史上也出现过使用较为广泛的手动计算工具。1617 年，英国数学家约翰·纳皮尔发明了纳皮尔乘除器，这是一种简化的计算工具，通过长条状的木棍上的数字方格来实现乘法运算（如上图所示）。这些手动式计算工具，如算筹、算盘和纳皮尔筹，是人类历史上发明的第一代"算力"工具，对人类社会的发展产生了深远的影响和推动力。这些工具不仅体现了人类对算力需求的不断增长，也展示了人类在面对计算挑战时的创新精神和智慧。

（二）机械算力

随着 14 世纪文艺复兴的到来，欧洲社会迎来了一场思想和科技的革命。人文主义的兴起鼓励了人们通过观察和实验来探索世界，这一思潮为科学的发展奠定了基础。到了 16 世纪，欧洲科技领域迎来了空前的繁荣，艺术与科学的成就丰硕，生产力水平飞速提升。数学，作为所有科学学科的基础，也在这一时期取得了巨大的进步，解析几何学、微积分等重要分支相继诞生，为工业革命的到来打下了坚实的基础。

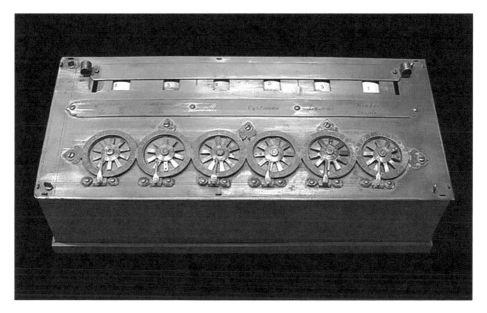

人类历史上第一台机械式计算工具"滚轮式加法器"

　　在这一背景下，为了满足日益增长的数学计算需求，学者们开始发明新型的算力辅助工具。1625 年，威廉·奥特雷德创造了计算尺，而 1642 年，布莱兹·帕斯卡发明了人类历史上的第一台机械计算机，极大地提高了执行对数、三角函数和开根等复杂计算任务的效率。帕斯卡的发明，特别是滚轮式加法器，不仅简化了他父亲的税务计算工作，还成为了人类历史上第一台机械式计算工具，其设计原理对后续计算工具的发展产生了深远影响。

　　帕斯卡的加法器基于人脑对加法过程的理解，通过齿轮的转动模拟大脑的计算过程。这一发明启发了德国数学家莱布尼茨，他在帕斯卡加法器的基础上进行了改进，创造了能够执行乘法和除法的"莱布尼茨乘法器"，这是历史上第一台能进行四则运算的机械式计算器，如下图所示。莱布尼茨的乘法器通过置数按钮输入乘数，通过移位手柄和计算手柄的转动来完成乘法运算，每转一圈计算手柄，齿轮就完成一次加法运算，实现乘法的计算过程。莱布尼茨还提出了二进制运算法则，为现代计算机的发展奠定了理论基础。

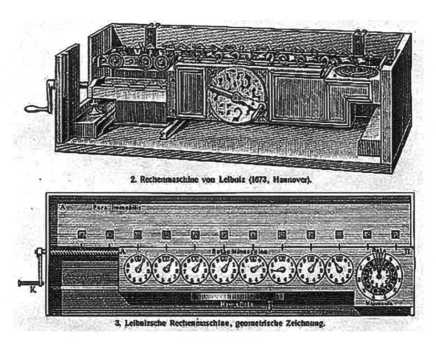

莱布尼茨乘法器

　　随着 18 世纪 60 年代第一次工业革命的到来，人类迈入了蒸汽时代，动力机械开始逐步替代手工劳动，成为生产力的主力军。机械技术的进步也推动了机械化算力工具的发展。然而，算力工具面临的主要挑战是如何实现机器可识别的信息记录和表达。1725 年，巴斯勒·布乔发明了打孔卡，这是一种与机器"对话"的表达方式，标志着机械化信息存储形式的诞生。1801 年，约瑟夫·马里·雅卡尔对打孔卡进行了改进，创造了穿孔纸带，进一步提升了自动化水平。

　　19 世纪初，查尔斯·巴贝奇从提花织机中获得灵感，设计并制造了"差分机"，这是一台能够执行多种函数运算的设备，其精度达到了 6 位小数。巴贝奇随后提出了"分析机"的概念，这是一种以蒸汽为动力的通用数学计算机，尽管最终未能制造成功，但其设计理念与后来的计算机极为相似，因此被誉为世界上第一台计算机的原型，巴贝奇也被尊称为"计算机之父"。与巴贝奇合作的阿达·洛夫莱斯，诗人拜伦之女，为"分析机"编写了程序，成为了世界上第一位程序员。

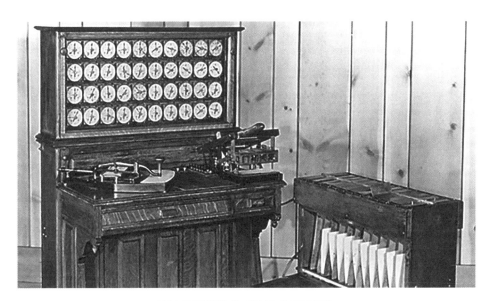

IBM 公司的前身"打孔卡制表机"

到了 1885 年，机械计算机的种类日益增多，技术潮流日益兴起。1890 年，赫尔曼·何乐礼在打孔卡技术的基础上，发明了打孔卡制表机，这一发明在人口普查数据收集和统计中发挥了巨大作用，如上图所示。他的制表机公司后来成为了 IBM 公司的前身。

这些机械式计算工具的出现，显著提高了计算工具的执行效率，为人类社会的进步和发展作出了重要贡献。同时，工业革命推动了技术升级，科技进步又对先进算力工具提出了需求。人们对信息价值的认识开始转变，从古代的消息传递到现代信息概念的形成，信息的价值逐渐被认识和重视。这一转变不仅推动了信息产生和传输技术的发展，也为后来信息时代的到来奠定了基础。

（三）电子算力

1. 电技术的发展

自工业革命早期以来，能源和动力领域经历了重大变革，特别是蒸汽和电力的广泛应用。19 世纪，科学家们开始探索电力在信息存储和传递方面的潜力。在 1831 年，英国物理学家迈克尔·法拉第揭示了电磁感应现象，这一发现证实了电能与磁能之间相互转换的可能性。基于这一原理，美国物理学家约瑟夫·亨利在 19 世纪 30 年代发明了继电器，这是一种用于电路转换和控制的装置。1837 年，电报的发明成为信息传输的重要里程碑，通过电脉冲方式传递信息。为了实现这一技术，塞缪尔·莫尔斯发明了摩斯码（如下图所示），将字符转换为点和划的编码，便于电脉冲传输。

随着电技术的发展，电话、无线电报和广播等相继出现，为计算技术从机械化向电子化过渡奠定了基础。20 世纪中叶，电子计算机的诞生标志着计算技术进入了一个新的时代。不同于依赖齿轮或带刻度圆柱的机械计算机，电子计算机更适合采用二进制系统，利用电的通断特性进行运算。莱布尼茨在 17 世纪后半叶首次提出二进制概念，而 1847 年，乔治·布尔提出了逻辑代数，即布尔代数，这种方法包括基本的与（AND）、或（OR）

和非（NOT）三种逻辑运算，其结果被称为布尔值，将算数和简单逻辑统一起来，为计算机的二进制和开关逻辑电路设计铺平了道路。

塞缪尔·莫尔斯

乔治·布尔

在继电器和布尔逻辑的基础上，1886 年，美国统计学家赫尔曼·霍勒瑞斯借鉴了雅各布·珀尔的织布机穿孔卡原理，制造了第一台能够自动进行运算的制表机，并将穿孔技术首次应用于数据存储。这台制表设备融合了机电技术，摒弃了仅依赖机械的操作方式，从而能够自动完成加减乘除等基本算术运算，自动进行数据累积、存储，并生成报告。

在硬件方面，1904 年约翰·安布罗斯·弗莱明发明了真空电子二极管，1906 年李·德·福雷斯特发明了真空三级电子管，推动了电子技术的进一步发展。信息存储技术也取得了显著进步，如瓦蒂玛·保尔森的磁线技术、弗里茨·普弗勒默的录音磁带和古斯塔夫·陶谢克的磁鼓存储器，开启了磁性存储时代。

1937 年，阿兰·图灵提出了图灵机模型，为现代计算机的逻辑工作方式指明了方向。同年，乔治·斯蒂比兹展示了用继电器表示二进制的装置，成为首台二进制电子计算机的原型。二战期间，军事需求极大地推动了算力的发展，如康拉德·楚泽的 Z3 计算机和约翰·阿塔纳索夫与克利福德·贝瑞设计的 ABC 计算机，它们都是现代数字电子计算机的先驱。

阿兰·图灵

2. 电子计算机的诞生

1939 年，当时艾奥瓦州立大学的数学物理学教授约翰·阿塔纳索夫和他的研究生贝利共同研制出了历史上第一台电子计算机 ABC 机。尽管 ABC 机不可编程，也没有存储程序机制，但它是最早采用电子技术来提高运算速度的计算机。1946 年 2 月 14 日，大名鼎鼎的埃尼阿克（ENIAC）诞生了。ENIAC 的研制始于第二次世界大战期间，由宾夕法尼亚大学的物理学教授约翰·莫克利和他的研究生普雷斯帕·埃克特在美国陆军军械部的委托下进行，旨在完成更高效、更精准的弹道和射击表计算。ENIAC 是一台庞大的机器，它占地 170 平方米，重达 30 吨，功率超过 150 千瓦。之所以体积和功耗这么大，是因为它采用了 17468 根真空管。这些真空管使其可以每秒完成 5000 次加法或 400 次乘法计算，约为手工计算的 20 万倍。尽管造价高昂且能耗巨大，但其计算速度是机电式计算机的 1000 倍、手工计算的 20 万倍。ENIAC 在人类计算机发展史上拥有重要地位，也有极高的知名度。它被誉为世界上首台能够实际运作的大型电子计算机，其诞生宣告了电子计算技术新时代的开启。

ENIAC

1945 年至 1949 年，科技领域发生了几件具有里程碑意义的大事。

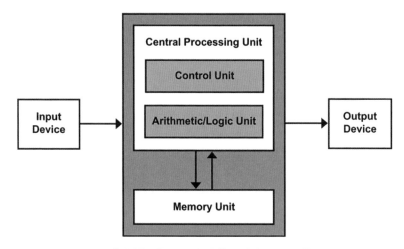

冯·诺依曼架构，现代计算机的主流架构基础

冯·诺依曼

第一件大事是冯·诺依曼架构的提出，它在后来成为现代计算机的主流架构（如上图所示）。冯·诺依曼（John Von Neumann）是美籍匈牙利人，1903 年出生，1930 年移民美国，成为普林斯顿大学的教授。1944 年，冯·诺依曼开始参与原子弹的研制。因为研制过程需要进行大量的计算，他就开

始关注计算机相关的研究进展。经人引荐，他作为顾问参与到了 ENIAC 的研究中。1945 年，基于 ENIAC 的研究，冯·诺伊曼和他的团队发表了《存储程序通用电子计算机方案》——离散变量自动电子计算机（Electronic Discrete Variable Automatic Computer，EDVAC），这份文件概括了电子计算机制造和编程的中心概念，阐述了计算机的五个关键组成单元：计算单元、控制单元、存储单元、输入设备和输出设备，同时解释了它们的功能和单元之间的互动关系。至今，现代计算机仍然遵循这种"冯·诺伊曼架构"，因此冯·诺依曼也被世人誉为"现代计算机之父"，它标志着计算能力进入了大规模、高性能的新时代。

第二件大事是信息论的提出。1948 年，贝尔实验室的克劳德·艾尔伍德·香农（Claude Elwood Shannon）出版了《通信的数学理论》，为信息技术奠定了理论基础。他指出，信息是可以被量化的，用数字编码可以代表任何类型的信息。香农还推出了比特（Bit）的概念，将其称为"用于测量信息的单位"。香农提出的香农公式，更是指导了整个通信行业发展，直到现在也没有被突破。

第三件大事是晶体管的发明。1947 年，同样是来自贝尔实验室的威廉·肖克利（William Shockley）、约翰·巴丁（John Bardeen）和沃尔特·布拉顿（Walter Brattain）共同发明了世界上第一个晶体管，为电路的小型化和集成电路及芯片的出现奠定了基础，开辟了电子时代的全新纪元。

1950 年至 1967 年，集成电路时代的到来进一步推动了计算机技术的发展。1951 年，发明了 ENIAC 的约翰·埃克特（J. Presper Eckert）和约翰·莫奇利（John Mauchly）再度合作，研制了世界上第一台商用计算机系统——UNIVAC I。这套系统被美国人口普查部门用于人口普查，它还成功预测了 1952 年底的美国总统大选，于是一夜之间名声大噪。1952 年，冯·诺依曼领导设计的 EDVAC 终于制造完成，开始运行。EDVAC 作为第一台使用磁带的计算机，展示了磁存储的潜力。再后来，晶体管技术开始逐渐成熟，进入市场。相比真空管（电子管），晶体管的体积更小，功耗更低，使得电子设备变得更加小巧、省电。1954 年，贝尔实验室研制的世界上第一台晶体管计算机 TRADIC 在美国空军投入使用，其运行功耗不超过 100W，体积不超 1 立方米，相比当年的 ENIAC 有天壤之别。1958 年，美国的 RCA 公司造出了世界上第一台全部使用晶体管的计算机——RCA 501。不久后，1959 年，IBM 公司不甘落后，也生产出全部晶体管化的计算机——IBM 7090。基于 IBM 7090，美洲航空公司和 IBM 共同研发了世界上第一款订票系统——Sabre。Sabre 迅速普及，带动了 IBM 计算机的市场份额激增，展示了计算机的巨大潜力。1959 年，德州仪器的杰克·基尔比（Jack St. Clair Kilby）和仙童半导体的罗伯特·诺伊斯，先后发明了基于锗基底扩散工艺和硅基底平面工艺的集成电路，开启了集成电路时代。1959 年之后的计算机，广泛地集成了晶体管与集成电路技术，因此计算机的处理能力显著提升，在体积和能耗方面也实现了持续的缩减。

杰克·基尔比发明的第一块集成电路

在软件方面，早期计算机缺乏操作系统，操作员需手工操作。1950 年代出现了批处理系统，1960 年代出现了多道程序系统，提升了计算机的运行效率。高级编程语言如 FORTRAN、COBOL 和 BASIC 的出现，为软件产业的发展奠定了基础。IBM 在 1964 年发布的 System/360 系列，是世界上首个指令集可兼容的计算机系列，推动了"兼容"概念的形成。这些发展不仅标志着信息技术革命的开始，也预示着计算机产业的蓬勃发展。

1965 年，仙童半导体公司的研发实验室主管戈登·摩尔为《电子学》杂志撰写了一篇纪念性的文章，标题为《集成电路的高密度发展》。在分析数据时，摩尔观察到一个显著的规律：大约每 18 个月至 24 个月，新一代的芯片就会问世，其性能——集成电路的数量——是前一代的两倍。这一现象表明，芯片性能的提升呈现出周期性的翻倍趋势。

摩尔的这一发现被称为摩尔定律。经过半个世纪的验证，摩尔定律不仅准确预示了半导体行业的发展方向，还成为了计算机处理器制造业的重要指导原则，并在科技界被广泛接受和遵循。

（四）现代算力

1. CPU

CPU 的发展历程是一个复杂而漫长的过程，涉及多种技术的迭代和创新。从最初的简单微处理器到今天的高性能多核处理器，每一次的进步都标志着计算机技术的一次飞跃。

微处理器的发展始于 1967 年，英特尔公司由罗伯特·诺伊斯和戈登·摩尔创立，并于 1971 年推出了世界上首个商用微处理器 Intel 4004，这标志着现代 CPU 时代的开始，如下图所示。随后，1972 年英特尔推出了 Intel 8008 处理器，1974 年推出了 8080 处理器，其性能是 4004 的 20 倍，这两款处理器为个人电脑的发展奠定了基础。特别是 8080 处理器，它不仅成为了后来 x86 架构的基础，还因为其较高的性能和较低的成本，被广泛应用于早期的个人电脑中。例如 MITS 公司的 Altair 8800 微型电脑，就是基于8080 处理器制成的，它引发了计算机爱好者的广泛关注，包括后来创立了微软公司的比尔·盖茨和保罗·艾伦。

世界上首个商用微处理器 Intel 4004

个人电脑的兴起标志着计算机产业商业模式的重大转变。尽管 Altair 8800 常被称为第一台个人电脑，但 Kenbak-1 和施乐公司的 Alto 也在同一时期争夺这一称号。1975 年，王安电脑公司推出了具有编辑、检索功能的文字处理机，而 1977 年推出的 Commodore PET、APPLE Ⅱ 和 TRS-80 Model Ⅱ 等机型进一步推动了个人电脑的普及。

技术的进步不仅仅局限于处理器，还包括存储、网络和软件技术。IBM 在 1973 年发明的 Winchester 硬盘为现代硬盘技术奠定了基础。同年，ARPANET 基本完成，为互联网的发展打下了基础。1973 年，罗伯特·梅特卡夫提出了以太网的设想，而 TCP/IP 网络协议在 1978 年诞生。

在软件领域，1973 年 UNIX 操作系统的发布标志着现代操作系统的诞生。Forth 编程语言和 C 语言的开发，以及关系数据库和 SQL（结构化查询语言）的引入，为数据库应用的发展奠定了基础。1979 年，Oracle 数据库的推出开启了商业数据库的新时代。

1978 年，英特尔公司开发出了第一款 16 位微处理器 8086，这款处理器拥有 29000 个晶体管，主频高达 8MHz，是当时性能非常强大的处理器。8086 的推出，不仅奠定了 x86 架构的基础，也使得 x86 成为了台式机 CPU 的代名词。

英特尔公司开发出的第一款 16 位微处理器 8086

进入 1980 年代，随着技术的进步和市场需求的增长，CPU 的发展进入了新的阶段。1982 年，英特尔公司发布了 80286 处理器，这款处理器在性能上有了显著的提升，为个人电脑的普及和发展提供了强有力的支持。到了 1989 年，Intel 发布了功能更加强大的 80486 处理器，它集成了 125 万个晶体管，显著提高了处理速度和效率。这是 CPU 性能史上的又一里程碑，它成功的关键是在 CPU 中整合了浮点运算单元、高速缓存单元等。

英特尔发布的 80486 处理器

1980 年至 1990 年，IBM PC 的推出和"兼容机"的涌现，使得个人电脑开始大量出现。IBM PC 的成功吸引了众多厂商仿制，产生了 PC 兼容机市场。英特尔和微软成为这一时期的最大受益者，他们的产品成为个人电脑的标配，形成了微软英特尔（Wintel）联盟。

IBM PC（来源：CnBeta）

随着时间的推移，CPU 的发展不仅仅局限于性能的提升，还包括架构的多样化和优化。原本计算机系统主要使用的架构是 CISC（Complex Instruction Set Computing，复杂指令集计算），这种架构在 20 世纪 90 年代之前就已经存在，因其能够提供复杂的指令集而被广泛使用。后来，RISC（Reduced Instruction Set Computing，精简指令集计算）架构的出现，代表了指令集设计的一种新方向，它以简单、高效、开放的特点受到业界的广泛关注。此外，多核处理器的出现，使单个芯片上可以包含多个处理单元，极大地提升了计算机的整体运算处理能力。在服务器操作系统方面，UNIX系统的多个分支和 Linux 内核的出现，为服务器操作系统市场提供了多样化的选择。在移动设备领域，ARM 架构也开始崭露头角，于是移动设备成为用户的新宠，其重要性和市场规模超过了 PC 芯片。高通、联发科、三星等公司在手机芯片市场的竞争十分激烈。21 世纪以来，算力需求的多元化导致了智算和超算的崛起。传统 CPU 无法满足新型计算需求，GPU 和 AI 芯片成为热门。英伟达等公司的市值增长，反映了市场对新型算力的巨大需求。

RISC-V 架构起源于 2010 年，由美国加州大学伯克利分校的 Krste

Asanović教授、Andrew Waterman 和 Yunsup Lee 等人开发，其初衷是设计一种简单、高效且开源的指令集架构，核心理念在于"精简指令集"（RISC），相对于传统的复杂指令集（CISC）来说，具有更少的指令种类和更简单的指令格式。RISC-V 的发展得到了计算机体系结构领域的泰斗的支持，并逐渐成为一种备受瞩目的开源指令集架构（如下图所示）。

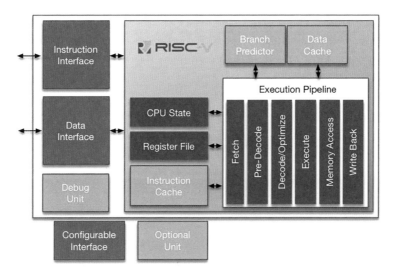

RISC-V 架构

RISC 架构与 CISC 架构的区别主要体现在以下几个方面：

首先是指令集复杂度。RISC 架构采用的是等长精简指令集，这意味着其指令集相对简单，专注于快速执行指令。相比之下，CISC 架构具有更大、更复杂的指令集，能够在一条指令中执行更多任务，但这也可能导致执行时间较长。**其次是执行速度和效率**。由于 RISC 架构的简洁性，它通常能够提供更高的性能和效率，特别是在处理简单或重复的任务时。而 CISC 架构虽然可以在一条指令中完成更多的任务，但可能需要更多时间来执行这些任务。**最后是寄存器数量和晶体管使用**。RISC 架构往往拥有更多数量的寄存器，并且在寄存器上花费更多的晶体管，而不是在复杂的指令上。这种设计有助于提高处理器的执行效率和性能。

RISC 架构的优点在于其简单性、速度快、易于设计和优化，适用于大多数嵌入式和移动设备。而 CISC 架构的优点在于其丰富的指令集和强大的功能，适用于桌面计算机和服务器等需要处理大量数据和复杂操作的应用场景。

在当前市场中，RISC-V 的地位和影响显著。Semico Research 预测到 2024 年将有 624 亿颗 RISC-V 芯片出货，尽管全球半导体市场正处于下行周期，需求不振困扰着大多数半导体公司，但 RISC-V 的市场依然被看好。德勤预测，RISC-V 指令集市场规模将在 2022 年比 2021 年翻一番，并且随着 RISC-V 指令集可用的潜在市场继续扩大，到 2023 年将再次翻一番，预计到 2024 年将接近 10 亿美元。此外，RISC-V 架构的处理器出货量已超过了 100 亿颗，用 12 年时间走完了传统指令集 30 年的发展历程，IoT（Internet of Things，物联网）是 RISC-V 目前最先落地的场景。

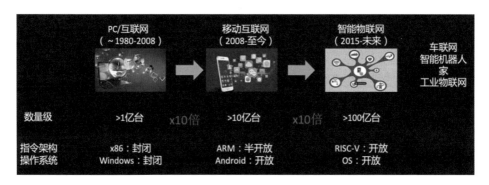

三个不同时期设备规模的变化

多核处理器技术的起源可追溯至 20 世纪末期，随着计算机科学的飞速发展以及市场对高效能计算的迫切需求，多核处理器技术逐步崛起，成为提升计算性能的核心力量。美国斯坦福大学在 1994 年开展的 Hydra 项目便是早期多核处理器研究的代表之一。而在商业领域，IBM 公司于 2001 年推出了 IBM POWER4 双核处理器，这一事件标志着多核处理器技术正式迈入实用化阶段。随后，AMD 和 Intel 也分别在 2005 年和 2006 年推出了基于 x86 架构的双核处理器，国内首款四核处理器则是在 2009 年由龙芯 3A 推出。

多核处理器技术的核心优势在于能够同时执行多个任务，从而显著提高计算机的性能。这种性能提升不仅取决于核心的数量，还取决于每个核心的性能以及它们之间的协同工作能力。例如，英特尔的高能效 x86 微架构能够在有限的硅片空间内实现多核任务负载，并通过低电压能效核降低整体功率消耗，为更高频率运行提供功率热空间。这表明，随着技术的进步，多核处理器不仅在数量上有所增加，其能效和性能也在不断提升。

然而，多核处理器技术的发展也面临着挑战，如功耗和热管理问题。高性能处理器的功耗往往占系统总功耗的一大部分，处理器性能提高 1% 可能会使芯片功耗增加 3%。因此，如何有效管理和控制多核处理器的功耗和热量成为了技术发展中的一个重要课题。多核处理器技术的发展极大地推动了计算机处理能力的提升，使得服务器和工作站等设备能够更高效地处理复杂的计算任务。通过集成更多的核心并优化核心间的通信和协作，多核处理器技术正不断推动着计算机科学和信息技术领域的边界向前发展。

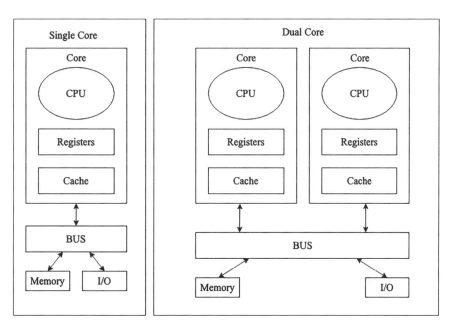

单核与多核处理器架构图比较

CPU 的历史中，有几个关键的技术突破和转折点值得关注。

首先，英特尔提出的"Foveros"3D 立体芯片封装技术是一个重要的转折点，它首次为 CPU 处理器引入了 3D 堆叠式设计。传统的 3D 封装技术通过将多个芯片堆叠在一起来实现功能，而英特尔的 3D 先进封装技术则是在单个芯片上堆叠多个逻辑芯片，通过垂直连接它们，实现了更高的性能和更小的体积。这种封装技术的突破对于处理器技术来说是一次革新，也是产品革新的催化剂。

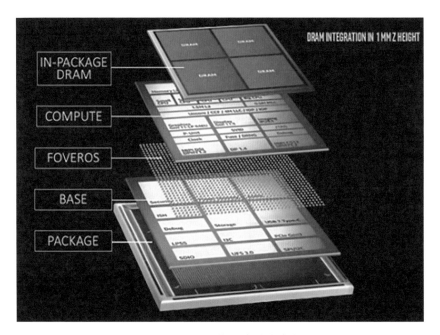

Foveros 3D 立体芯片封装技术

制程工艺的进步也是推动 CPU 发展的一个重要因素。芯片设计能够实现更高的集成度和更低的工作电压，同时时钟频率的提高直接带来了单线程执行性能的提升。这一点在英特尔酷睿 Ultra 处理器上得到了体现，它是基于 Intel 4 制程工艺打造的，代表了 40 年来英特尔架构最大的革新。

其次，国产嵌入式 CPU 的发展也取得了显著成就。阿里平头哥玄铁系列嵌入式 CPU 的成果获得了浙江省技术发明一等奖，实现了指令集、处理器架构及配套工具链的创新突破，量产超过 20 亿颗，被广泛应用于手机等领域。龙芯中科的进展同样值得关注，其推动的核心技术突破使得国产芯片性能持续提升，供应链的可持续性、生态完备性上也取得了进步，正式发布龙架构，并开放了 IP 授权，加速了国产 CPU 生态建设。国家也在持续加大对国产 CPU 的支持，预计到 2025 年，中国 x86 服务器出货量将达到 525.2 万台。

此外，7 纳米工艺的实现被视为摩尔定律的正式终结，是一大历史转折点；2023 年苹果公司推出的 A17 处理器采用了 3 纳米工艺技术，代表了芯片制造技术的进一步发展，如下图所示，我们看到主板中的一些芯片。针对特定应用领域的技术创新也对 CPU 架构产生了重大影响。例如，英特尔在其第二代至强可扩展处理器中增添了内置的深度学习加速技术，这标志着原本定位通用计算的 CPU 芯片也加入了为 AI 计算服务的功能。这种针对特定工作负载的技术创新，如加密技术和人工智能等高级工作负载的支持，使得 CPU 能够以一致、可预测的性能满足大多数计算需求。

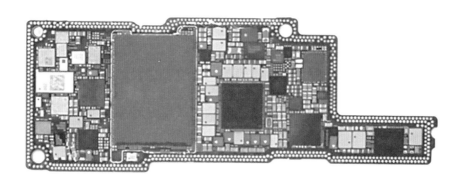

A17 处理器采用了 3 纳米工艺技术的芯片

1990 年至 2000 年，互联网时代的到来加速了社会信息化进程。个人电脑成为生产力工具，互联网的普及改变了商业模式和人类社会。云计算的概念逐渐成为现实，亚马逊和谷歌在云计算领域取得了重要进展。21 世纪初，随着智能手机和平板电脑的普及，对高性能处理器的需求日益增长，这促使了更多新型处理器架构的研发和应用。随着时间的推移,算力需求的多元化导致了智算和超算的崛起。传统 CPU 无法满足新型计算需求,GPU 和 AI 芯片成为热门。英伟达等公司的市值增长,反映了市场对新型算力的巨大需求。

未来 CPU 将如何适应这些新需求?我们可以预见几个关键的发展方向:首先是性能的必然提升。为了处理日益增长的数据量和复杂的人工智能算法,CPU 的性能需要不断提升。这包括提高计算效率、支持异构计算和并行计算等。同时,新一代信息技术的发展将推动"万物互联"时代的到来,对 CPU 芯片的需求将持续增长。**其次是技术创新和架构变革。**从 x86 到 RISC-V,CPU 技术经历了巨大的变革,每一个阶段都标志着计算机处理能力的显著提升。未来 CPU 将继续探索新的架构以适应人工智能和大数据的需求,例如,AMD Zen 3 通过合并 L3 Cache 来提高性能;英特尔发布的 Alder Lake 处理器采用了性能混合架构,这是对传统 CPU 架构的重大改变和创新;苹果 A13 Bionic 处理器的技术创新也体现在 CPU 性能的提升和功耗的降低上。**再者是新材料的应用。**英特尔展示了使用厚度仅 3 个原子的 2D 通道材料的全环绕栅极堆叠式纳米片结构,这种新材料在室温下实现了近似理想的低漏电流双栅极结构晶体管开关。此外,基于钯的新材料和应用也在开发中,这些材料主要用于互联材料和金属栅极材料。**另外是小型化与节能。**随着移动和云计算的应用扩展,CPU 将进入新的应用领域,未来的发展趋势指向更小、更快、更节能的创新,以满足不断演进的计算需求。

2. GPU

GPU 是一种专门设计用于处理图形和视频渲染的芯片,它通过大量的并行运算来完成图形处理任务。GPU 的工作原理是依赖于其并行计算能力和专门优化的硬件架构,这使得它在图形渲染、数值分析、金融分析、密码破解以及其他数学计算与几何运算等领域表现出色。

与其他类型的芯片相比,GPU 的主要区别在于其高度并行的架构和专门的图像处理单元。与 CPU 相比,GPU 具有更多的核心,每个核心的计算能力虽然低于 CPU 的核心，但因为数量众多，整体上能够提供更高的并行处理能力。这种并行处理能力使得 GPU 非常适合于需要大量并行计算的应用场景，如图形渲染、深度学习等。

GPU 的多核并行处理技术主要通过以下几个方面实现。**首先是核心（Kernel）单位的并行计算**：从软件层面来说，GPU 在进行并行计算时，是以核心为单位进行的，每个核心相当于一个功能函数，这样能同时执行多个计算任务。**其次是线程块和 Warp（线程束）**。在硬件层面，GPU 将上千个线程（如 CUDA）聚集起来并行执行。这些线程被组织成线程块，以 32 个为一组（Warp）来执行。这种组织方式有助于提高计算效率和资源利用率。**再者是多 GPU 并行**。除了单个 GPU 的并行计算外，还可以通过模型并行的方式，在多个 GPU 之间拆分网络，即每个 GPU 处理特定层的数据，跨多个后续层对数据进行处理，然后发送到下一个 GPU。这种方式可以进一步扩展 GPU 的并行处理能力。**另外还有硬件架构的整体支持**。GPU 的多核并行处理还依赖于其硬件架构的支持，包括多处理器流媒体、新型流式多处理器（Streaming Multiprocessor，SM）等，这些架构显著提高了性能，为并行计算提供了强大的助力。**再者还依托高核心数和访存速度**。GPU 具备庞大的核心数量和卓越的内存访问速率，这些特性为其进行多核并行处理提供了坚实的架构基础。GPU 特别擅长执行大量数据的并行处理任务，尤其在分析神经网络等计算密集型应用时，其性能远超 CPU。

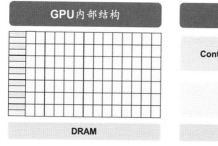
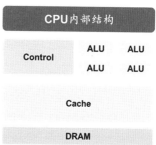

GPU 和 CPU 的内部结构组成比较

　　GPU 的发展历程是一个从简单的图形渲染到复杂的深度学习和高性能计算的转变过程。GPU 的发展源于 20 世纪 80 年代，初始概念的雏形由 IBM 公司创造，但它并未坚持此方向。真正意义上的 GPU 概念由英伟达提出。1999 年 8 月，英伟达发布了世界上第一款 GPU——Geforce 256 图形处理芯片，标志着人类第一次真正进入 3D 时代。这款产品的问世，展示了 GPU 在 3D 渲染能力上的重大进步，也预示着 3D 图形处理技术的新纪元。

英伟达发布的世界上第一款 GPU——Geforce 256 图形处理芯片

　　这一时期，GPU 主要用于加速计算机图形渲染（如下图所示），以满足日益增长的游戏和专业图形设计的需求。从计算机图形学的角度来看，GPU 将三维事件的点阵通过矩阵变化投影到二维平面上，这个过程叫作光栅化，最终在显示器上显示结果。GPU 的能力基本上是顶点处理、光栅化、像素处理等，这个过程包含大量的矩阵计算，刚好利用了 GPU 的并行性。

　　此外，GPU 的发展还伴随着对 CPU 依赖的减少，尤其是在 3D 图形处理方面，GPU 取代了部分原本由 CPU 承担的工作。这种技术演进是为了应对日益复杂的图形计算需求，实现更加逼真、生动的实时感官体验。

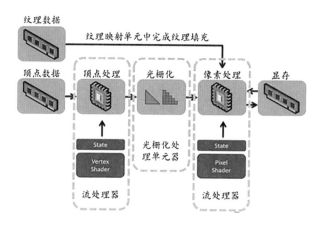

GPU 早期是为了用于图形渲染流程（来源：PPIO 派欧云）

进入 21 世纪，随着技术的进步，GPU 开始被应用于更广泛的领域，包括科学计算、物理模拟等，GPU 在设计上走向了通用计算。2003 年，GPGPU 的概念被首次提出来。GPU 不再以图形的 3D 加速为唯一目的，而是能够用于任意并行的通用计算，例如科学计算、数据分析、基因、云游戏、AIGC 等。直到 2009 年英伟达首次推出 Tesla 系列后，GPGPU 时代才真正来临。GPU 和 GPGPU 应用领域如下图所示。

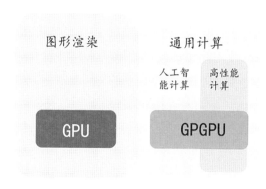

GPU 和 GPGPU 主要应用领域（来源：PPIO 派欧云）

目前国内有许多做 GPU 的公司，大部分都投入在 GPGPU 领域，这些公司都放弃了图形渲染，直接以高密度的并行计算作为发展方向。

英伟达是 GPU 发展中最重要的推动者之一。自 1993 年成立以来，英伟达持续创新，推出了多个具有里程碑意义的 GPU 产品系列，性能不断提升，也推动了整个行业的技术进步。

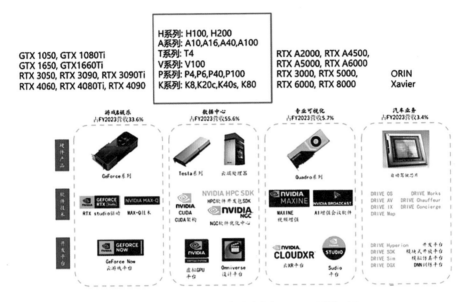

英伟达的 GPU 产品矩阵（来源：PPIO 派欧云）

英伟达的 GPU 产品总体可以分为四类（如上图所示）。第一类用于游戏和娱乐领域，包括 GeForce 系列、RTX 系列，常说的 4090 就是属于游戏的 RTX 系列、x0y0 属于 GeForce 系列，2023 年此部分在英伟达营收中占比 33.6%；第二类用于智算中心领域，主要是商用、满足对算力有巨额需求的业务，包括 Tesla 系列，常提到 A100、H100 就属于这一系列，2023 年此部分在英伟达营收中占比 55.6%（英伟达游戏系列的产品在同样芯片和算力的情况下，GeForce 系列的价格要比 Tesla 系列低 3—5 倍，所以，现在国内做大模型推理、Stable Diffusion 图形生成等都以 RTX 4090 作为首选）；第三类用于专业可视化（高端图形）领域，包括 Quadro 系列，在工业领域用得较多，2023 年此部分在英伟达营收中占比 5.7%；第四类用于汽车领域，针对汽车自动驾驶业务提供芯片和平台，2023 年此部分在英伟达营收中占比 3.4%。

在高端 GPU 制造的市场中，除了市场占有率超 90% 的绝对巨头英伟达，还有市场占有率约为 10% 的 AMD 公司，和英特尔、微软、谷歌等其他公司。

有人曾说，GPU 的世界就是"两位华人之间的战争"。英伟达的创始人黄仁勋是美籍华人，黄仁勋的外甥女苏姿丰是 AMD 的 CEO。也就是说，英伟达与 AMD 两大巨头企业的 CEO 是亲戚关系，掌握了全世界最强大的两个 GPU。再加上 TSMC（台积电）也是华人创造的，可以说华人主宰了尖端半导体行业的半壁江山。黄仁勋和苏姿丰家族关系如下图所示。

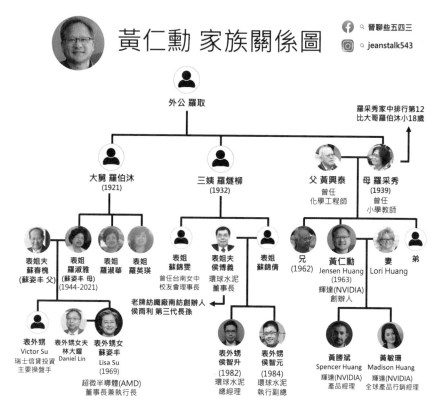

黄仁勋家族关系图（来源：Facebook）

GPU 公司的竞合历史：

下图为英伟达和 AMD 的发展过程，可以看出 3dfx 早期发展迅猛，2000 年以不到 1 亿美元的估值被英伟达收购，ATI 是 AMD 显卡的前身，2006 年被 AMD 收购，后期基本为英伟达与 AMD 双雄争霸。图中少了在 CPU 时代辉煌的英特尔。其实英特尔在 1998 年发布了绝版独立显卡 i740 后的 23 年，就没有再发布过独立 GPU，聚焦在做集成显卡，退出了 GPU 市场，现在看来，这不是明智的战略选择。直到 2022 年，Intel 终于看到 AI 发展的趋势，才发布了新的独立显卡系列——Arc 系列。

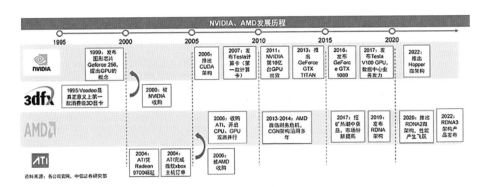

英伟达和 AMD 的发展沿革

下图展示了英伟达的硬件架构变迁。

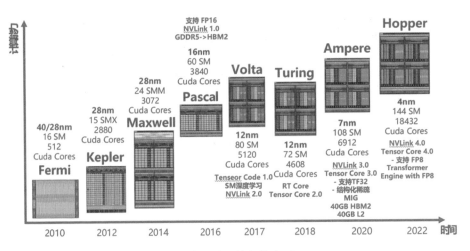

英伟达的硬件架构变迁

随着 2007 年英伟达推出 CUDA 1.0 版本，使其旗下所有 GPU 芯片都适应 CUDA 架构，CUDA 平台发展历程如下图所示：

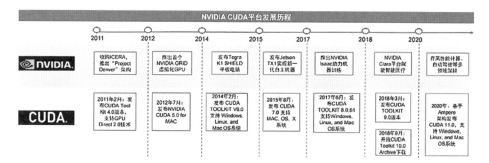

英伟达 CUDA 平台发展历程

　　CUDA 生态和价格是英伟达的最核心竞争力，也是英伟达万亿市值的关键因素之一。英伟达投入了超过一万名工程师在全力发展该体系，基本上把人工智能里的大部分场景都做了深度优化。英伟达长期投入CUDA生态建设，为开发者服务，建立好了一系列的开源生态，如下图所示。

SDKS & APLICATIONS									
End user applications	150+ SDKs	HPC	DATABASES	AERIAL 5G	METROPOLIS SMART CITY	ISAAC ROBOTICS	RIVA & MERLIN AI	CLARA GENOMICS	NVIDIA DRIVE

APPLICATION SPECIFIC LIBRARIES & FRAMEWORKS						
Simulation Libraries	Deep Learning Libraries	Training (DLFW)	Inference	RAPIDS Data Analytics		Visualization
Modulus	CUTLASS	PyTorch	Triton Inference Server	cuDF	cuSignal	Omniverse
AmgX	cuDNN	TensorFlow	TensorRT	cuxfilter	cuGraph	cuQuantum
PhysX	DALI	MxNet / TLT	RAPIDS Spark	cuSpatial	cuML	MANY OTHERS

DEVELOPMENT & ANALYSIS						
Programming Models	Compilers	Core Libraries	Math Libraries	Communication & Storage Libraries	DPUs & DOCA	Profilers & Debuggers
ISO C++ / ISO Fortran	NVC++ NVC / NVCC	libcu++	cuBLAS / cuTENSOR	HPC-X MPI	DPI / FLOW	NSight Systems / NSight Compute
OpenACC / Open MP	NVFORTRAN	Thrust & CUB	cuSPARSE / cuSOLVER	UCX SHARP / SHMEM HCOLL	RegEx / DPA	CUPTI / compute sanitizer
CUDA Python / CUDA C++ & Fortran	libNVVM / NVRTC	cuNumeric	cuFFT / cuRAND	NVSHMEM NCCL MAGNUM IO cuFile	DOCA Drivers	cuda-gdb

SYSTEM SOFTWARE								
CUDA Driver	CUDA Runtime	NVML nvidia-smi	vGPU	GPUDirect	DGX OS	DCGM	Container-aware Job Scheduler	Unified Fabric Manager

英伟达的 CUDA 生态建设（来源：英伟达）

目前的 GPU 基本使用微架构设计，以最早的 Fermi 架构开始（2010 年），由 4 个 GPCs（图形处理簇，Graphics Processing Clusters）、16 个 SM（流多处理器，Stream Multiprocessors）以及 512 个 CUDA Core（向量运行单元）组成（如下图所示），这是 GPU 的特性。

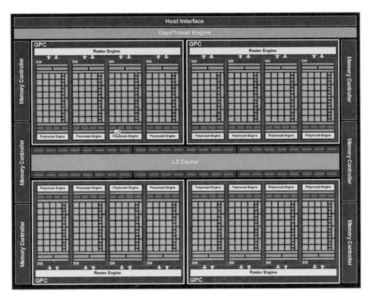

Fermi 架构所示（来源：英伟达）

目前最新一代 GPU（如 Geforce RTX 4090）所用 Ada Lovelace 架构如下图所示。

GeforceRTX4090 所用 Ada Lovelace 架构（来源：英伟达）

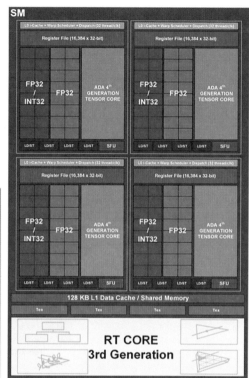

每一个 GPC 和每一个 SM 模块的结构放大示意图（来源：英伟达）

另外，和 Ada 架构 GeForce 系列平行的是 Hopper 架构的 Tesla 系列——H100/H800，这两个架构的管线大致是相同的，尤其是 Tensor Core 中的内容是完全一样的，所以在 Ada 架构的 4090 上也可以很好地发挥 Hopper 架构 AI 的特性。但 Ada 架构与 Hopper 架构最关键的区别是，Ada 架构没有多卡高速互联，也就是 NVLink/NVSwitch 这套技术。

英伟达率先在 GPU 中引入了通用计算能力，使得开发者能利用 CUDA 编程语言来驱动。这时候 GPU 的核都是 CUDA Core，如下图所示。由于一个 GPU 里面有大量的 CUDA Core，使得并行度高的程序获得了极大的并行加速。但是，CUDA Core 在一个时钟周期只能完成一个操作，类似上面的矩阵乘法操作依然需要耗费大量的时间。

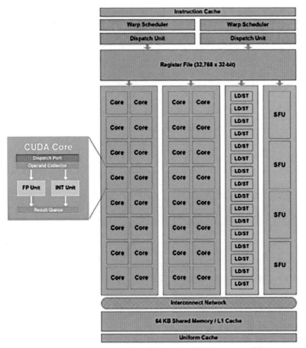

GPU 中的 CUDA Core（来源：英伟达）

GPU 最善于做"加乘运算"（GPU 中有最常用的矩阵计算，就是先乘后加，也就是 FMA：Z=W*X+b）。英伟达为了进一步加速"加乘运算"，在 2017 年推出了 Volta 架构的 GPU，从这个架构开始 Tensor Core 被引入。它可以在一个时钟周期完成两个 4×4×4 半精度浮点矩阵的乘法（64 GEMM per clock）。

· 每个 Tensor Core 每周期能执行 4x4x4 GEMM，即 64 个 FMA。虽然只支持 FP16 数据，但输出可以是 FP32，相当于 64 个 FP32 ALU 提供算力，能耗上还有优势。

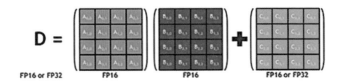

Tensor Core 矩阵运算示意图（来源：英伟达）

Tensor Core 将"加乘运算"并行化了,因此大幅提升了 GPU 性能。例如 Pascal 这一架构没有 Tensor Core 的能力,所以输出很慢;但在 Volta 架构中引入了 Tensor Core 之后,能够以 12 倍的效率完成加乘的计算。

H100 比 A100 强不是由于 1.2 倍的密度提升,更多是因为微架构的设计。新的 Tensor Core 提升了 2 倍,新的 Transformer 引擎提升了 2 倍,频率提升 1.3 倍,总计提升了 6 倍(在大模型下表现)。因此英伟达的性能不是纯靠密度提升的,是通过架构优化进行的提升。

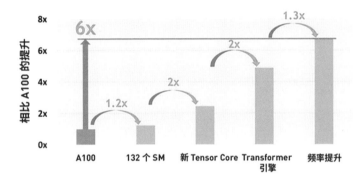

H100 相较 A100 上微架构的设计比较(来源:英伟达)

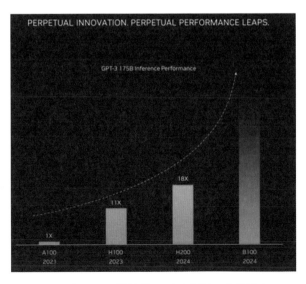

H200 和 B100 性能的飞跃(来源:英伟达)

从产品路线图上看（如上图），未来的 H200 和 B100 性能还会有指数性的上升。

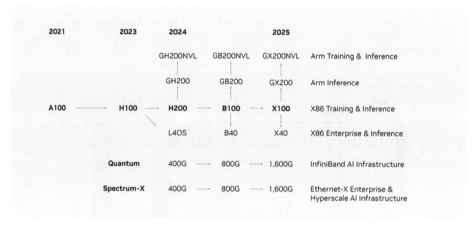

未来英伟达产品型号及架构（来源：英伟达）

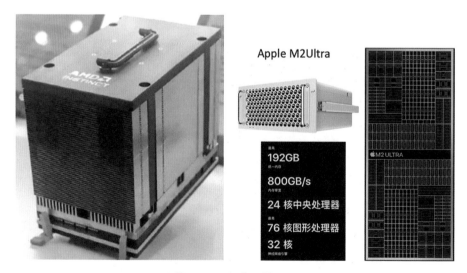

AMD 的 MI300 和苹果的 M2 Ultra

未来还有一个可能的趋势是 CPU 和 GPU 二合一。例如上图的 AMD 的 MI300，基本是直接把 GPU 和 CPU 合在一起。也有人选择，苹果的 M2 Ultra，因为它拥有很大内存，显存带宽也差不多。AMD 的 Instinct MI300 系列，如 MI300A，24 盒 Zen 4 架构 CPU，CDNA 3 架构 GPU，128GB HBM3 内存，5.2T 显存带宽，还有苹果的 Apple M2 Ultra 系列。

2022 年 6 月，MLPerf（全球最权威的 AI 计算竞赛）Graphcore 的 IPU（Intelligence Processing Unit，智能处理单元）打败了当时的王者英伟达的 A100，除此之外，还有其他说法，如谷歌提出的 TPU（Tensor Processing Unit，张量处理单元），还有 NPU（Nerual Processing Unit，神经处理单元），可以理解他们是类似的，在某些特定的 AI 和机器语言 ML 任务中有出色的表现。

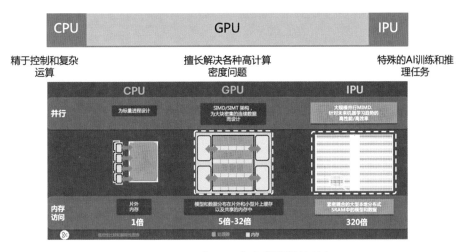

CPU、GPU 和 IPU 各自所擅长的任务

虽然 IPU 近几年在高速发展，但不太可能取代 GPU 的位置，因为各个芯片擅长的方向不一样。CPU 擅长的是控制和复杂运算，GPU 擅长的是各种高密度的通用的计算，IPU 更擅长处理某个特定的 AI 任务和推理，因此这三者未来应该是有效结合的关系。未来 CPU、GPU 和 IPU 的使用量可能是 1 : 8 : 1。

根据英伟达的财报，从 2023 年第二季度开始，英伟达数据中心业务暴增，其数据中心业务收入超过了 100 亿美元，相比去年同期增长 171%。同样在 2023 年第二季度，英特尔的数据中心业务收入是 40 亿美元，相比去年同期下降 15%；AMD 的数据中心业务收入是 13 亿美元，相比去年同期下降 11%。可以看到，在数据中心业务的收入数字上，英伟达在 2023 年第二季度的收入已经超过了英特尔和 AMD 在相同市场收入的总和。

目前，在智算中心，人工智能加速芯片（GPU）最主流的供货商就是英伟达，而通用处理器芯片（CPU）的两大供货商就是英特尔和 AMD，因此比较英伟达和英特尔 +AMD 在数据中心领域的收入数字就相当于比较 GPU 和 CPU 之间的出货规模。虽然人工智能从 2016 年就开始火热，但是在数据中心，人工智能相关的芯片和通用芯片 CPU 相比，获得的市场份额增长并不是一蹴而就的：在 2023 年之前，数据中心 CPU 的份额一直要远高于 GPU 的份额；甚至在 2023 年第一季度，英伟达在数据中心业务上的收入（42 亿美元）仍然要低于 Intel 和 AMD 在数据中心业务的收入总和；**而第二季度开始，这样的力量对比反转了，在数据中心 GPU 的收入一举超过了 CPU 的收入。**

这样的对比的背后，体现出了在人工智能时代，人工智能加速芯片和通用处理器芯片地位的反转。

这也是一个历史性的时刻。从 20 世纪 90 年代 PC 时代开始，CPU 一直是摩尔定律的领军者，其辉煌从个人电脑时代延续到了云端数据中心时代，同时也推动了半导体领域的持续发展；而在 2023 年开始，随着人工智能对于整个高科技行业和人类社会的影响，用于通用计算的 CPU 在半导体芯片领域的地位正在让位于用于人工智能加速的 GPU（以及其他相关的人工智能加速芯片）。

目前，国产 AI GPU 在性能方面与英伟达 H100 系列 GPU 存在较大差距。其中，国产 AI GPU 厂商主要包括阿里、华为、寒武纪、摩尔线程、壁仞科技等，各家厂商产品性能如下图所示。随着国内厂商持续加强 GPU 研发，产品力不断升级。以华为昇腾 910 为例，该款芯片采用 7nm 制程，集成了超 496 亿个晶体管，可以提供 640 TOPS 的算力。虽然国产 GPU 的算力仍普遍落后于英伟达的 A100 系列，但是部分国产芯片厂商追赶英伟达的步伐正在不断加快，例如华为海思、寒武纪和壁仞科技。随着国产生态逐步打磨、GPU 性能提升，有望推动国产化替代。

	寒武纪			平头哥	华为昇腾		遂原科技	壁仞科技		英伟达	
类型	思元370	思元290	思元270	含光800	昇腾310	昇腾910	云燧T20/T21	壁砺100P	壁砺104P	A100	H100
算力Int8(T)	256	512	128	825	16	640	256	1920	1024	1248	3958
显存容量(GB)	24 LPDDR5	32 HBM2	16 DDR4	/	/	/	32 GDDR6	64 HBM2E	32 HBM2E	80 HBM2	80 HBM3
显存带宽(GB/s)	307.2	1228	102	/	/	/	1600	1640	819	2039	3350
功耗(W)	150	350	70	276	8	310	300	450-550	300	400	700

各大 GPU 厂商产品比较

3. 其他 AI 芯片

AI 芯片是 AI 服务器算力的核心，也被称为 AI 加速器或计算卡，专门用于处理人工智能应用中的大量计算任务。按技术架构分类，目前人类的芯片可以被分为 CPU、GPU、FPGA、ASIC 四种大类，其中 CPU 是人类芯片之母，拥有最强的通用性，适合复杂的指令与任务，GPU 则是人类历史上的第一大类 ASIC 芯片，通过大量部署并行计算核，实现了对于异构计算需求的优化。FPGA 芯片则更加强调可编程性，可以通过编程重新配置芯片内部的逻辑门和存储器，但是运算性能较低，ASIC 则完全为某类功能或者算法专门设计，通用性较低的同时，拥有对某一类算法最好的性能。

当前主流的 AI 加速计算主要采用 CPU 系统搭载 GPU、FPGA、ASIC 等异构加速芯片，再通过和 AI 算法的协同设计来满足 AI 计算对算力的超高需求，极大程度解决传统服务器算力不足的缺点，如下图所示。

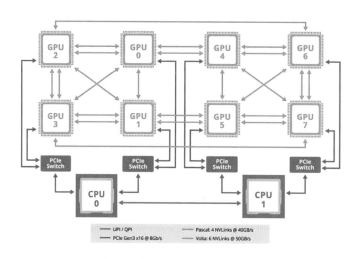

AI 加速计算组成（来源：英伟达）

◆ FPGA

FPGA 是一种先进的可编程电子元件，它继承了 PLA、PAL、GAL、CPLD 等前代可编程器件的技术，并在此基础上实现了进一步的发展。FPGA 在 ASIC 领域中充当着一种灵活的半定制解决方案，它不仅解决了定制电路的某些局限性，还有效克服了早期可编程器件在门电路数量上的局限。FPGA 广泛应用于构建可定制的数字电路解决方案。用户能够重新配置 FPGA 内部的逻辑和输入 / 输出模块，以满足特定的应用需求。FPGA 支持静态重新编程和动态系统重构，允许硬件功能像软件那样通过编程进行调整。可以说，FPGA 具有实现从基础的 74 系列逻辑电路到复杂的高性能 CPU 的广泛数字功能。

FPGA 的灵活性如同一块空白的画布或一堆待组装的积木，工程师可以利用原理图输入或硬件描述语言来自由设计数字系统。在云计算时代，FPGA 作为基础设施即服务（IaaS）的一部分，在公共云平台上提供开发和加速服务，AWS、华为、BAT 等大型技术公司都提供了这样的服务。例如，Intel 的 Stratix® 10 FPGAs 已经在微软的实时人工智能云平台 Project Brainwave 中得到应用，展示了 FPGA 在现代计算环境中的关键作用。

◆ ASIC

专用集成电路芯片（ASIC），正如其名称所指，是为特定应用或算法量身定制的集成电路芯片。ASIC 芯片的架构并不固定，既有较为简单的网卡芯片，用于控制网络流量，满足防火墙需求等，也有类似谷歌 TPU，昇腾 910B 一类的顶尖 AI 芯片。ASIC 并不代表简单，而是代表面向的需求，只要是为了某一类算法，或者是某一类用户需求而去专门设计的芯片，都可以称之为 ASIC。当下，ASIC 芯片根据运算类型分为了 TPU、DPU（Data Processing Units，数据处理单元）和 NPU 芯片，分别对应了不同的基础计算功能。TPU 即为谷歌推出的 AI 处理器，主要支持张量计算，DPU 则是用于数据中心内部的加速计算，NPU 则是对应了上一轮 AI 热潮中的 CNN 卷积神经网络算法，后来被大量集成进了边缘设备的处理芯片中。

随着大模型训练需求的跃升，Transformer 算法快速风靡，海量的需求叠加相对固定的算法，是 ASIC 发展的最好土壤。而谷歌 TPU，则是率先崭露头角的第一块实际用于大模型训练的芯片结构。

谷歌 TPU，原理脱胎于脉动整列取数法，脉动阵列（Systolic Array）的概念最早在 1982 年被提出，是一种快速将数据读取至矩阵运算单元的方法，由于当时矩阵运算需求极小，并且仍是 CPU 为主，并未受到重视。从 2016 年开始，谷歌开始在训练芯片 TPU 上重新引入脉冲阵列概念，经过三年开发，于 2019 年形成成熟产品，首次通过脉冲阵列读取形式，开辟了除英伟达 CU+TU 体系外的全新矩阵运算架构。但同时，脉冲阵列由于其特殊的数据填充方式，导致了运算启动速度较慢、处理单元利用率不足等问题。

前文提到，英伟达的 Tensor Core 架构，通过乘法器与加法器的 3D 堆叠，实现了超高的矩阵运算效率，但是在任何 Tensor Core 结构的单元计算的过程中，决定运算效率，或者说是峰值算力的，一方面是 Tensor Core 的大小，即能运行"N×N"的矩阵，N 越大，Tensor Core 的运算能力越强。另一方面，决定 Tensor Core 运算效率的则是需要运算的数字被装填进入 Tensor Core 的时间，"取数时间"与"矩阵大小"共同构成了 GPU 运算能力的基石。

以 TPU 为代表的芯片，由于需要兼顾训练、不同算法等需求，并没有做到极致面向推理或者是极致"ASIC"化，同一个芯片中单个 MXU（Matrix Multiplier Unit，矩阵乘法单元）之间并没有很高效的互动，因此在保留了通用性的同时，也降低了计算效率。

我们来看当下较为领先的"推理 ASIC"抑或是"LLM 专用 ASIC"——Groq，Groq 由谷歌 TPU 团队成员创立，在经过了几年的默默发展后，最终在 2024 年 2 月一鸣惊人，运行在 Groq 平台上的 Meta Llama 2 模型，实现了领先的推理速度，将大模型的推理速度带到了 500 Tokens/s，而 GPT-4 的输出速度则在 40 Tokens/s。

为何一张 14 nm 的芯片，能够在推理端打败昂贵的 4 nm 制程 H100 呢？这其实就是极致 ASIC 化的必然结果。我们从 Groq 芯片的架构图中可以看出，除了舍弃掉小核，只保留了矩阵乘法核与向量乘法核外，Groq 还创新性地引入了 SRAM（Static Random Access Memory，静态随机存取存储器）作为核与核之间互相传递数据的工具，这样 MXU 就无须频繁与外界的存储进行互动，可以搭建出一条由"矩阵核、向量核、SRAM"三者共同组成的数据处理"流水线"，从而完美契合推理过程，即用先前推理出的 Tokens 代入模型，得到下一个 Token 的过程。

由于 Groq 的芯片架构定型于四年前，以现在的视角来看，依旧有不少遗憾，第一，SRAM 的容量较小，导致需要更多的 Groq 显卡才能完整容纳大模型，第二，由于四年前依旧是 CNN 卷积计算占据主流，因此 Groq 有部分面积给了相对没有必要的向量计算核。

Groq 的成功已经向我们展示了未来推理 ASIC 的广阔空间，即在 MXU 堆叠的基础上，通过 SRAM、DDR7 等高速存储进行桥接，使 MXU 之间能够进行高速率的数据传输，从而形成推理结果流水线式加工，而不需要像英伟达架构一般，每次推理都需要去 HBM 中访问一次先前的 Tokens，降低了数据交互密度，因此无论是访存，抑或是网络 IO（输入/输出，Input/Output，IO）都不再成为瓶颈。

（五）边缘算力

边缘计算是一种分布式计算范式，旨在将数据处理、应用程序运行和智能服务部署在靠近数据源的设备或节点上，而不是完全依赖于远程数据中心或云平台。这种架构的主要目的是减少数据传输延迟、提高数据安全性、减轻网络带宽压力，并提供更快的响应速度。

边缘计算是一种分布式的开放平台，它在网络边缘集成了网络、计算、存储和应用的核心功能，提供就近的边缘智能服务。这种架构允许对终端设备收集的数据进行即时分析和快速响应，提高了数据处理的效率和响应速度。同时，边缘计算的应用场景非常广泛，在工业制造中，边缘计算可以实现实时监测和预测性维护，提高生产效率和设备利用率。例如，在智能制造中，边缘计算设备使用人工智能算法来自主处理数据并做出决策，从而减少数据传输到云端的需求，这在智能制造领域带来了巨大的应用前景。在智能交通领域，边缘计算可以优化交通流量控制、增强城市安全，并支持自动驾驶技术的发展。此外，随着 5G 网络的大规模普及，边缘计算将获得更快的网络连接和更高的数据传输速度，进一步推动其在各行各业中的发展。边缘计算的应用不仅限于上述领域，还深入了智慧城市、智慧家庭、医疗、教育和新零售等多个行业。这些应用场景的智能化，如视频处理、自动化系统到 AI、增强 / 虚拟现实等，形成了行业应用的智能系统，帮助客户生产更安全、项目调度更科学、资产管理更高效、物料追溯更精准。

边缘计算的发展历史可以追溯到 20 世纪末期，最初与内容分发网络（Content Delivery Network，CDN）的概念紧密相关。CDN 的提出最早可以追溯到 1998 年，由阿卡迈公司提出，它主要强调的是内容（即数据）的缓存，为后来边缘计算的发展奠定了基石。2009 年，Cloudlet 的概念由卡内基梅隆大学的 Satyanarayanan 教授提出。Cloudlet 是一种小型、灵活且功能强大的计算资源，它能够为移动设备提供类似云计算的能力，同时保持低延迟和高带宽的特性。Cloudlet 的提出，为边缘计算的进一步研究和应用提供了新的方向。2012 年，思科公司提出了雾计算（Fog Computing）的概念。雾计算强调将计算任务迁移到网络边缘设备，以减少云计算中心的负担，提高数据处理速度和可靠性。雾计算的提出，进一步推动了边缘计算技术的发展，并为后来的边缘计算研究提供了重要的理论基础。

2013 年，美国太平洋西北国家实验室的 Ryan LaMothe 在一份内部报告中首次提出了"边缘计算（Edge Computing）"这一术语。这预示着边缘计算作为一个新兴的独立研究领域开始获得广泛关注，并且正在逐步构建起自己的理论基础和技术框架。在 2015 年至 2017 年，边缘计算经历了迅猛的发展阶段，其知名度和相关学术文献的数量均实现了超过十倍的增长，反映出该技术领域正以惊人的速度进步和发展。

2015 年是移动边缘计算的重要里程碑，当时欧洲电信标准化协会（ETSI）推出了其白皮书，同时成立的 OpenFog 联盟也开始致力于推进边缘计算的技术标准化和行业应用的广泛采纳。2016 年见证了边缘计算领域的重要进展，美国国家科学基金会（NSF）对该领域的研究进行了资金支持。同年，韦恩州立大学的施巍松教授及其团队为边缘计算提供了一个正式的定义，进一步明确了这一新兴技术领域的范畴。2017 年，中国边缘计算产业联盟和中国自动化学会边缘计算专委会的成立，显示了边缘计算技术在中国得到的广泛认可。到了 2018 年及以后，边缘计算进入了稳健发展阶段，技术和标准逐渐成熟。边缘计算开始为大众所熟知，行业参与者迅速扩大，包括传统云计算厂商、电信运营商、CDN 厂商和芯片 / 设备制造商等。2019 年，开放数据中心委员会（ODCC）设立边缘计算工作组，推动了边缘计算产业的标准化和技术研发。

2020 年，Deep Vision 推出了低延迟 AI 处理器，为边缘计算在实时性能要求高的应用场景中开辟了新的可能性。2021 年，《"边缘计算"+ 技术白皮书》的发布，展示了边缘计算技术的成熟度和在多个行业的应用前景。如今，随着云计算、物联网等技术的快速发展，边缘计算逐渐成为了人工智能领域的一大热门话题，特别是在 5G 时代背景下，边缘计算被视为"云计算"之后最大的"计算机会"，与云计算、物联网相结合，为各行各业提供了新的发展机遇。

边缘计算是指将计算任务分配给网络边缘的设备进行处理，以降低网络延迟和提高数据处理速度。而"算网一体"则是通过敏捷、可靠、智能、安全的网络设施连接中心和边缘计算设施，实现多层次算力资源统一编排管控，让算力在网络上可以得到快速、安全、智能的传递。这表明算网一体的目标是实现计算资源和网络资源的深度融合，以边缘计算技术为主，优化资源利用和服务效率。边缘计算作为算网融合的核心技术之一，围绕"计算网络化"与"网络计算化"两个核心方向不断创新演进。这种融合不仅改变了传统云和网的相互独立性，使计算进入网络内部，还使得边缘计算的效率、可信度与网络的带宽、时延、安全性、隔离度等发生深度耦合。这种深度耦合是实现算网一体化服务的关键。

总而言之，边缘计算与算网一体之间存在着密切的技术融合关系，两者相互依赖、相互促进，共同推动着信息技术领域的发展。通过深度融合计算资源和网络资源，不仅可以优化资源利用和服务效率，还能满足日益增长的数据处理需求，为各行各业带来变革。在实际应用中，边缘计算和算网一体的案例研究有很多，例如：中国联通智网创新中心的5G边缘计算端边一体化协同能力及应用，展示了基于5G边缘计算底座和集约化运营体系，向末端延伸打造的"边—端"算网一体化编排、调度及协同运营能力；在智慧园区中应用云边端融合的算网架构，从园区算网现状、云边端融合的算网架构、算网融合赋能智慧园区的具体案例等维度进行研究；中国移动成研院采用英特尔技术打造的边缘融合算力网络解决方案，以医疗边缘云的形式提供算力支持，实现云边协同，满足医疗数据直报、医疗服务等需求；阿里云边缘云网一体化的技术实践，深耕边缘计算技术，探索5G和边缘计算技术作为新型基础设施的应用场景等。这些案例展示了边缘计算和算网一体技术在不同领域的应用，如通信、教育、医疗和智慧园区等，体现了边缘计算技术在提高数据处理效率、促进数字化转型等方面的潜力。

在算网一体技术中，用于优化边缘计算性能的先进网络架构主要包括算力路由（Computation Aware Traffic Scheduling，CATS）、网络白盒化技术、基于网络功能虚拟化（Network Functions Virtualization，NFV）的参考架构。其中，算力路由是中国移动原创提出的算网一体核心技术之一，通过将算力因子引入路由域，实现网络和计算的联合优化。这种技术能够克服边缘计算带来的"性能反转"问题；中国移动利用网络白盒化技术，在磐基云平台上尝试算力与网络一体化融合。这种技术构筑了算网融合智能网元，打造了算网一体监测与资源管理能力；边缘计算基于 NFV 的参考架构，侧重于在移动网络边缘给用户提供 IT 服务的环境和云计算的能力。这种架构意在靠近移动用户，以提高服务的响应速度和效率。这些技术展示了算网一体技术在优化边缘计算性能方面的多样化方法，包括通过算力路由实现网络和计算的联合优化，利用网络白盒化技术和基于 NFV 的参考架构来支持更高效、更智能的边缘计算服务。

在边缘计算与算网一体的发展过程中，面临的主要技术障碍包括设备的多样性、数据的安全性和隐私保护、网络问题、海量终端设备和应用的广泛接入带来的数据洪流挑战、基础设施层的复杂性和异构性，以及算网协同运营服务架构和技术体系的重构需求等。克服这些技术障碍需要综合运用技术创新、业务模式创新以及跨领域的合作等多种策略。

在设备的多样性方面，不同的设备具有不同的处理能力和存储容量，这给云边端一体化的实现带来了困难。解决这一问题的方法可能包括开发更加灵活的软件架构，以适应不同设备的需求，或者采用标准化的硬件平台来减少设备间的差异。

在数据的安全性和隐私保护方面，随着数据量的增加，如何确保数据的安全性和隐私成为了一个重要问题。可以通过加强数据加密技术、实施严格的数据访问控制措施以及采用匿名化处理等方法来提高数据的安全性和隐私保护水平。

在网络问题方面，边缘计算的优势与底层的网络连接密不可分，网络问题如时延和带宽限制是边缘计算面临的一大挑战。解决这一问题需要优化网络架构，比如通过 5G 技术提供更低的延迟和更高的带宽，或者利用边缘计算节点进行数据预处理，减少对中心服务器的依赖。

在海量终端设备和应用的广泛接入带来的数据洪流挑战方面，对企业现有网络架构的时延、带宽、安全等发起了巨大挑战。应对这一挑战的方法包括采用分布式计算模型，将数据处理和存储功能推向网络边缘，以降低延迟、提高带宽利用率，并加强隐私和安全性。

在基础设施层的复杂性和异构性方面，基于复杂的、异构的基础设施进行资源拉通是一个挑战。解决这一问题的方法包括采用标准化的基础设施组件，或者开发能够跨不同平台和设备运行的中间件和框架。在算网协同运营服务架构和技术体系的重构需求方面，计算与网络两大要素从协同供给向融合运营阶段演进的过程中，算力网络发展仍面临着诸多挑战。解决这一问题需要进行技术创新和业务模式创新，比如引入声誉机制的算网一体多目标优化调度机制，以及探索新的服务架构和技术体系。

边缘计算的重要性在未来几年内将持续增长。边缘计算和云边端协同网络的融合是未来网络发展的趋势之一。这种融合模式可以将云计算和边缘计算的优势相结合，实现更加高效、灵活和可扩展的网络。通过打造基于算网融合设计的服务型算力网络，形成网络与计算深度融合的算网一体化格局，赋能算力产业发展。这表明未来的边缘计算将更加注重算力基础设施及服务的整合。中国移动研究院提出面向算网一体演进算力感知网络架构，包含算网基础设施层、算力路由层、算力服务层和算网编排管理层。这一架构的提出，预示着未来边缘计算将更加侧重于算力的智能化管理和调度。

（六）算力网络

算力网络是一种新型的信息基础设施，它通过云网融合、SDN 等网络技术，将边缘计算、云计算节点以及网络资源整合在一起，实现计算、存储和网络资源的协同，为用户提供包含计算、存储和网络连接的整体算力服务。算力网络的核心理念是利用创新的网络技术，将分散于不同地理位置的算力中心节点进行互联，实现对算力资源状态的动态实时监测。在此基础上，该网络能够统一管理和智能分配计算任务，优化数据传输，形成一个全球性的算力感知、分配和调度系统。进一步地，该网络旨在整合和共享算力、数据和应用等资源，以提高资源利用效率和计算服务的灵活性。

具体而言，算力网络通过将复杂的大型计算任务分解为若干个较小的子任务，依据各参与节点的算力进行智能分配和并行处理。完成这些子任务后，网络再将它们的结果进行汇总，以整合得出完整计算任务的最终输出。此外，算力网络还具有资源抽象、业务保证等特征，需要将计算资源、存储资源、网络资源（尤其是广域范围内的连接资源）以及算法资源等都抽象出来，作为产品的组成部分提供给客户，并以业务需求划分服务等级。此外，算力网络还具备资源抽象化和业务保障等特性。它要求将计算资源、存储资源、网络资源（特别是在广域网环境中的连接资源）以及算法资源等进行高度抽象，并整合为产品的一部分，为客户提供服务。同时，根据业务需求的不同，算力网络能够划分并提供不同等级的服务，确保满足多样化的业务需求。

目前，根据算力网络的研究进展表明，它不仅关注计算资源的优化利用和调度，还包括了泛在智能的新型算力、以数据为中心的多样性计算架构、光电联动的全光网络、超低时延驱动的确定性网络等多个技术发展方向。这些研究方向旨在提升计算资源的利用率，同时改善用户的网络服务体验。

同时，算力网络是一个高度灵活、高度智能的网络，它通过算力实现了对算力资源、网络资源的全面接管，可以让网络实时感知用户的算力需求，以及自身的算力状态，经过分析后，算力网络能够提供最符合用户需求的算力资源服务。这种以网络为中心的多种融合资源的新型信息基础设施，为数字化时代的资源网提供了新的解决方案。

算力网络从 2019 年开始逐步受到关注，并在 2022 年进入快速发展阶段，至 2023 年已经形成了较为完整的产业链。未来几年，随着技术的不断进步和标准的完善，算力网络将在数字经济中扮演更加重要的角色。2019 年，中国联通网络技术研究院发布了《中国联通算力网络白皮书》，这标志着算力网络在产业方面开始得到重视和发展。白皮书中对算力网络的概念、架构、标准和生态等方面进行了分析讨论。2022年，亚信科技叶晓舟称2022年为算力网络的元年，这一年新型算力成为数字经济的重要组成部分。同时，算力网络的标准也持续演进，预计到2023年完成架构和模块的定义。在2023年，算力网络迎来了发展的第一个十年，我国在算力网络软硬件基础设施及平台与应用服务方面已逐渐形成上中下游完整的产业链，初步巩固了在算网领域的主导地位。此外，中国信息通信研究院发布的《中国算力发展指数白皮书（2023年）》系统跟踪研究了全球算力发展情况，并全面剖析了我国算力总体发展态势。根据规划，到2025年，算力规模将超过300 EFLOPS，智算占比达到35%。这一目标的实现将依赖于全国一体化算力网络国家枢纽节点的有序建设，包括京津冀、长三角、粤港澳大湾区、成渝等节点。

要想实现算力网络的动态资源分配和调度，首先需要构建一个分布式、可扩展的网络架构，以支持多层次的计算节点接入，并具备灵活性和可扩展性，适应不同规模和需求的算力服务。在此基础上，可以采用多层次算力网络模型和计算卸载系统，通过定义一个由时延、能耗组成的加权代价函数来建模任务调度问题，并利用基于交叉熵的集中式不可分割任务调度算法（Centralized Unbreakable Task Scheduling，CUTS）来解决这一问题。

此外，算力网络资源协同调度平台的技术架构包括算力网络资源调度系统和算力网络动态扩缩容系统两个子系统，这有助于实现资源的有效管理和调度。调度算法作为算网一体化调度的核心，根据任务的需求和系统的状态选择合适的计算资源和网络资源进行任务处理，常见的调度算法包括先来先服务（First Come First Serve，FCFS）、短任务优先等。为了进一步提升调度的效率和资源的利用效率，可以考虑采纳一套智能的辅助决策系统。这个系统将依据业务的服务质量协议（Service Level Agreement，SLA）要求、网络的整体负载情况以及可用的计算资源池的分布情况等关键因素，智能地、动态地计算出最优的计算、网络和数据协同策略。

此外，利用感知技术来连接分散的计算节点，可以自动化地部署服务、选择最优的路由路径和实现负载均衡。这将构建一个全新的网络基础设施，它能够感知算力，并确保网络能根据需求实时地调度不同地点的计算资源。在调度策略方面，可以根据算力网络信息表中存储的多维资源信息和微服务需求，生成微服务调度策略，优化目标包括负载、成本、服务质量、能效等。此外，采用基于算力网络的大数据智能调度和资源分配方法，资源编排层将提供数据算力的编排、资源封装和统一调度的功能。同时，利用粒子群优化算法，智能地计算并寻找出最优的资源调度分配方案。总而言之，实现算力网络的动态资源分配和调度需要综合考虑网络架构设计、多层次模型与计算卸载系统、调度算法的选择与优化、智能辅助决策机制的应用以及感知技术和粒子群算法的利用等多个方面。

算网一体是算力网络发展的最终目标，它代表了计算和网络两大学科的深度融合，形成了一种新型技术簇。这种融合不仅仅是物理上的结合，更是功能和服务上的整合，旨在实现算力资源的即取即用，满足社会级服务的需求。算力网络本身是由计算设施与网络设施共同构建的一张传输网络，而算网一体则是这一网络建设的最终目的。在架构上，算网一体提出了"四大层次，六大融合"的合作体系。这包括基础设施、平台、应用和安全四个层次，以及感知、连接、协同、快捷调度、泛在连接和内生安全等六大融合点。这些层次和技术体系的设计原则和定义，为算网一体的关键技术和发展前景提供了指导。

随着技术的进步和社会需求的变化，算网一体正逐渐成为推动数字经济发展的关键力量。它不仅能够提升计算资源的利用率，还能改善用户的网络服务体验。此外，国家发展和改革委员会等相关机构已经明确指出，必须加速构建全国性的算力一体化新型网络架构，以实现算网资源的优化配置。事实上，算网融合就是更加高效精准地将算力需求调度到相应的资源节点的一种新型业务模式。它能够根据不同的业务需求灵活匹配算网资源，实现算网资源的精细化供给，充分释放算网资源价值。因此，算力网络与算网一体之间存在着密切的关系。算网一体不仅是算力网络发展的目标阶段，而且通过其独特的架构和技术体系，实现了算力和网络的深度融合和服务一体化。这种融合不仅提高了计算资源的利用效率，还为用户提供了更加灵活、高效的服务，是推动数字经济发展的重要力量。

算力网络与算网一体在实际应用中实现即取即用的服务，主要依赖于几个关键技术点和架构设计。

首先，算力网络作为一种新型的网络架构，通过将分布的算力资源进行连接并提供统一编排，为应用屏蔽异构算力资源，从而提供统一的算力服务。这种架构设计允许算力网络实现计算、网络、数据、智能、区块链、安全等多要素的紧密整合，提供多层面融合的一体化服务。为了实现对广泛计算资源和服务的感知、互联以及协同调度，算力感知网络架构体系在逻辑功能上可以被划分为五个主要模块：算力服务层、算力平台层、算力资源层、算力路由层和网络资源层。这种分层的设计有助于实现服务的自动化部署、最优路由和负载均衡。在技术实现方面，各个算力节点将对算网信息进行度量和建模，并将这些信息统一发布。网络将收集并聚合多个节点上报的算网信息，从而构建出一个全局性的、统一的算网状态视图。这种方式有助于实现即取即用的服务，因为它允许系统根据全局的算网状态视图快速响应用户的请求，动态地分配计算资源。

此外，利用网络白盒化技术，构筑算网融合智能网元，打造算网一体监测与资源管理能力，也是实现即取即用服务的关键。这种技术的应用进一步提高了算力网络的灵活性和效率，使得用户可以更加便捷地获取所需的计算资源。算力网络与算网一体在实际应用中实现即取即用的服务依赖于其独特的架构设计和关键技术的应用，如统一编排、分层设计、信息度量建模以及网络白盒化技术等。这些技术和设计共同作用，确保了算力网络能够高效、灵活地满足用户对于即时性、低延迟计算业务场景的需求。

目前，中国已经在京津冀地区、长三角地区、粤港澳大湾区、成渝地区以及内蒙古、贵州、甘肃、宁夏等地成功实施了算网一体化网络架构。这些地区的建设是根据国家发展改革委、中央网信办、工业和信息化部、国家能源局等部门联合印发的《全国一体化大数据中心协同创新体系算力枢纽实施方案》进行的，旨在布局全国算力网络国家枢纽节点，启动实施"东数西算"工程，构建国家算力网络体系。在显著成效方面，虽然具体的成效数据未在搜索到的资料中明确给出，但可以推断，通过这些措施的实施，中国在数字经济发展的新基座——全国一体化大数据建设方面取得了进展。这不仅有助于提升区域内的市场、技术、人才、资金等方面的优势，还促进了高密度、高能效、低碳数据处理能力的发展。此外，"东数西算"工程的深入实施加快了全国一体化算力网的构建，对于推动中国数字经济发展具有重要意义。

然而，算网一体的发展也将面临一些潜在挑战。在技术挑战方面，从算网协同到算网融合落地应用，再到最终实现算网一体，这一过程将面临技术上的多重挑战，包括但不限于网络智能化水平的提升、自智能力的增强等；在产业挑战方面，算网一体的发展不仅需要技术创新，还需要产业界的积极参与和支持。如何平衡不同利益主体的需求，推动产业链上下游的有效协同，是实现算网一体发展的关键；在安全与隐私保护方面，随着算网一体技术的应用越来越广泛，数据安全和用户隐私保护将成为重要的挑战。如何在促进算网一体发展的同时，确保数据的安全和用户的隐私权益，是需要重点关注的问题。

最后，面对数字经济发展的需求，算网一体未来的发展趋势主要体现在以下四个方面。第一，随着技术的进步和市场需求的增加，算网融合将促进产业布局趋向平衡，实现算力资源和网络资源的高效协同，以满足日益增长的异构算力需求；第二，算网一体的发展将推动更多创新成果的应用，同时也会促进技术创新的活跃度，为数字经济的发展提供强大的技术支撑。第三，随着算网一体技术的发展，其在各行各业中的应用将更加广泛，算力赋能的能力也将不断增强，从而推动数字经济的深度发展。第四，根据中国信通院的统计，2023年我国算网融合市场总规模预计达到11734.17亿元，说明算网一体市场的巨大潜力和发展空间。

（七）未来算力

未来算力是一个多维度、跨领域的概念，涵盖了计算能力、智能算力与超算算力、基础设施建设、多元化计算模式、算力网络以及全球竞争与合作等多个方面。随着技术的不断进步和应用场景的不断拓展，未来算力将在推动社会经济发展中发挥越来越重要的作用。

1. 量子计算

量子计算是一种基于量子力学原理进行信息处理的计算方法，与传统的经典计算有显著的不同。在量子计算中，信息的基本单位是量子比特（Quantum Bit，Qubit），而不是经典计算中的比特（Bit）。量子比特的一个关键特性是能够处于 0 和 1 的叠加态，这意味着一个量子比特可以同时代表 0、1 或两者的组合。这种叠加态使量子计算机在处理信息时具有并行计算的能力，能够在某些特定的应用场景下，比经典计算机更快地解决一些问题，如化学反应模拟、优化问题、密码学和大数据分析等。

量子计算的核心原理包括态叠加原理、量子测量和量子纠缠等。态叠加原理表明，量子系统中的量子态能够是多种可能的量子态中的任何一个，而量子测量过程可能会使得处于同一状态的量子系统产生截然不同的结果，这些结果遵循特定的统计概率分布。量子纠缠则是指量子系统中不同部分之间的测量结果之间存在着相互依存的关系，即使它们的距离很远或者被隔离开来。

量子计算的实际应用案例主要集中在加密与安全、材料科学、化学与药物设计、优化问题和机器学习等领域。例如，在密码学领域，量子计算机能够以闪电般的速度分解大整数质因数，这对当前依赖于大质数的网络加密技术构成了威胁。此外，量子计算还被应用于人工智能、生物医药、金融工程等多个领域，展现出巨大的变革潜力。

总之，量子计算是一种利用量子力学原理进行信息处理的新型计算模式，它通过量子比特的叠加和纠缠等特性，展现出在某些特定应用场景下超越传统计算机的计算能力。然而，量子计算的发展和应用仍处于初级阶段，面临着技术挑战和实际应用的限制。

量子计算的发展历程可以分为以下四个阶段。

第一阶段是量子力学的发展（1900 年—1920 年），量子力学是量子计算的基础理论，它在 20 世纪初由马克斯·普朗克、阿尔伯特·爱因斯坦、尼尔斯·玻尔等科学家发展起来。这些科学家通过研究光谱、黑体辐射和微波谱来发现量子力学的基本原理，如量子态、波函数和量子纠缠。

第二阶段是量子计算的诞生（20 世纪 80 年代），量子计算的诞生可以追溯到 20 世纪 80 年代，当时的科学家们开始研究如何利用量子力学的原理来解决复杂的计算问题。1981 年，理查德·费曼（Richard Feynman）首次提出了量子计算机的理念，他预见到量子计算机能够处理一些传统计算机所无法解决的问题。1985 年，大卫·多伊奇（David Deutsch）提出了量子计算机的基本模型和算法，为量子计算的理论基础作出了重要贡献。

第三阶段是量子计算的实验验证（20 世纪 90 年代—21 世纪初），在 20 世纪 90 年代和 21 世纪初，科学家们开始实验验证量子计算机的可行性。1994 年，彼得·肖尔（Peter Shor）提出了量子计算机的关键算法——肖尔算法，它能高效分解大数，对现有加密技术构成挑战，是量子门实现的基础。量子门作为量子计算的基础，通过量子电路实现，是构建更复杂量子算法的基石。而量子加密算法，尤其是量子密钥分发技术，利用量子力学原理确保通信安全。

第四阶段是量子计算的商业化发展（21 世纪 10 年代至今），21 世纪 10 年代以来，量子计算开始商业化发展。20 世纪以来，谷歌公司大力投入量子计算的研究。2019 年，谷歌宣布其量子处理器实现了所谓的"量子优越性"，在特定问题上超越了传统超级计算机的能力。美国国家科学基金会（NSF）在量子计算领域的投资最早可追溯至 21 世纪 10 年代，并于 2018 年通过了《国家量子倡议法案》。2024 年，美国国家科学基金宣布投资 3800 万美元扩大对量子信息科学与工程的支持，以加速量子计算的发展。

目前，量子计算技术的难点主要包括以下七个方面。第一，量子比特的易失性是一个重要问题，因为量子信息的稳定存储与可靠传输是实现量子计算的关键。第二，为了实现容错量子计算，需要高精度地扩展量子计算性能，这包括对量子门操作的精确控制。量子门操作的精度直接影响到量子计算的效率和可靠性。第三，量子纠缠是量子计算中一个重要的资源，但其密度很大，对于系统中的其他量子比特和外部环境的摄动都非常敏感。因此，如何有效控制量子纠缠成为了一个技术难题。第四，量子计算机面临的主要挑战之一是量子纠错。目前的研究还远未达到可扩展的量子计算阶段，因此需要集中精力在单个量子比特的纠错上。量子纠错技术的发展是实现可靠量子计算的关键。第五，设计、制造和编程量子计算机面临巨大挑战，因为噪声、错误以及量子退相干等多种因素都可能削弱量子计算机的性能，严重时甚至可能导致量子计算机的运行失败。此外，量子计算机需要在低温下运行，以减少环境噪声的影响。第六，开发高效的量子软件带来了巨大的挑战，由于量子编程语言和软件工具仍处于起步阶段，研究人员正在探索简化量子代码开发的方法。此外，基于量子计算的算法和全新编程方式的空白也是另一大研究挑战。第七，从物理层面上讲，量子是能量最基本的单位，是极其微小的个体，要精确操作和控制这些量子单位是非常困难的。

目前，中国在量子计算领域取得了显著进展。中国科学院量子信息与量子科技创新研究院的科研团队在超导量子计算和光学量子计算两个领域取得了关键性进展，这使得中国成为目前全球唯一在这两种不同的物理系统中实现"量子计算优越性"的国家。此外，中国还启动了"自然科学基金""863"计划和重大专项，支持量子计算的技术研发和产业化落地，显示出中国在抢占量子技术革命制高点方面的决心。此外，中国启动了包括"自然科学基金""863"计划在内的多个重要项目，以及重大专项，以支持量子计算技术的研究开发和产业化实施，这展现了中国在争夺量子技术革命前沿领域的坚定意志。中国信息通信研究院也在持续跟踪分析国内外量子计算技术研究、应用场景探索和产业生态培育等方面的进展成果和发展演进趋势。美国作为量子计算技术的先行者，最早出台产业政策，对量子计算发展的主要阶段与时间表进行了规划，将量子计算纳入国家战略。美国与瑞士签署协议，支持双方在量子信息科学研究和技术开发方面的国际合作，并与加拿大非营利组织 QAI 合作，推动加拿大量子发展。此外，美国与芬兰签署了《量子信息科学技术（QIST）合作联合声明》，促进 QIST 发展。韩国、日本等亚洲国家也在积极布局量子计算领域。韩国基础科学研究所（IBS）与日本、西班牙、美国等国的联合研究团队成功实现了具有多个电子自旋的"多量子比特"平台。日本则通过顶层设立"司令部"机构，研究机构与高校牵头攻坚重点量子技术方向，并主动寻求国际合作。英国和美国签署《促进量子信息科学和技术合作的联合声明》，深化两国关系，共同推动量子技术的发展。这表明，在量子计算领域，国际合作已成为推动技术进步和应用拓展的重要途径。综上所述，各国在量子计算领域的建设情况各具特色，既有独立的研发和应用探索，也有广泛的国际合作。中国在超导量子和光量子两种系统的量子计算方面取得显著进展，美国则在政策引导和国际合作方面走在前列，而亚洲其他国家，如韩国和日本也在积极布局，展现出全球范围内对量子计算技术的高度关注和快速发展态势。

在技术发展方面，量子计算领域正迎来重要的进展。例如，2023 年 11 月，Atom Computing 宣布推出一台拥有 1225 量子比特的量子计算机，几乎是之前领先的 IBM Osprey 计算机的 3 倍。这一飞跃标志着量子计算技术的重大进步。同时，中国科学家在量子纠错技术方面取得了突破性进展，为实用化可扩展通用量子计算迈出了关键一步。这些技术进步不仅提高了量子计算的性能，也为未来的应用开辟了新的可能性。同时，量子计算的应用领域也在不断拓展。目前，量子计算已被应用于金融、生物医药新材料、汽车以及流体力学等多个领域。这些应用展示了量子计算在解决复杂问题方面的巨大潜力。特别是在人工智能领域，量子计算被认为是主要的应用之一，这预示着量子计算将在未来发挥越来越重要的作用。然而，量子计算的发展也面临着挑战。尽管量子计算在软件开发中取得了进展，但仍面临着诸多技术和实施上的挑战。这些挑战需要科研人员、工程师、程序员和商业领袖共同努力克服。

2. 6G

6G，即第六代移动通信技术，是在 5G 基础上的进一步发展和升级。

6G 技术的主要特点包括以下六个方面。第一，6G 预计将实现每秒 1TB 的下载速度，其传输能力将比 5G 提升 100 倍。此外，6G 将网络延迟从毫秒降到微秒级，这意味着数据传输速度将大大提高，用户体验将更加流畅。第二，6G 的一个显著特点是其全球泛在的覆盖能力，这将支持数据来源、应用、通信手段和计算的多样化。这种全面的覆盖能力使 6G 能够支持更广泛的应用场景。第三，6G 的潜在应用场景包括沉浸式云 XR、全息通信、感官互联、智慧交互、通信感知、普惠智能、数字孪生和全域覆盖等。这些应用场景展示了 6G 技术在不同领域的广泛应用潜力。第四，华为指出，6G 将在 5G 的基础上发展出人工智能和感知两个非常关键的场景，并衍生出六大典型应用场景。这表明 6G 的发展不仅仅是技术层面的提升，还包括对新应用场景的探索和实现。第五，随着 6G 技术的发展，其安全性也受到了重视。美、英等国家发表声明支持 6G 原则，强调了值得信赖的技术和国家安全保护的重要性。这表明 6G 技术的发展不仅关注技术进步，也注重保障国家安全和个人隐私。第六，基于超低时延、超广连接和超高可靠的优势，6G 物联网将为各场景提供实时的云控制和基于扩展现实的人机交互能力。这预示着 6G 将在物联网领域发挥重要作用，推动智能化服务的发展。综上所述，6G 作为新一代移动通信技术，不仅在传输速率、网络延迟等方面有显著提升，还将实现全球泛在覆盖，支持多样化的应用场景。

1886 年，海因里希·赫兹首次成功产生并证实了无线电波的存在，揭开了无线通信历史的序幕。1912 年，沉没的泰坦尼克号使用古列尔莫·马可尼发明的第一个无线电报系统发出了 SOS 紧急求救信号。人们掌握这些基础物理原理后，移动通信的标准化进程才能开始。第一代蜂窝标准（1G）支持模拟语音传输，当时的移动电话非常笨重，和现代设备基本上完全不同。1982 年，移动特别行动小组（Groupe Spécial Mobile，GSM）成立，开始推动蜂窝技术遍及整个欧洲。当时的理念是，移动通信频率应只分配给同意使用 GSM 标准的运营商。这取消了不同运营商的专有系统。游客不必每到一个欧洲国家便购买一个移动设备。2G 引入了数字语音传输和短信服务（Short Message Service，SMS）。此外，网络运营商、基础设施提供商、设备制造商和测试与测量专家构成了新的行业服务系统。在 2G 之后，人类进入了数据时代，3G 技术引入 UMTS 标准，为机器间的电话、数据传输和通信提供支持。4G 优化语音传输，为智能手机保障高质量的音频和视频服务，为我们现在日常使用的应用程序奠定了基础。5G 侧重于大规模联网。健身跟踪器、冰箱、交通信号灯和工业机器人等各种设备都连接到网络。6G 将为人工智能等技术提供支持，促进移动通信进一步发展。

目前 6G 移动通信技术仍停留在研发阶段，预计会在 2030 年投入商用。近几年，全球各国都在积极进行 6G 的前沿技术研究和探索。美国计划以 6G 为契机，重新找回通信宗主国地位。美国认为 6G 不仅与产业竞争力有关，还是与国家安保直接相关的基础技术。这表明了美国这次不会出现因疏忽 5G 技术开发，而出现被以华为为首的我国企业夺走市场主导权的情况。这代表着在 6G 开发过程中，美国或将会是中国最大的对手。美国国防部下属的国防高级研究计划局（DARPA）在 2017 年至 2021 年进行了"JUMP（联合大学微电子项目）"，共投入了约 12.2 亿元人民币。接着还公布了到 2021 年再投资 25 亿美元（约合人民币 173 亿元）的计划，目前正在进行相关投资。美国议会也在加快对 6G 的支持。美国众议院去年年底通过了旨在加强 6G 通信技术竞争力的《未来网络法案（Future Networks Act）》。其主要内容是，美国联邦通讯委员会（FCC）组成"6G 特别工作小组"，提前开发 6G 技术。美国民间企业结成 Next G 联盟，正式展开确保 6G 标准技术处于市场领先地位的活动。有外媒认为，美国在 6G 技术开发过程中开足马力，其动力来源于在 5G 时代落后于中国华为的危机感。因此，预计美国将持续对 6G 的现有网络标准进行改变。他们将推进开放型无线上网（Open RAN），削弱华为对相关领域的影响力，并将重点放在美国具有竞争力的卫星通信等领域。

　　中国 6G 整体发展步态正稳步向前，我国以 2030 年 6G 商用化为目标，由国家主导，正在加快研究开发的步伐。据分析，这是为了在国家的主导下抢占 6G 技术优势，延续在 5G 时代提高的市场地位。中国科学技术部从 2019 年开始推行有关 6G 的相关研究，到 2027 年为止将投入约 30 亿元。同时还将执行抢先占领 6G 标准及产业化的后续投资计划。中国信息通讯研究院下属的 IMT-2030 推进团 2023 年还发行了 6G 相关白皮书。表明由国家主导运营 6G 研究集团、政府主导的集团和企业、研究机构主导的集团将各自履行推进相关政策、开发技术及服务等各自的职责，相互补充完善。5G 设备全球占有率第一的华为表示，它们在 5G 商用化的同时就开始了对 6G 的研究，目标是将长期演进技术（Long Term Evolution，LTE）和 5G 领域主导世界通信市场的地位延续到 6G。因此，华为在加拿大渥太华建立了 6G 研究开发中心，正在率先开发 6G 相关技术。中国国家知识产权局公布的《6G 通信技术专利发展状况报告》显示，在全球申请专利的约 3.8 万项 6G 技术中，中国以 35% 的占有率居首位。《日经新闻》的调查结果也显示，中国拥有世界上最多的 6G 专利，其中大部分专利都是华为申请的。

　　欧盟正在以 2030 年建立 6G 生态系统及商用化为目标，对民间主导的研究开发进行了大规模的投资。截止到 2026 年，欧盟将在旨在研究开发的 6G 旗舰项目上投入约 17 亿元人民币。此外，欧盟还扩大了 6G 标志项目，成立了以民间为中心的 6G 研究开发集团"Hexa-X"。Hexa-X 初期成员有诺基亚、爱立信、Orange、西班牙电信等企业以及芬兰奥卢大学、意大利比萨大学等知名大学。欧盟决定，在 2027 年之前，对包括 Hexa-X 等 8 个项目在内的"6G 智能与网络服务"项目投入约 69 亿元人民币。该项目将研究开发 6G 核心技术人工智能基础技术、扩大服务覆盖范围、网络可持续性技术等。

　　除了欧盟层面外，欧洲各国也加快了抢占 6G 技术高地的步伐。德国政府发表了"6G 倡议"，主管部门联邦教育研究部（BMBF）计划在以后的 5 年间投入约 47 亿元人民币。6G 倡议由旨在巩固研究机构和大学研究合作基础的"6G 研究中心"项目和同其他国家的合作及限制等周边事项的"6G 平台项目"组成。

目前，6G 技术的开发面临着多方面的挑战，主要存在三个技术难点。第一，随着 6G 网络的频段更高、蜂窝更密，其能耗比 5G 更大。因此，减碳成为 6G 研究的一个重要难点。在现有网络架构下，6G 技术的节能降碳存在一定的"天花板"，亟需在基础架构上进行突破。第二，随着 6G 技术的发展，信息安全问题也日益凸显。在高速度、大容量的数据传输过程中，如何确保数据的安全性，防止信息泄露或被篡改是 6G 技术研发中必须面对的重要挑战。第三，太赫兹通信技术因其高频率特性，具有极高的数据传输速率和极低的延迟，被视为 6G 技术的关键之一。然而，太赫兹通信系统的规模化应用面临着器件体积较大、集成度不高、发射功率有限等技术难题。这些难点限制了太赫兹通信技术在 6G 中的广泛应用。

3. 天地一体化算网

天地一体化算网，作为未来通信技术的重要发展方向之一，其核心在于实现空、天、地、海等多维度信息技术的深度融合与综合应用，以满足日益增长的算力和网络需求。从发展历程来看，天地一体化算网经历了从概念提出到技术成熟的过程，涉及多个关键技术方向和应用场景的发展。

在早期阶段，大地一体化算网的概念主要集中在利用不同轨道卫星、无人机、高空平台等空中资源，以及地面蜂窝移动网络、物联网、云计算等技术，实现多层次、多连接、多接入的网络架构。在这一阶段，关键任务是通过技术革新，实现天基网络与地基网络的互联互通，打造一个全球覆盖、随时随地可接入、按需提供服务、安全可靠的信息网络。

随后，随着 6G 技术的研究深入，天地一体化算网的概念得到了进一步的发展和完善。特别是在 6G 时代，空天地一体化网络的研究成为热点，旨在通过组网架构、空口传输、路由交换、协议栈等天地融合设计与研究，解决信息服务、资源管理以及网络运维的智能化问题。这一阶段，天地一体化算网不仅关注于网络的物理连接，更加注重网络的智能管理和控制，以及异构跨域网络资源的有效管理。

到了 2024 年，6G 天地一体分布式自治网络白皮书提出了更为先进的网络架构，通过控制面、用户面、数据面、计算面、安全面构建分布式服务框架，并通过五面协同使能天地一体、分布式自治的网络环境。这标志着天地一体化算网已经从简单的网络互联互通，发展到了一个更加复杂、智能化的网络生态系统。

此外，星算网络作为天地一体化算网的一个重要组成部分，其概念和分层系统架构得到了明确的阐述。星算网络通过网络集群优势，突破单点算力和传统网络传输的极限，形成以算为中心，以网为根基，云、边、端、网、数、算深度融合的新型空天地一体化算力融合网络。这种新型网络不仅提高了算力和网络的效率，也为未来的通信技术发展提供了新的思路和方向。

天地一体化算网的发展历程体现了从初步探索到技术成熟的过程，涵盖了从简单的网络互联互通到复杂的分布式自治网络架构的转变。随着 6G 技术的不断进步，天地一体化算网将继续向着更高效、更智能的方向发展，为用户提供更加丰富、便捷的服务。

中国移动在 2024 年 2 月 3 日发布了《6G 天地一体分布式自治网络白皮书》，首次提出了 6G 天地一体分布式自治网络架构。该架构通过控制面、用户面、数据面、计算面、安全面构建分布式服务框架，实现五面协同，使能天地一体、分布式自治，在架构层面实现了创新。这一提议旨在促进 6G 的发展，并加速星地融合。此外，该白皮书还从商业场景、网络架构、关键技术等维度进行了分析，给出了 6G 天基分布式自治网络技术发展趋势，并期望联合产业链单位协同创新，共同促进 6G 网络的发展。

此架构的提出基于对驱动力、研判、理念的系统性分析，采用了"三体四层五面"的总体架构设计，具有分布式、自治、自包含特征，支持按需定制、即插即用、灵活部署。空天地一体化被视为路由与控制层的关键使能技术，是分布式功能层的载体，通过天地互联、天地协同、天地一体三步走构建空天地一体化网络，最终实现 6G 网络架构的泛在连接设计原则。

此外，中国移动还在 2023 年完成了星载分布式自治网络的业务设计和原型测试，搭建了端到端链路，完成了地面有线链路状态下模拟通信、数据转发及星地组网测试，最终满足在轨运行条件。这表明中国移动不仅在理论上提出了 6G 天地一体分布式自治网络架构，而且已经开始在实践中探索和验证这一架构的可行性。

中国移动提出的 6G 天地一体分布式自治网络架构，通过其独特的"三体四层五面"设计，以及对空天地一体化的深入研究和实践验证，展现了对未来 6G 网络发展的深远影响和广阔前景。

二、算力的国家竞争

从点状创新应用向规模化发展的转变，意味着人工智能不再只是实验室中的研究对象，而是开始大规模地进入实际应用领域，赋能各行各业。它开始渗透到医疗、教育、金融、制造、交通等多个领域，成为推动这些行业进步的重要力量。

因此近年来，算力需求大幅增加，市场规模迅速增长，陷入供不应求的局面。根据 IDC 预测，全球 AI 计算市场规模将从 2022 年的 195.0 亿美元增长到 2026 年的 346.6 亿美元。其中生成式 AI 计算市场规模将从 2022 年的 8.2 亿美元增长到 2026 年的 109.9 亿美元，复合增长率高达 91%。华为昇腾计算业务总裁张迪煊也在 2023 世界人工智能大会上表示，"这两年内，大模型带来了 750 倍算力需求的增长，而硬件的算力供给增长仅有 3 倍"。这个算力缺口还在进一步扩大当中。

在 AI 2.0 的智算经济新时代，算力作为关键生产力，已经成为各国科技战略布局的重点。全球范围内，算力的竞争日益激烈，尤其是在大国之间，这种竞争不仅体现在总量上，还包括不同技术路线、产业链和产业体系不同环节和领域的竞争。

在 AI 2.0 的智算经济新时代，算力作为关键的生产力，已经成为推动科技和经济发展的核心要素。这一时期，算力不仅是支撑 AI 应用的基础，更是衡量一个国家科技实力和创新能力的重要指标。因此，各国纷纷将算力作为科技战略布局的重点，以期在这场全球性的科技竞赛中占据有利地位。

全球范围内，算力的竞争日益激烈，特别是在科技领先的大国之间。这种竞争不仅体现在算力的总量上，即计算资源的规模和能力，还涉及不同技术路线的选择。各国在发展算力时，会根据自身的科技水平、产业需求和战略目标，选择不同的技术路径，如云计算、边缘计算、量子计算等，以期在特定领域取得突破和领先。

此外，算力竞争还体现在产业链和产业体系的不同环节。一个完整的算力产业链包括硬件制造、软件开发、系统集成、服务提供等多个环节。各国在这些环节上的布局和投入，将直接影响到算力的整体竞争力。例如，硬件制造环节的芯片设计和生产能力，软件开发环节的算法创新和优化能力，都是算力竞争的关键。

	算力指数排名	算力指数	计算能力	通用计算能力	AI计算能力	科学计算能力	终端计算能力	边缘计算能力	计算效率	CPU利用率	内存利用率	存储利用率	新技术使用率	云计算渗透率	应用水平	人工智能	大数据	物联网	区块链	机器人	基础设施支持	数据中心规模	数据中心能效	数据中心软件和服务	存储基础设施	网络基础设施
美国	1	82	86	91	84	82	75	83	70	57	68	61	70	84	82	82	82	80	81	72	84	85	85	82	82	82
中国	2	71	75	70	82	76	79	79	60	55	61	59	59	63	72	67	57	84	77	80	68	74	65	41	80	80
日本	3	58	53	44	59	63	76	46	57	59	65	52	65	58	70	69	76	76	67	66	68	70	49	69	70
德国	4	56	50	38	58	52	68	52	60	60	68	64	66	56	68	68	75	71	67	62	64	69	48	71	64
新加坡	5	55	51	63	56	42	30		59	63	62	60	54	64	62	61	69	68	56	56	68	48	59	56
英国	6	53	47	38	58	54	70		58	55	56	56	57	56	65	64	76	66	59	58	61	64	69	50	60	60
法国	7	49	43	35	49	51	57		57	55	55	56	57		61	65	64	67		52	52	67	64	60
印度	8	43	36	26	34	30	88	38	53	54		51	56	59	50	60	59	50	56	50	56	59	40	58	55
加拿大	9	43	33	27	40	33	62	32	57	55	54	54	62	62	63	59	56	56	56	64	58	54
韩国	10	43	35	28		47	34		58	56		52	51	58	58	50	57	51	52	53	48	53
爱尔兰	11	42	35	31		30	24		58	54		55	55	55	50	58	47	46	50	45	41
澳大利亚	12	41	33	26		47	40	28	57	54		53	53	52	50	54	64	53	43
意大利	13	40	36	34		35	31		47	54	44		43	38	39	39	45	43	63	59	47
巴西	14	36	34	23		24	22		42	48	34	34	37	38	42	68	35	35
南非	15	30	26	21		22	20		39	41	30	32	30	34	52	35	39
领跑者			81	81	83	79	77	81	65	56	65	63	65	74	77	75	70	72	79	76	76	80	75	62	81	81
追赶着			42	36	50	40	56	39	57	56	53	55	51	61	60	61	61	60	60	55	58	68	55	55
起步者			32	25	34	24	32	22	43	44	40	39	32	42	40	40	40	46	40	39

《全球计算力指数评估报告》各国算力排名

在产业体系方面，算力的竞争也涉及不同领域和行业。随着 AI 技术的广泛应用，各行各业对算力的需求日益增长，算力已经成为推动各行各业数字化转型的重要力量。因此，各国在发展算力时，会根据自身的产业特点和优势，重点发展与本行业相关的算力应用，以提升产业竞争力。

根据浪潮信息2023年发布的《全球计算力指数评估报告》评估分析各国总体算力排名见上图。结果显示，美国和中国依然分列前两位，同处于领跑者位置；追赶者国家包括日本、德国、新加坡、英国、法国、印度、加拿大、韩国、爱尔兰和澳大利亚；起步者国家包括意大利、巴西和南非。

一般来说，算力分为通用算力、智能算力和超算算力。通用算力是由基于CPU芯片的服务器提供，用于支持如云计算和边缘计算等基础通用计算，应用于个人电脑、云平台等。智能算力源自GPU、FPGA、ASIC等人工智能芯片的加速计算平台，这些平台主要用于人工智能的训练和推理任务，包括大型模型、智能联网汽车、图像和视频识别、游戏渲染等领域。而超算算力则由超级计算机等高性能计算集群提供，这些集群通常配备高性能CPU，用于支持尖端科学领域的复杂计算任务。三种不同算力的载体分别为数据中心、智算中心和超算中心，其特征与区别如下表所示。

数据中心、智算中心和超算中心主要指标比较

主要指标		数据中心	智算中心	超算中心
建设目的		低成本承载企业、政府等用户个性化、规模化业务应用需求，帮助存储和计算数据。	促进AI产业化、产业AI化、政府治理智能化。	提升国家及地方自主科研创新能力，重点支持各种大规模科学计算和工程计算任务。
技术	精度	使用芯片以CPU为主，提供混合精度的通用算力。	所采用的芯片类型包括CPU，通用AI底层芯片如GPU和FPGA，以及专用AI芯片ASIC等，这些芯片特别强调半精度计算能力。在训练过程中，主要使用单精度浮点数进行计算，而在推理过程中，则以Int8整型计算为主。	所选用的芯片以高主频CPU为核心，能够实现对80位至120位的高精度双精度计算进行性能优化，同时也能够处理低精度的计算需求。

续表

主要指标		数据中心	智算中心	超算中心
技术	指令集	计算相对不复杂且规模大。	芯片的指令集较为精简，专注于高效执行矩阵乘法、向量运算、卷积核等线性代数计算任务，不涉及过多复杂的运算。	CPU芯片利用串行逻辑设计，能够处理众多复杂的数学运算任务，并且在解析和解释代码中包含的复杂逻辑方面表现出色。
	架构	标准不一、重复建设CSP内部互联、跨CSP隔离、安全水平参差不齐。	统一标准、统筹规划开放建设、互联互通互操作、高安全标准。	采用并行架构，标准不一，存在多个技术路线互联互通，难度较大。
应用领域		面向众多应用场景，应用领域和应用层级不断扩张，支撑构造不同类型的应用。	面向AI典型应用场景，赋能各行各业，如知识图谱、自然语言处理、智能制造、自动驾驶、智慧农业、图像视频识别等。	基础学科研究、工业制造、生命医疗、模拟仿真、气象环境、天文地理等。
投资成本		根据数据中心本身规模，成本在百万元到亿元不等。	1000p智算中心投资成本在7亿—8亿元，硬件6亿元左右，软件1亿左右，加上外围成本如盖房等可达10亿—12亿。	较高，通常在10亿元以上。
"投—建—运"模式		行业巨头或者政府投资建设，其他用户按需付费使用，以数据服务盈利。	政府主导下的政企合作共建模式，政府出资指导建设，企业承建运营。	政府科研单位投资建设运营。
收费标准		主要为计算和存储收费，参考阿里云配置，服务器配单张T4卡，收费约3.4万元/年；云存储服务收费：0.35元/GB/月。	1. 出租算力，包月包年的形式；2. 提供卡时，类似亚马逊云按需付费模式；3. 提供算力和通用模型一揽子定制服务。	主要为出租算力，以超算长沙中心为例，高性能计算包机费：120核包年纯CPU的5万元/年；含GPU的10万元/年。

其中，智能算力在AI 2.0时代背景下显得尤为关键，**世界各国高度重视智能算力基础设施的规划布局**。智能算力对各国在新科技革命和产业变革下提升国际竞争力起着基础支撑作用，也是衡量综合国力的一个重要指标。据统计，当前美国、英国、德国等国家人均算力普遍高于1000 GFLOPS/人，处于较高水平；日本、西班牙、智利、意大利、中国等国家人均算力在460至1000 GFLOPS之间，属于中等算力国家。除此之外，《全球计算力指数评估报告》也显示，美国、日本、德国、英国等15个国家

在 AI 算力上的支出占总算力支出比重从 2016 年的 9% 增加到了 12%，预计到 2025 年 AI 算力占比将达到 25%；**且国家计算力指数与 GDP 的走势呈显著正相关**，计算力指数平均每提高 1 点，数字经济和 GDP 将分别增长 3.5‰和 1.8‰。

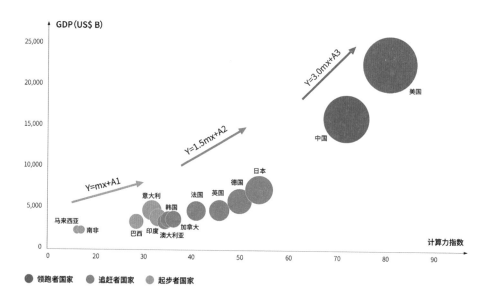

国家计算力指数与 GDP 的走势关系图（来源:《2021—2022 全球计算力指数评估报告》）

　　智算资源具有的初始固定投入高、边际成本递减、边际收益递增特征，决定了采用公共性服务能够更好地匹配供需，有效降低单位使用成本。如同工业时代，一个城市的发展离不开集中供应电力的基础设施，在智能时代，提供算力公共服务的智算中心将成为刚需。因此各国及各地方政府均出台大量相关政策支持智能算力基础设施建设，期望以此方式拉动地方经济快速增长及转型升级。由国家信息中心测算，保守估计在"十四五"期间，智算中心实现 80% 应用水平的情况下，**一座城市对智算中心的投资可带动人工智能核心产业增长 2.9 至 3.4 倍，带动相关产业增长 36 至 42 倍**。

　　总体来看，算力，尤其是智能算力，鉴于其作为新时代关键生产力的重要性，已成为大国科技角逐的主赛场。在全球范围内，主要发达国家纷纷抢占算力竞争的制高点，通过加大研发投入、优化政策环境、培养专业人才等措施，力求在这场科技竞赛中取得优势。研究目前各国算力竞争的格局，对于我国来说具有重要的战略意义。通过深入分析和比较各国在算力领域的发展现状、技术路线、产业布局等方面的情况，我们可以更好地了解国际竞争的态势，为我国制定有针对性的对策提供参考和依据，在新的科技浪潮中跟上步伐、占据领先地位，推动产业升级和创新发展，从而实现经济的高质量发展。

（一）美国：智算建设处于全球独一档的领跑者位置

1. 发展历程

在 20 世纪的美国，人工智能的构想终于从幻想走向了现实。数学理论的深入探索和对理性与逻辑的系统研究汲取了从古代哲学家到 20 世纪初的思想精华，为计算领域的先驱们铺平了道路，使他们得以构建起"计算理论"。艾伦·图灵和阿隆佐·丘奇等时代巨擘进一步发展了这一理论，他们提出了一个划时代的假设：机器能够通过一套简单的符号系统来模拟所有的数学推理。这套系统可以简化到只有两个符号——例如"0"和"1"。这一洞见被称为"丘奇—图灵论题（Church-Turing Thesis）"，它对机器的潜力产生了深远的影响，使得机器不再仅仅是执行算术运算的工具，而是进化成了能够处理和理解复杂规则体系的"计算机"。这标志着从查尔斯·巴贝奇在 19 世纪 20 年代设计的原型计算机"差分机"的简单计算功能，到现代计算机能够应用和理解复杂规则体系的巨大飞跃。

在 20 世纪 50 年代，关于如何实现机器智能化解决方案，当时出现了两种不同的学派。首先，"符号主义"方法（Symbolic AI Approach）试图复制人类大脑的工作方式。采用符号主义学派的人工智能研究者试图在计算机语言中重建类似人类的逻辑过程和语义系统。与之竞争的学派是"联结主义"方法（Connectionist AI Approach），它试图更接近地模仿人类大脑的工作机制。联结主义方法致力于创建行为类似于大脑中神经元网络的人工神经网络。

符号主义人工智能方法从 20 世纪 50 年代一直主导到 90 年代，但 21 世纪的最新发展使联结主义思想获得了新的关注。

1956 年，达特茅斯学院举办了一场人工智能研讨会，人工智能领域作为一门学术学科正式诞生。在这次研讨会上，计算机展示了解决代数文字问题、学习英语、下跳棋等能力，这些成果令所有在场的观众为之震惊。研讨会的报道引发了媒体热潮。到了 20 世纪 60 年代，美国国防部和实验室建立了人工智能研究项目，许多该领域的科学家相信，完全智能的机器的创造就在眼前。不幸的是，到了 20 世纪 70 年代中期，许多巨大的技术限制和约束严重阻碍了进步。1974 年，由于预算考虑，美国取消了人工智能项目的资助。这一时期后来被称为"人工智能的寒冬"。

在 20 世纪 80 年代，计算机技术取得了显著的进步，其中一项重要的进步是在"专家系统"领域。专家系统是设计用来模仿真实人类专家的思考过程、逻辑和决策的计算机程序。与常规的程序代码不同，专家系统采用"If-Then"规则，通过现有的知识来推理解决问题。这些专家系统的实施取得了广泛的商业成功，为濒临衰退的人工智能研究与发展领域注入了新的活力。到了 20 世纪 80 年代中期，人工智能技术已经成长为一个价值数十亿美元的产业。然而，各种失败导致了第二次且更为漫长的人工智能寒冬。

在 20 世纪 80 年代末期，人工智能和机器人学领域的研究者开始对当时主流的符号主义人工智能发展方法提出批评。人类神经科学和认知心理学的进步重新点燃了人们对联结主义人工智能方法的兴趣。这种焦点的转变促成了许多重要的"软计算"工具的诞生，例如神经网络、模糊逻辑系统和进化算法。到了 20 世纪 90 年代末，人工智能再次成为技术界的宠儿，到了 2000 年，由人工智能研究产生的系统已广泛应用于计算机领域。同时，计算速度的提升和成本的降低，加上大数据的爆炸性增长，使机器学习领域取得了惊人的进步。计算机现在能够摄取和处理庞大的数据集，到了 2015 年，谷歌公司已经有超过 2700 个人工智能项目在开发中。

美国人工智能政策着力点在于保持美国对人工智能发展始终具有主动性与预见性，对重要的人工智能领域，比如芯片、操作系统等计算机领域以及金融业、军事和能源领域保持全球领先地位。美国自 2013 年开始发布多项人工智能计划，最早提及人工智能在智慧城市、城市大脑、自动驾驶、教育等领域的应用和愿景。2016 年，美国奥巴马政府将人工智能提升至国家战略的高度，通过政策、技术、资金等多方面的支持与保障，致力于推动人工智能的研究与发展。其目标包括投资于人工智能的协作方法研究，解决 AI 在安全、伦理、法律以及社会影响等方面的问题，创建公共数据集以支持人工智能的培训，并利用标准和基准来评估 AI 技术的性能。特朗普政府的人工智能发展目标是，保持美国在人工智能方面的领导地位，支持美国工人，促进公共研发，消除创新障碍。此外，美国成立了专门的人工智能委员会来统筹和协调产业的发展。国防部还建立了"联合人工智能中心"，以统筹规划并建设智能化的军事体系。2019 年，特朗普政府公开宣布了一项旨在"保持美国在人工智能领域的领导地位"的倡议，通过加强政策支持、推动立法进程、增加研发投资等措施，优先发展人工智能技术，并努力保持在人工智能时代的领先地位。美国的人工智能倡议强调从人—机—环境系统的角度出发，突出了五个关键特征：重视基础研究、资源共享、制定标准规范、人才培养以及国际合作。美国人工智能倡议发布后，国防部紧接着出台了人工智能发展细则，商务部成立了白宫劳动力顾问委员会，美国政府机构在人工智能领域的行动正在加速。

随着计算机技术迅猛发展，数据已成为科学研究的关键要素。美国在推动大数据的建设和应用方面，已经构建了一个从战略规划、法律框架到具体行动计划的全面体系，并已经实施了四轮政策措施。

第一轮政策行动发生在 2012 年 3 月，当时白宫发布了《大数据研究和发展计划》，并成立了"大数据高级指导小组"。第二轮是在 2013 年 11 月，白宫推出了"数据—知识—行动"计划，进一步明确了大数据在改革国家治理模式、推动创新和促进经济增长方面的作用，这标志着美国向数字化治理、数字经济、数字城市和数字国防转型的重要步骤。第三轮是在 2014 年 5 月，美国总统办公室提交了《大数据：把握机遇，维护价值》的政策报告，强调了政府与私营部门的紧密合作，以最大限度地利用大数据促进增长和降低风险。第四轮则是在 2016 年 5 月，白宫发布了《联邦大数据研发战略计划》，在已有成就的基础上，提出了美国大数据发展的下一步战略。美国数据中心发展围绕中心城市主电信机房（Carrier Hotel），主要集中在首都（华盛顿地区）、金融中心（纽约、芝加哥地区）和科技中心（旧金山、西雅图地区）等。相继建成了马里兰州米德堡国家安全局总部、得克萨斯州圣安东尼奥备份中心，犹他州大数据中心等重要数据中心。

大数据之所以在美国得到迅速而广泛的应用，主要得益于美国对大数据价值的高度重视、对数据开放的积极推动，以及拥有众多掌握核心技术的信息技术公司。诸如谷歌、易安信、惠普、IBM、微软、甲骨文、亚马逊、Meta 等企业，它们通过早期的收购或自主研发策略在大数据领域进行了深入布局，成为推动大数据技术发展的关键力量。这些企业迅速推出了与大数据相关的各种产品和服务，为不同领域和行业的大数据应用提供了必要的工具和解决方案。云计算、物联网（IoT）、人工智能（AI）和其他新兴技术的发展导致数据生成、存储和处理需求呈指数级增长，这反过来又促进美国数据中心建设。经过十几年的建设，美国当前的数据中心进入行业整合阶段，以改建和扩建为主，并且逐步进入企业通过并购整合实现强强联合的阶段，新建数据中心规模占比不大。

随着人工智能技术的不断成熟和应用场景的不断扩大以及美国在人工智能领域投入越来越多的资源和精力，其在人工智能领域的领先地位逐渐确立。同时，美国仍在持续推动人工智能技术的不断创新和应用，在人工智能标准化、法规制定等方面也发挥了重要的作用。目前，美国的人工智能技术已经广泛应用于医疗、金融、交通、教育等领域，为人们的生活带来了极大的便利。

2. 政策支持

2015 年，美国各州政府积极地推动智算中心的激励计划，提早在数字化方面布局，吸引产业落地，为当前的人工智能发展埋下了重要的伏笔。

美国各州政府推动智算中心的激励计划及要求

州名	激励计划	要求
亚拉巴马州	智算中心可以享受最多 30 年的税收减免	1. 在智算中心方面的投资额不低于 4 亿美元 2. 为当地创造至少 20 种与智算中心相关的工作，并且平均工资为 4 万美元
亚利桑那州	智算中心可以享受最多 20 年的税收减免	在智算中心方面的投资额不低于 5000 万美元
印第安纳州	智算中心可以在经营上享受 100% 税收减免	在智算中心方面的投资额不低于 1500 万美元
肯塔基州	智算中心可以在设备采购上享受税收减免	在智算中心方面的投资额不低于 1 亿美元
明尼苏达州	智算中心可以享受最多 20 年的税收减免	在智算中心方面的投资额不低于 3000 万美元，且规模不低于 25000 平方英尺
密西西比州	智算中心可以享受税收减免	1. 在智算中心方面的投资额不低于 5000 万美元 2. 为当地创造 50 个工作岗位，并且支付 1.5 倍的平均薪酬
俄亥俄州	智算中心可以享受税收减免	1. 在智算中心方面的投资额不低于 1 亿美元 2. 每年支付当地员工 150 万美元
南卡罗来纳	智算中心可以享受税收减免	1. 在智算中心方面的投资额不低于 2500 万美元 2. 为当地解决至少 50 个就业问题
田纳西州	智算中心可以享受税收减免	在智算中心方面的投资额不低于 2.5 亿美元
得克萨斯州	智算中心可以享受 10 至 15 年的税收减免	1. 在智算中心方面 5 年之内的投资额不低于 2 亿美元 2. 为当地解决至少 20 个就业问题
弗吉尼亚州	智算中心可以享受税收减免	在智算中心方面 5 年之内的投资额不低于 1.5 亿美元

近些年，深度学习、大语言模型以及人工智能对计算的要求更大，为了将云计算智能化，美国云商在各地的数据中心上改造，或新建智算中心。从政策方面可以看出，各地政府对智算中心建设的支持力度比数据中心大

得多。北弗吉尼亚州凭借其优越的电力供应、土地资源和税收优惠，成为全球智算中心的重要枢纽。2023年，州政府推出"巨型智算中心激励计划"，为投资350亿美元以上的项目提供至2040年的税收减免，并要求创造至少1000个就业机会。亚马逊便是利用这一政策在该州投资350亿美元，建设了大型智算中心集群。

在2019年，伊利诺伊州就批准了450亿美元州资本法案，其中一项措施是为在伊利诺伊州新数据中心投资至少2.5亿美元的公司提供销售税免税和所得税抵免。这将为超大规模企业、云计算和跨国企业客户节省大量成本。

智算中心之间存在联动关系，其建设与政府有黏性。智算中心强调计算效率以及数据交互效率，所以云商更喜欢在某一个地方建设多个智算中心，以满足AI计算需求。根据美国的建设情况看，云商更倾向于在先前建设投资比较大的州改建或者扩建智算中心，与地方政府的合作具有很强的黏性。

3. 建设现状

美国目前无论是智算中心的数量，还是智能算力占全部算力的比重，都遥遥领先于世界。从美国Data Center Map截止到2024年4月的统计数据来看，美国已经建成超过2000余个智算中心，远远超过中国、欧洲等国家的建设进度。

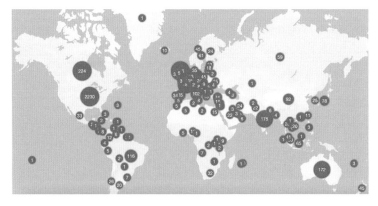

全球智算中心建设数量（来源：Data Center Map）

　　美国智算中心主要为商业主导，云商、科技公司借助自身技术壁垒提供大模型及平台服务。主流云商一方面自建大型智算中心，如亚马逊网络服务 AWS 和其发布的量子计算管理服务平台 Amazao Braket，Meta 宣布取消或暂停部分正在建设的数据中心，对其 11 个正在开发的项目进行重新设计，彻底转向人工智能数据中心的建设，特斯拉面向自动驾驶等领域建设超算中心 Dojo，拥有超过 100 万个训练节点，算力达到 1.1 EFLOPS；另一方面加速布局 AI 大模型，如谷歌"PaLM-2"、Meta"Llama 2"、特斯拉 AI 机器人"擎天柱"、苹果"Apple GPT"等。在全球市场，最大的玩家无疑是亚马逊 AWS、微软 Azure 和谷歌云，它们不断扩张，是无可置疑的国际大玩家。其中亚马逊 2023 年第 4 季节财报显示，亚马逊在全球云计算市场拥有超过 30% 的份额，超过了微软、谷歌和阿里巴巴。

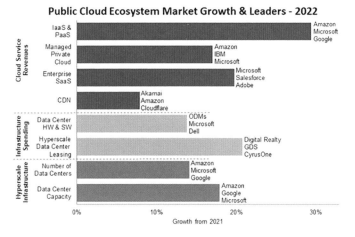

2022 年公有云和基础架构市场增长 & 主要公司（来源：Synergy Research Group）

　　美国智算中心聚集在西南及东南沿海地区，数量从大到小包括弗吉尼亚州（275 个）、加利福尼亚州（265 个）、得克萨斯州（224 个）、纽约州（131 个）、佛罗里达州（125 个）和伊利诺伊州（119 个），主要为科技公司聚集地、各项费用便宜或政策支持力度大的地区。数据显示，全球目前约有 8000 多个智算中心，主要分布在美国、亚洲和欧洲。美国北弗吉尼亚州是全球最大的智算中心集散地，约有300个智算中心，可能是因为其"巨型智算中心激励计划"。

美国智算中心分布图（来源：Data Center Map）

美国重视智算中心的发展，不断推出政策支持，大厂争相加码布局。2023年5月23日，美国白宫在2016年、2019年版本基础上更新发布了《国家人工智能研发战略计划》，其中新增了优先事项"**开发共享的大规模和专业的先进计算和硬件资源**"；同时，美国各地政府提供了数亿美元的税收减免优惠，以吸引Facebook、谷歌和微软等公司在其地区建立智算中心。**2024年开年后，智算中心运营商便持续扩张，在美国境内、全球各地都不断布局新的智算中心。**2024年1月，亚马逊AWS宣布计划投资100亿美元在密西西比州建设两个智算中心综合体，在日本投资超150亿美元，在美国田纳西州麦迪逊县的两个工业园区建立多个智算中心；Meta计划投资8亿美元，在美国印第安那州建设数据中心，这是Meta在美国建设的第18个、全球第22个智算中心；微软将在德国投资34亿美元，主要投向AI基础设施和云计算设施；Alphabet准备扩建智算中心基础设施，最大的项目位于英国Waltham Cross。

判定算力资源的最直观指标便是看服务器规模。服务器采购规模越大，算力资源就更多。预计微软、谷歌、亚马逊、Meta对全球高端AI服务器的需求占比分别为 20.2%、16.6%、16%、10.8%，占比超 60%。

◆ 案例：从电商转型为智算巨头的亚马逊

2022 年 5 月 16 日，亚马逊公开表示，计划投资约 118 亿美元在美国俄勒冈州郊区再新建 5 座大型智算中心，作为该公司持续扩大并改善旗下 AWS 服务计划的一部分。具体建造计划将在未来 4—5 年内施行，首座有望于 2023 年底完工，最后一座则将于 2027 年年初完成。亚马逊预计，每座智算中心成本约为 23.7 亿美元，其中 2.8 亿美元用于建筑建造，1.4 亿美元用于电力及热管理系统等支持性基础设施，19.5 亿美元用于智算中心基础设施本身。亚马逊 AWS 在俄勒冈州波特兰附近已建有 4 座智算中心，若新建计划成功实施，则公司在该州的智算中心数量将增加一倍有余。

2024 年 1 月 26 日，亚马逊计划投资 100 亿美元在密西西比州建设两个数据中心综合体。随着越来越多的公司采用新的人工智能（AI）技术，对云服务的需求不断增长，该公司再次扩张产能。

2024 年 2 月 26 日，亚马逊宣布，随着越来越多的企业采用新技术，对云服务的需求日益增长，该公司将投资超 50 亿美元在墨西哥建立一个智算中心集群。

◆ 案例：全世界最大的北弗吉尼亚州智算中心集散地

在供应方面，弗吉尼亚州有着充足的电力，可利用的土地，销售税收优惠政策，以及为客户提供电力和天然气的弗吉尼亚 Dominion 电气公司积极主动的姿态，数据中心租赁定价和记录对客户来说都具有一定的吸引力。其中，美国激励政策专家提出："对于重资产项目，长期的激励计划正在变得越来越常见。"在 2023 年 2 月，弗吉尼亚州政府通过了"巨型智算中心激励计划"，该计划可以为落地的智算中心的经营活动提供税收减免至 2040 年，其对公司的要求为：

◇ 在智算中心方面的投资额不低于 350 亿美元。

◇ 为本地解决至少 1000 个就业问题，并且保证就业人员的薪酬为本地平均薪酬的 1.5 倍。

对建设智算中心的公司有权延长该税收减免政策至 2050 年，其要求为：

◇ 在智算中心方面的投资额不低于 1000 亿美元，包括起始 350 亿美元的投资额。

◇ 为本地解决至少 2500 个就业问题，在薪酬方面保持一致。亚马逊就是通过这个计划在弗吉尼亚州投资了 350 亿美元建设智算中心集群。

4. 未来展望

目前各大互联网、云计算巨头对碳中和都已做出承诺，ESG 要求也促使他们通过与可再生能源公司合作签订能源购买协议，获得集中式风电、光伏的电力容量或取得清洁能源证书。具体看，Equinix 承诺在 2030 年前实现活动对气候没有产生净影响，公司与法国核电公司 Neoen 签订了 10 年的合同，将获得芬兰某风电场 60% 的发电量和证书。**亚马逊**承诺已对全球 70 多个新的可再生能源项目进行投资，公司目标是到 2025 年在其整个业务中实现 100% 的可再生能源。**微软**承诺电力消耗全部使用可再生能源，且 2030 年摆脱备用发电机对柴油的依赖，2022 年 8 月微软展示了一个由氢驱动的 3MW 发电系统，向零碳迈出又一步。**谷歌**承诺在美国俄勒冈州 Dalles 市智算中心的用水量占全市的 1/4，该市地处干旱地区，谷歌承诺将投入 3000 万美元用以升级该市的供水设施。

在北欧地区，智算中心余热回收为社区供热已经普及化，一座大型智算中心耗电相当于近万个家庭的用电，而其中大部分电能都转换为热能，余热回收今后将在更多北方地方应用。2022 年 Meta 部署的 RSC 系统（Research SuperCluster，研究超级集群）在计算节点配备了 760 套英伟达 DGXA100 系统，在 500 多个机柜中安装了 6080 多颗 GPU。2023 年 RSC 升级后将在 1200 机柜中部署 16000 颗 GPU，AI 训练性能提高至少 2.5 倍。RSC 系统设备大多采用风冷 + 冷板液冷方式（空气辅助液体冷却，Air-Assisted Liquid Cooling，AALC）进行散热，其中 InfiniBand 网络部分采用液冷冷板方式散热。Meta 和微软合作开发了可支持高达 40 kW 功率的 AALC 模型，解决 AI 设备功率增加带来的热负荷散热问题。特斯拉 2022 年 10 月展示的神经网络超级

计算机 "Dojo" 单机柜功率约 200 kW，对支撑的基础设施都提出了更高的挑战。

PUE（Power Usage Effectiveness，数据中心能效指标）指智算中心总耗电量与智算中心 IT 设备耗电量的比值，PUE 数值大于 1，越接近 1 表明能源利用效率越高。谷歌利用机器学习对收集计算中心的大量相关信息进行处理，将超大规模智算中心的 PUE 从 1.21 降低至 1.12，其中 AI 发挥了重要作用。利用 AI 算法，对机房温湿度、气流组织、冷冻泵、冷却塔等系统，针对不同室外温湿度进行调整和逻辑切换，最大程度利用自然冷源，并不断完善模型和持续寻优。

NTT 在一个智算中心内部署了躯干轮式机器人用于执行自动巡检任务，可以检查机房内的温度、湿度、气味外，利用热成像仪和声音判别，为今后实现自动化运维提供了一个很好的参考路径，目前已商业化推广。今后会见到越来越多的机器人在数据中心参与巡检等日常运维工作。

（二）中国：总算力全球第二，但智算力发展亟待提速

1. 发展历程

在中国算力发展的宏伟叙事中，20 世纪末期的探索和努力是不可忽视的起点。当时，中国学者在人工智能领域的早期发展中已开始崭露头角。一个标志性的成就发生在 1959 年，洛克菲勒大学的王浩教授利用计算机技术，在短短 9 分钟之内完成了《数学原理》全部定理的证明，这一事件不仅展现了中国人在计算领域的早期探索，也预示着中国算力发展的巨大潜力。

进入 21 世纪，信息技术和大数据的迅猛发展使算力逐渐成为国家基础设施的重要组成部分，并在数字经济的发展中扮演起核心角色。2000 年至 2010 年，中国政府大力推进信息化建设和科技创新，算力基础设施得到显著增强。2002 年，国家 "863" 计划的启动，特别是对高性能计算技术的支持，为算力的跨越式发展奠定了基础。2006 年，中科院计算技术研究所研发的 "曙光 5000A" 超级计算机的投入使用，标志着中国在高性能计算领域迈出

了坚实的步伐。这一时期，算力作为推动科技进步和经济发展的重要工具，其基础设施建设和技术创新取得了显著进展。

2017 年标志着中国算力发展的一个重要转折点，当时国务院颁布了《新一代人工智能发展规划》（以下简称《规划》），该规划明确强调了抓住人工智能发展的重要历史机遇，并推动算力基础设施的建设和升级。这一规划的发布，不仅为中国人工智能领域的发展指明了方向，也为算力的快速增长提供了强有力的政策支持。2016 年至 2020 年，中国算力规模的年均增长率达到了惊人的 42%，这一增长率显著拉动了数字经济和 GDP 的增长。2017 年发布的《规划》是中国在人工智能领域的一个关键战略性文件，其目的是把握人工智能发展的重大战略机遇，确立我国在人工智能发展上的领先地位，加速打造创新型国家和全球科技强国。

近年来，中国在智能算力领域取得了显著的进展。据《2023—2024 年中国人工智能计算力发展评估报告》显示，2023 年中国通用算力规模预计将达到 59.3 EFLOPS，即每秒百亿亿次浮点运算。更引人注目的是，智能算力的增长规模远超通用算力。中国信通院的预测指出，到 2023 年，智能算力的增长将继续保持强劲势头。政府也制定了具体的发展目标，例如，工业和信息化部等六部门联合印发的《行动计划》提出，到 2025 年，智能算力占比达到 35%。这些政策和规划为智能算力的发展提供了明确的方向和坚实的支持。2024 年 1 月 29 日，美国商务部公布提案，明确要求美国云服务厂商在提供云服务时，限制外国客户，尤其是中国客户对美国智算中心的访问，禁止中国租用其算力训练 AI 大模型。中国亟需发展自主可控的国产智算中心。

在实际应用方面，智能算力已经在多个领域得到广泛应用，包括智慧矿山、药物研发、气象预测等。国产 AI 芯片的发展也为智能算力提供了重要的支撑。面对国际制裁和技术挑战，国产 AI 芯片市场仍然保持了较快的增长速度。根据 IDC 的预测，2023 年中国人工智能芯片出货量将达到 133.5 万片，同比增长 22.5%。国产 AI 芯片在 GPU、ASIC、FPGA、存算一体和类脑芯片等多个领域都取得了显著进展，这些技术的发展不仅提升了芯片的性能，也推动了 AI 芯片在家居、安防、交通、医疗、工业等多个领域的广泛应用。

从早期探索到快速增长，再到政策引导和实际应用落地，中国智能算力的发展经历了一个完整的过程。未来，随着技术的不断进步和政策的进一步推动，中国智能算力有望继续保持高速发展态势，为数字经济和社会发展提供强大的动力。2012 年至 2016 年的原始创新阶段和"863—306"计划的人才培养，为中国人工智能从"技术研发"到"成果转化"的转变奠定了坚实的基础。如今，中国在智能算力方面迎来了黄金发展期，各个技术领域和产业生态角色都将迎来历史性的发展机遇。2017 年国务院发布的《规划》提出了到 2030 年把中国建设成为世界主要人工智能创新中心的宏伟目标，自《规划》发布以来，中国加快了新一代人工智能算力基础设施和创新平台的建设，推动了算力资源的普惠化和智能化发展。

国产 AI 芯片在技术创新、市场规模扩张、应用领域拓展以及对智能算力发展的贡献方面都取得了显著进展。尽管目前国内适用于大模型训练的算力与全球算力发展趋势相比仍存在较大差距，但国产 AI 芯片正在逐步缩小这一差距。算力规模的稳步扩张也为中国 GDP 增长作出了突出贡献。在 2016—2022 年，中国算力规模平均每年增长 46%，数字经济增长 14.2%，GDP 增长 8.4%。随着 AIGC 和大模型产业的井喷，AI 技术正在加速渗透进各行各业，引发生产力与创造力的革命。

中国算力的发展历程是一个由起步探索到快速发展，再到当前全面布局的连续过程，其脉络清晰地反映了国家在科技创新和数字经济领域的战略布局和坚定决心。中国算力的发展历程体现了国家对科技创新和数字经济发展的高度重视，通过政策引导、技术创新和市场需求的共同推动，中国算力正朝着更加智能、绿色、高效的方向发展，为数字经济的高质量发展提供坚实的支撑。

2. 政策支持

我国高度重视智算产业发展，围绕智算中心、人工智能、大模型等先后出台系列政策文件，加快产业布局，相关政策出台如下表所示。2022 年，国家政策文件中第一次出现"智能计算中心"的名称，从"有序发展""新型智能基础设施"的方向性描述到"低成本"、创新券等具体方式，再到2023年《行动计划》中具体的量化标准，政策对智算中心的发展越来越重视和明确，行业也已经逐步进入实操性的工作方案中，具体的扶持政策和指标逐渐落地，预期行业将进入加速发展阶段。

智算产业相关政策简介表

时间	发布方	文件名	政策关键描述
2023 年 10 月	工业和信息化部、中央网信办、教育部、国家卫生健康委、中国人民银行、国务院国资委	《算力基础设施高质量发展行动计划》	围绕计算力、运载力、存储力设立具体量化标准，打造一批算力新业务、新模式、新业态，工业、金融等领域算力渗透率显著提升，医疗、交通等领域应用实现规模化复制推广，能源、教育等领域应用范围进一步扩大。每个重点领域打造 30 个以上应用标杆。
2023 年 2 月	国务院	《扩大内需战略规划纲要（2022—2035 年）》	夯实数字中国建设基础，系统优化算力基础设施布局，促进东西部算力高效互补和协同联动，引导通用数据中心、超算中心、智能计算中心、边缘数据中心等合理梯次布局。
2022 年 8 月	科技部、教育部、工业和信息化部、交通运输部、农业农村部、国家卫生健康委	《关于加快场景创新以人工智能高水平应用促进经济高质量发展的指导意见》	鼓励算力平台、共性技术平台、行业训练数据集、仿真训练平台等人工智能基础设施资源开放共享，为人工智能企业开展场景创新提供算力、算法资源，鼓励地方通过共享开放、服务购买、创新券等方式，降低人工智能企业基础设施使用成本，提升人工智能场景创新的算力支撑。
2022 年 8 月	科技部、财政部	《企业技术创新能力提升行动方案》	推动国家超算中心、智能计算中心等面向企业提供低成本算力服务。
2022 年 1 月	国务院	《"十四五"数字经济发展规划》	推动智能计算中心有序发展，打造智能算力、通用算法和开发平台一体化的新型智能基础设施。
2017 年 7 月	国务院	《新一代人工智能发展规划》	新一代人工智能关键共性技术的研发部署要以算法为核心，以数据和硬件为基础，以提升感知识别、知识计算、认知推理、运动执行、人机交互能力为重点，形成开放兼容、稳定成熟的技术体系。建设布局人工智能创新平台，强化对人工智能研发应用的基础支撑。

2023 年 10 月 8 日，工业和信息化部、中央网信办、教育部、国家卫生健康委、中国人民银行、国务院国资委六部门联合印发《算力基础设施高质量发展行动计划》，从计算力、运载力、存储力以及应用赋能四个方面提出了到 2025 年发展量化指标，将全面推动我国算力基础设施高质量发展。具体指标数据如下表所示：

2025 年发展量化指标规划

	指标	2023 年	2024 年	2025 年
计算力	算力规模（EFLOPS）	220	260	300
	智能计算中心（个）	30	40	50
	智能算力占比（%）	25	30	35
运载力	重点应用场所光传送网覆盖率（%）	50	65	80
	SRv6 等创新技术使用占比（%）	20	30	40
	国家枢纽节点数据中心集群间网络时延达标率（%）	65	75	80
存储力	存储总量（EB）	1200	1500	1800
	先进存储容量占比（%）	25	28	30

为保障行动实施力度和指标的达成，中央提出措施包括：鼓励地方政府结合实际制定针对性强、可操作的实施方案，探索算力应用综合税收考核机制，成立算力战略咨询专家委员会，利用国家级政府投资基金和国家产融合作平台的引导作用，激励地方政府探索并实施"科技产业金融一体化"的专项计划和"补贷保"联动试点项目。这样做可以加大对算力关键项目的资助力度，并促进社会资本向算力产业的流动。同时，要充分发挥产业联盟和标准组织的组织引导作用，加强优秀示范项目和典型案例的推广工作。

随着智算中心行业国家政策引导力度加强，北京、浙江、河南、贵州、云南、四川、广东、上海、山东、陕西等省份也纷纷发布相关政策规划，央地协同推动智能计算中心发展。其中，北京提出加快推动海淀区、朝阳区建设北京人工智能公共算力中心、北京数字经济算力中心，支撑千亿级参数量的大型语言模型等研发；河南提出加快建设郑州、洛阳等全栈国产化智能计算中心，构建中原智能算力网；贵州强调重点布局智算基础设施，2023—2025 年贵州省通用算力、智算算力、超算算力的总规模分别达 2 EFLOPS、5 EFLOPS 和 10 EFLOPS。

地方智算中心行业相关政策规划

省市	发布时间	政策	重点内容
北京	2023.08	北京市促进通用人工智能创新发展的若干措施	高效推动新增算力基础设施建设，将新增算力建设项目纳入算力伙伴计划，加快推动海淀区、朝阳区建设北京人工智能公共算力中心、北京数字经济算力中心，形成规模化先进算力供给能力，支撑千亿级参数量的大型语言模型、大型视觉模型、多模态大模型、科学计算大模型、大规模精细神经网络模拟仿真模型、脑启发神经网络等研发。
	2021.11	北京市"十四五"时期国际科技创新中心建设规划	建设大规模人工智能算力平台引领国家智算体系建设，搭建我国首个超大规模新一代人工智能模型。
	2021.03	北京市朝阳区国民经济和社会发展第十四个五年规划和二〇三五年远景目标纲要	加快推动新型基础设施建设。积极推进人工智能智算中心建设，构筑新型基础设施算力底座。加快布局区块链底层开源平台和共性基础设施，为产业研发创新提供底层技术支持。
浙江	2020.11	浙江省数字贸易先行示范区建设方案	加快智算中心建设。推进算力基础设施建设，重点聚焦云存储、分布式处理等业务，创建区域级数据中心集群和智能计算中心，探索大数据中心等新型设施共建共享机制。
河南	2023.07	河南省重大新型基础设施建设提速行动方案（2023—2025 年）	推进智算中心、超算中心、新型数据中心建设，打造中部算力高地。实施高性能算力提升工程。加快建设郑州、洛阳等全栈国产化智能计算中心，构建中原智能算力网。持续提升国家超算郑州中心超算能力，建设智算中心和郑州城市算力网调度中心，综合算力性能保持国际前列，资源利用率达到70%。到2025年智算和超算算力规模超过 2000 PFLOPS（每秒浮点运算次数），高性能算力占比超过30%。

续表

省市	发布时间	政策	重点内容
	2022.01	河南省"十四五"新型基础设施建设规划	统筹布局算力基础设施，推动算力、算法、数据、应用资源集约化和服务化创新，加快算力协作、算力路由算力交易等算力网络基础设施建设，构建存储＋边缘计算＋智算＋超算多元协同、数智融合的算力体系，建设中部地区计算能力最强、数据应用最广、安全等级最高的算力基础设施集群，打造中原算力网。
贵州	2023.03	面向全国的算力保障基地建设规划（2023—2025年）	围绕高可靠、高可用目标，从备份中心提升为计算中心效益中心，重点布局智算基础设施，形成低时延人工智能算力基地、全国低成本中心、高安全中心。2023—2025年贵州省通用算力、智算算力、超算算力的总规模分别达 2 EFLOPS、5 EFLOPS 和 10 EFLOPS。
云南	2022.12	昆明市数字经济发展三年行动方案（2022—2024年）	围绕计算力、运载力、存储力设立具体量化标准，打造一批算力新业务、新模式、新业态，工业、金融等领域算力渗透率显著提升，医疗、交通等领域应用实现规模化复制推广，能源、教育等领域应用范围进一步扩大。每个重点领域打造 30 个以上应用标杆。
四川	2023.01	成都市围绕超算智算加快算力产业发展的政策措施	1. 加快构建智算体系：支持在天府数据中心集群起步区建设一批与生物医药、安防、交通等领域紧密结合的智算中心，做优做强天府数据中心集群，对于算力规模 300P FLOPS 及以上且固定资产投资达到 30 亿元以上的项目，按照"一事一议"原则予以支持。 2. 提升算力设备自主可控能力：鼓励智算中心建设国产自主可控、安全可靠的人工智能算力基础设施和技术路线生态，打造全球领先的人工智能计算平台、城市智脑平台等，提供普惠算力服务。
	2022.11	关于加快发展数字经济深入推进数字四川建设的意见	提升国家超级计算成都中心、成都智算中心能级，加快高性能算力部署，灵活部署边缘计算资源池节点，协同发展分布计算、边缘计算，构建布局均衡、协同供给梯次连续的算力基础设施体系。
广东	2022.12	广东省新一代人工智能创新发展行动计划（2022—2024年）	依托全国一体化算力网络粤港澳大湾区国家枢纽节点韶关数据中心集群、国家超级计算广州中心、国家超级计算深圳中心等超算平台，以及广州人工智能公共算力中心、横琴先进智能计算平台、"鹏城云脑"等智算平台，研究探索广东省人工智能一体化算力网络，为广东企业和科研院所提供公共算力服务和应用创新孵化支持。

省市	发布时间	政策	重点内容
上海	2022.06	上海市数字经济发展"十四五"规划	提升数字新基建。加快发展智算产业，建设覆盖人工智能训练、推理等关键领域的云端智能算力集群，以及覆盖计算机视觉、自然语言处理、智能语音等重点技术方向的先进算法模型集群。
	2021.10	上海市全面推进城市数字化转型"十四五"规划	强化数字城市公共技术供给。搭建城市智算公共平台强化公共算力调度保障，提升人工智能相关技术供给能力。
山东	2021.07	省会经济圈"十四五"一体化发展规划	加快推进 5G、工业互联网、大数据中心、智算中心物联网等新型基础设施建设，形成高速泛在、天地一体集成互联、安全高效的新型基础设施网络。
陕西	2022.04	陕西省"十四五"数字经济发展规划	统筹算力基础设施建设。推动智能计算中心发展，建设智能算力、通用算法和开发一体化的新型智能基础设施，面向政务服务、智慧城市、智能制造、语言智能，工业互联网、车联网、远程医疗等重点新兴领域，提供体系化的人工智能服务。

3. 建设现状

相较于传统数据中心，中国智算中心与产业更贴近，因此区域分布主要集中于人工智能相关产业发达地区，以东部为主。综合考虑潜在市场区域、建设成本、人才分布等因素，目前我国已建成的和拟建的智能计算中心主要选址于京津冀、长三角、粤港澳大湾区、成渝双城经济圈等区域，与人工智能产业集聚区分布高度一致。其中，北京、广东、浙江、上海、江苏在智算中心建设中领先，市场份额占比高达90%。东北、中西部等区域因土地、电费和人员成本较低等因素占优，结合当地产业升级需要，也吸引了部分智能计算中心落户。

截至 2023 年 5 月，全国超 35 个城市在建或投运 44 个智算中心（在建 15 个智算中心，投运 29 个智算中心），其中明确面向 AI 大模型应用的有 11 个。地理分布集聚一线及省会城市，与大模型研发分布强相关。智算中心建设以东部为主，京津冀、长三角、粤港澳大湾区共 29 个（占比近 66%），其中 9 个在建，20 个投运，中部和西部枢纽节点也逐渐加快布局。

截至 2023 年年底，根据 IDC 图表所示，全国带有"智算中心"的项目有 128 个，其中 83 个项目有规模披露，总规模超过 7.7 万 P，超过了政策要求 2023 年达到的智能算力规模（5.5 万 P），智算中心的建设已进入快速增长阶段。

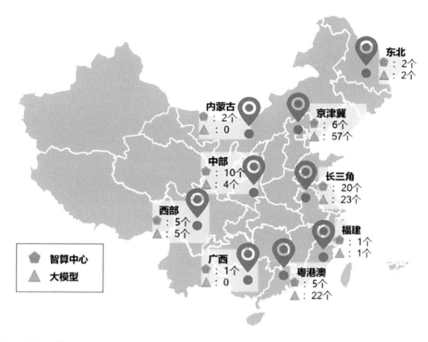

中国各地智算中心项目分布图（来源：中国电信 2023 年《智算产业发展白皮书》）

从建设主体看（如下表所示），我国智算中心建设主体多元，大致可分为地方政府、科研院所和企业这三类主体。

建设主体、目标和代表案例说明

建设主体 （主导建设的 一方）	建设目标	代表案例
地方政府	提供普惠的人工智能算力服务，服务目标包括助力行业数字化转型、服务人工智能行业企业发展、支持科研工作、带动地方经济发展等	天津市人工智能计算中心、北京人工智能公共算力平台

续表

建设主体（主导建设的一方）	建设目标	代表案例
科研院校	服务科研项目计算需求	复旦大学联合阿里云和中国电信打造了云上科研智算平台 CFFF，接入了四个校区的所有实验设备，可以满足不同应用场景下的科学智能研究与应用需求
企业 云服务商	提供数据存储、通用 AI 计算与大模型应用等方面一揽子的商用服务，也包括满足自身业务发展需求	阿里云乌兰察布智算中心
运营商	主要是提供数据存储、人工智能算力出租的商用服务	中国电信京津冀大数据智能算力中心
行业龙头企业等	专用性智算中心，面向特定行业领域 AI 应用需求提供算力服务，供自身使用居多	吉利星睿智算中心

我国智算中心建设主体大部分为地方政府。我国东部多为政府主导建设，西部以云商自建为主。地方政府牵头主导 34 个（占比近 80%）。西部以云商为主，如阿里乌兰察布智算中心、字节跳动与毫末智行合建雪湖绿洲（山西大同）智算中心。具体执行则由央企挑起了大梁，其中以电信、移动、联通为代表的通信运营商响应最快。据《IT 时报》报道，最近半年中国电信和中国移动在 AI 服务器方面的集采金额超百亿元。中国电信董事长柯瑞文透露，中国电信智算规模已经超 11 EFLOPS，未来将进一步提升智算规模和占比。中国移动财报中披露了公司 2023 上半年时，智算算力为 5.8 EFLOPS，自有算力总规模达 9.4 EFLOPS，预计 2023 年年底达 11 EFLOPS。

受限于需求不清晰、高性能芯片产业生态不成熟等因素影响，智算规模普遍偏小，规模较大的多为企业自建。智算中心规模在 100–300 PFLOPS 内，占比超 70% 以上，超过 1 EFLOPS 规模的智算中心只有 25%（超半数为云商及大型企业自建），如阿里云计划总建设规模 12 EFLOPS 的张北超级智算中心和 3 EFLOPS 的乌兰察布智算中心。

地方政策落地较快的地区与 AI 产业聚集或传统数据中心发达地区一致，

部分地区抓住机遇占据智算先机。

北京市政策支持力度较大，智算产业居全国前沿。 目前北京市人工智能核心企业数量已超过 1800 家，占全国总数近三成，居全国首位，其中大模型企业百余家，占全国总数的一半左右，但北京市此前的人工智能算力设施多为科研机构或企业自用，没有余力向市场提供大规模算力服务。

杭州市也紧随其后。 2023 年 7 月，杭州市出台了《杭州市人民政府办公厅关于加快推进人工智能产业创新发展的实施意见》，该意见强调杭州作为国家新一代人工智能创新发展试验区和国家人工智能创新应用先导区的重要地位。意见提出，要以推动人工智能与实体经济深度融合为核心，以提供高质量的算力服务为基础，以模型即服务（Model-as-a-Service，MaaS）模式的创新变革为关键点，构建一个包含"高算力＋强算法＋大数据"的产业生态系统。目标是实现大规模算力孵化大型模型、大型模型驱动产业发展、产业发展促进经济增长的正向循环，将杭州打造成为全国的算力成本优势地区、模型输出中心和数据共享的高地。根据该规划，预计到 2025 年，杭州将开放超过 5000 PFLOPS 的算力规模。

4. 未来展望

在全球数字经济迅速发展的大背景下，中国算力的未来发展方向展望呈现出一幅宏伟蓝图。作为国家竞争力的重要组成部分，中国在算力领域的发展正展现出强大的潜力和广阔的前景。

基础设施建设的加强是中国算力发展的关键一环。 中国继续加大投资力度，升级现有的数据中心、超级计算机，并建设新的高性能计算中心。这不仅将提升整体算力水平，还将为各行业的数字化转型提供坚实的基础。同时，中国也在积极推动算力资源的合理分配，通过建立全国范围内的算力资源调度系统，实现资源的共享和协同利用，避免资源浪费和不均衡分配。

技术创新是推动中国算力发展的核心动力。中国重点支持人工智能芯片的研发和生产，以及大数据处理平台的建设，从而提高算力对 AI 和大数据应用的支持能力。此外，随着物联网设备的普及和智能化应用的增加，边缘计算将成为算力发展的重要方向。中国加快边缘计算设备的部署，推动算力从中心向边缘扩展，满足实时数据处理和低延迟应用的需求。绿色和可持续发展也是重要考量。建设绿色数据中心，采用可再生能源和先进的冷却技术，减少算力发展对环境的负面影响。这不仅符合全球可持续发展的趋势，也将提升中国算力的国际竞争力。国际合作与技术创新是中国算力发展的重要途径。中国积极参与国际合作，引进和吸收先进技术，同时加强产学研合作，推动自主创新，提升核心技术的自主研发能力。这将有助于中国在全球算力领域保持竞争力，并推动算力技术的持续进步。

市场规模的快速增长是推动中国算力产业发展的重要力量。预计到2026 年，中国算力规模将超过 360 EFLOPS，三年复合增长率达到 20%。这一增长主要得益于 5G、AI 等技术的加速商业应用和智能算力基础设施的扩容。同时，智能算力市场规模在 2023 年已达到 5097 亿元，预计 2024 年将继续保持高速增长。

基础设施的高质量发展是中国算力产业发展的重要方向。中国算力基础设施的发展正加速从"以通算为主的供给侧优化"向"以智算为核心的需求驱动"转变。这一转变不仅提升了算力基础设施的综合能力，还显著增强了其对经济发展新动能的支撑作用。

政策支持与城市级资源整合是中国算力产业发展的重要保障。政府在推动算力基础设施高质量发展方面发挥了重要作用。工业和信息化部等六部门联合印发的《行动计划》提出了到 2025 年发展量化指标，包括计算力规模超过 300 EFLOPS，智能算力占比达到 35% 等。此外，更多城市将推出针对算力高质量发展的政策文件，统筹城市级和行业类智算资源需求，提速城市算力基础设施升级。

国际竞争与合作是中国算力产业发展的重要方面。尽管中国在全球算力指数排名中位居第二，但其计算力水平的增幅最大，显示出强劲的增长势头。在未来的发展中，中国需要继续加强与国际先进水平的接轨，同时积极参与国际合作，提升自身在全球算力领域的竞争力。

（三）各国积极发展算力

智算中心已成为提升国际竞争力的关键基础设施，对各国在新科技革命和产业变革下提升国际竞争力起着基础支撑作用，也是衡量综合国力的一个重要指标。国际竞争激烈，各国纷纷推出大量政策支持智能算力及其相关产业的发展，智算已经成为各国国力竞争的兵家必争之地。

1. 日本：利用人工智能来解决人和社会的问题

日本政府在人工智能的发展上，采取了一项以人为中心的策略，力图打造一个能够充分利用 AI 潜力的"AI-Ready 社会"。这一策略的实施，涉及对 AI 技术对人类生活、社会结构、产业布局、创新体系以及政府治理等多方面影响的深入考虑。

日本的 AI 发展计划被划分为三个阶段，旨在通过 AI 技术的应用，显著提升生产、物流、医疗和护理等行业的效率。这一计划的核心目标是利用 AI 技术来应对和解决日本面临的一些重大社会问题，如人口老龄化和劳动力短缺，同时推动其"超智能社会 5.0（Society 5.0）"的建设。

在技术发展的具体方向上，日本政府特别强调了两大领域的 AI 技术发展：一是基于信息通信技术的 AI 技术，这涉及大数据的深度挖掘和应用；二是以大脑科学为基础的 AI 技术，探索模拟人脑处理信息的方式，以提升机器学习的效率和效果。此外，日本还计划将物联网（IoT）技术与 AI 技术相结合，以实现更加智能化的技术发展。

在智能算力方面，日本政府推出了一系列政策来推动其发展。例如，"人工智能技术战略会议"提出了加强 AI 基础研究和人才培养的措施，以及"Society 5.0"计划，旨在通过 AI 和 IoT 技术推动社会的数字化转型。此外，日本还实施了"人工智能研究与开发计划"，以促进 AI 技术的研究和商业化应用。

为了支持这些政策的实施，日本政府还设立了"人工智能技术实用化推进联盟"，这是一个由政府、学术界和产业界共同参与的合作平台，旨在共同推动 AI 技术的发展和应用。同时，日本还通过"战略创新创造计划"（SIP）

等项目，为 AI 相关的研究和开发提供资金支持。

在人才培养方面，日本政府推出了"AI/IoT/大数据人才培育计划"，旨在通过教育和培训，培养更多具备 AI 和大数据技能的专业人才。此外，日本还通过"大学合作推进产学官合作项目"，促进大学与企业和政府之间的合作，以培养更多的 AI 技术人才。

通过这些政策和措施的实施，日本政府希望能够建立起一个强大的 AI 技术生态系统，推动 AI 技术的发展和应用，同时确保 AI 技术的发展能够符合社会的需求和价值观。这些努力将有助于日本在全球 AI 领域中保持竞争力，并为解决全球性问题提供创新的解决方案。

2. 德国：通过工业 4.0 战略聚焦特定 AI 技术的突破

德国，以其在工业领域的深厚基础，正通过工业 4.0 战略推动人工智能的发展，力图在全球技术革命中保持领先地位。德国的 AI 战略专注于实现所谓的"弱人工智能"，即在特定领域内具有高度专业能力的 AI 系统，而非通用人工智能。

德国政府已经确定了五个关键的技术突破方向：机器证明和自动推理、基于知识的系统、模式识别与分析、机器人技术，以及智能多模态人机交互。这些方向不仅体现了德国在工程和制造方面的优势，也展示了其在 AI 领域的雄心。

德国的中小企业是经济的支柱，政府特别重视这些企业在数字化转型中的作用。为此，德国政府不仅提供资金援助，还提供数字技术和商业模式转型的支持，帮助中小企业融入 AI 时代，增强它们的竞争力。

德国政府还承诺为 AI 领域的研发和创新提供资助，优先考虑提高德国 AI 专家的经济收益。德国与法国合作建设的人工智能竞争力中心，旨在促进两国在 AI 领域的互联互通和协同发展。

此外，德国政府还注重加强 AI 基础设施的建设，包括算力资源、数据管理和技术平台。通过这些措施，德国希望建立一个强大的技术基础，促进 AI 技术的创新和应用。

德国的 AI 战略还包括对教育和研究的投资，以培养新一代的 AI 专家，并推动学术界与产业界的紧密合作。德国的大学和研究机构在 AI 基础研究方面有着悠久的传统和强大的实力。

在智能算力方面，德国通过其"高科技战略"（High-Tech Strategy）和"数字议程"（Digital Agenda）等政策文件，明确了对高性能计算和数据处理能力的投资计划。这些政策旨在建立高效的计算基础设施，支持 AI 算法的训练和部署。

3. 英国：借助人工智能科研创新优势提升整体实力

英国正利用其在科研创新领域的坚实基础，全面推进人工智能的发展，目标在全球 AI 领域保持其前沿地位。英国政府采取了一系列战略性措施，以确保这一目标的实现。

首先，英国政府积极支持 AI 领域的创新活动，通过资金援助和政策引导，激励企业和研究机构开发前沿技术。同时，政府致力于促进 AI 技术在各行各业的应用，以提高生产效率和生活质量。

教育和人才培养是英国 AI 战略的核心部分。英国拥有世界顶尖的教育机构，包括牛津大学、剑桥大学、帝国理工学院和伦敦大学学院等，它们在 AI 和机器学习领域具有显著的研究实力和学术积累。政府通过奖学金、研究资助和国际合作项目，吸引和培养 AI 领域的顶尖人才。

此外，英国政府注重改进数据基础设施，确保数据的质量和安全。通过开发公平、安全的数据共享框架，英国旨在建立一个可靠的数据生态系统，为 AI 技术的发展提供坚实的基础。

在打造创业环境方面，英国政府通过提供创业指导、资金支持和市场渠道，鼓励创新型企业的成长。这不仅有助于推动 AI 技术的商业化，也为英国经济的多元化和可持续发展提供了动力。

英国政府还特别重视 AI 技术的伦理和安全性。通过制定相应的政策和监管措施，确保 AI 技术的发展不会损害个人隐私和社会公正。

在智能算力的发展上，英国政府实施了"英国工业战略"，该战略包括对数字基础设施的投资，以及通过"产业战略挑战基金"支持 AI 和数据驱动技术的研究与创新。此外，"数字战略"的推出旨在加强数字技能教育，提高国民的数字素养，为智能算力的发展提供人才支持。

4. 欧盟：强调安全、可信的人工智能

欧盟在推动人工智能的发展上，坚持以人为本，强调构建一个安全、可靠的 AI 生态系统。欧盟的政策主张确保 AI 技术的发展与应用，既能促进经济增长，又能保障人权、民主和法治的核心价值观。

面对 AI 可能带来的劳动市场变革和潜在偏见问题，欧盟正积极探讨解决方案，并提倡制定全面的 AI 道德准则。2018 年，25 个欧洲国家联合签署了《人工智能合作宣言》，承诺共同应对 AI 在社会、经济、伦理和法律方面的挑战和机遇。

同年晚些时候，欧盟委员会成立了人工智能高级专家小组（AI HLEG），并由该小组发布了《可信 AI 道德准则草案》。这份草案为 AI 的开发和使用提供了一套道德指导原则，包括基本伦理原则、构建可信 AI 的具体要求、实施方法，以及评估 AI 系统可信度的标准。

欧盟的这些举措体现了其在 AI 发展上的审慎态度和前瞻性思维，旨在通过建立一个坚实的道德和法律基础，促进 AI 技术的健康发展，并确保其在社会中的积极影响。

在智能算力方面，欧盟通过"地平线 2020"研究与创新计划等政策，投资于高性能计算和数据处理技术，以支持 AI 的研究和应用。此外，欧盟还注重跨国合作，通过"数字欧洲"计划等倡议，加强成员国之间的协同，共同推动数字技术和 AI 的发展。

5. 法国：急起直追打造人工智能经济体系

法国正迅速采取行动，以构建一个充满活力的人工智能（AI）经济体系。虽然相较于全球其他科技巨头，法国在 AI 领域的起步较晚，但自 2017 年起，该国已经开始大力投资和发展这一关键技术。2018 年，法国总统埃马纽埃尔·马克龙宣布了一项雄心勃勃的计划，承诺到 2022 年向 AI 领域注入 15

亿欧元的公共投资，目的是吸引和培养顶尖人才，并与美国和中国等 AI 领域的领导者竞争。

法国的 AI 战略聚焦于四个主要领域：加强和丰富法国及欧洲的 AI 生态系统、推动数据开放政策、优化投资和法规框架，以及明确与 AI 相关的伦理和政策问题。健康、交通、环境以及国防和安全被确定为 AI 应用的优先领域，这表明法国政府对这些关键社会问题的关注和解决意愿。

此外，法国对 AI 领域的工业标准化体系建设给予了高度重视。法国希望通过 AI 技术的发展，建立新的欧洲标准和工业体系，这不仅有助于提升法国自身的工业竞争力，也有助于加强以法国和德国为核心的欧洲在全球舞台上的影响力。

为了实现这些目标，法国政府已经采取了一系列措施，包括建立 AI 研究中心、提供资金支持和激励措施，以及与学术界和工业界建立合作伙伴关系。这些努力旨在促进 AI 技术的创新和应用，同时确保技术进步与社会伦理和价值观相协调。

通过这些综合性的政策和战略，法国期望在 AI 和智能算力领域实现跨越式发展，为国家经济增长和社会进步提供新的动力。

6. 俄罗斯：全面推进人工智能国家战略与组织机构建设

俄罗斯同样对人工智能重点关注。自 2019 年 6 月起，俄罗斯着手制定了一项全面的人工智能国家战略，在这一国家战略的指导下，俄罗斯加速了对人工智能、物联网、机器人技术和大数据等前沿科技领域的投资与支持，特别是对那些在以上领域内活跃的中小企业项目会推出针对性更强的帮扶政策。

为了能够更好地统筹规划全国的人工智能发展，俄罗斯在其人工智能国家战略框架下，进一步推行了"十点计划"，这个计划由联邦教育部、科学部等一系列政府组织参与，通过建立一个强有力的组织机构统筹规划，刺激和加速人工智能的发展。计划中也提出要组建人工智能和大数据联盟，进一步促进了行业内的交流与合作，还要建立分析算法和项目基金，为人工智能的研究与开发提供了必要的资金支持。同时，建立国家人工智能培训和教育体系，确保了人才的培养和供给。

三、算力新趋势：集群化和密集化

在科技迅猛发展的今天，人工智能正以前所未有的速度推进，而支撑这一切的基础，是不断发展的算力。近年来，算力密度的飞速提升带来了大模型训练时间和成本的显著下降。从 A100 到 H100，再到最新的 B200 芯片，每一代芯片都在提升算力的同时，显著降低了单位算力的成本。B200 芯片的 FP16 算力已经达到 4500 TFLOPS，而算力价格却降至每 TFLOPS 仅 600元人民币。这种变化不仅大幅提升了模型训练效率，也为更复杂的 AI 应用提供了可能，因此算力和算力价格呈反向关系。

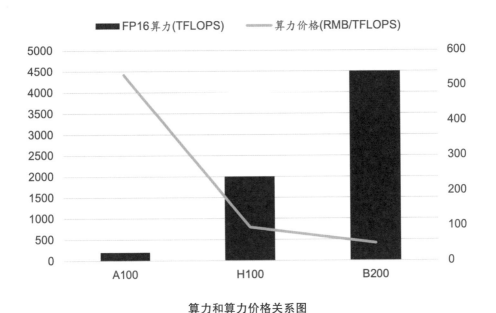

算力和算力价格关系图

然而，随着 AI 模型参数量级的指数级增长，单机算力已经无法满足训练和推理的需求。大模型算力的需求正以惊人的速度增长，每两年可翻 750

倍，呈现出指数型增长的趋势，而硬件的供给却只能以线性速度跟进，每两年仅能翻 3 倍，这使得算力的"需"比"供"大 200 倍甚至更多。这种供需之间的巨大差距，让算力的集群化和密集化成为了时代的必然选择。

大模型算力的需求正以惊人的速度增长

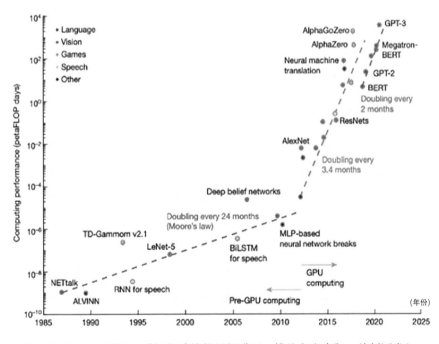

算力表现沿革（来源：《智能计算的最新进展、挑战和未来》，首创证券）

在大数据和深度学习的推动下，AI 模型的参数规模从 2015 年 ResNet 的 2500 万增长到 2024 年 ChatGPT-4 的 1.8 万亿；计算需求从百 TF 级平台的一张 GPU 卡，到 PF 级平台的一台服务器，发展到今天 EF 级平台的 AI 集群，存储需求也从 GB 级扩展到 TB 和 PB 级存取服务器，计算和存储需求都增长了 1000 倍。在这一过程中，大模型技术提供更强泛化能力，是必然的技术趋势。训练和推理需要的算力规模庞大且复杂，使得 AI 算力向集群化发展。

从万亿参数的时代开始，AI 模型的需求已经无法由单机设备承担，大规模并行计算的集群技术应运而生。集群技术不仅仅是硬件的简单叠加，更是计算能力的协同提升。每一个集群都是一座数据处理的"工厂"，通过协调多个节点，将庞大的计算任务分散开来，最终汇聚成强大的计算能力。这不仅提高了计算效率，也缩短了训练时间，使得更大规模、更复杂的 AI 模型得以实现。

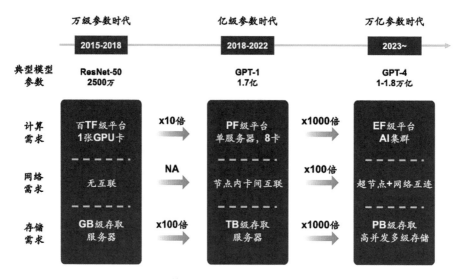

AI 算力向集群化发展示意图

集群化的优势不仅体现在计算能力的提升上，更在于其灵活性和扩展性。随着 AI 技术的不断进步，计算需求也在不断变化。集群化架构可以根据需求，灵活调整节点数量和计算资源，保证计算任务的高效运行。例如，在面对超大规模的 AI 模型训练时，集群化平台可以迅速增加计算节点，提供数千台甚至数万台 GPU 同时工作，极大地缩短了训练时间。

不仅如此，集群化还为 AI 推理提供了强有力的支持。在实时数据处理和高频率推理场景中，集群化算力平台可以通过负载均衡和资源调度，确保每一次推理任务都能快速响应，提供稳定高效的服务。这对于金融风控、智能驾驶、医疗诊断等需要实时处理的应用场景来说尤为重要。

未来，随着 AI 技术的进一步发展，算力需求将继续增长。集群化和密集化算力不仅是技术发展的必然趋势，更是支撑 AI 应用的基石。在这个充满挑战和机遇的时代，集群化算力将继续引领 AI 发展的潮流，为实现智能社会提供源源不断的动力。正如大自然中的群体合作，集群化算力通过协同工作，实现了 1+1>2 的效果，为 AI 的未来带来了无限可能。

智算中心技术架构篇

一、智算中心与数据中心

"软件定义"是智算中心相比于数据中心的革命性所在。 与传统的数据中心主要基于硬件堆叠，需要通过大规模的服务器、存储设备和网络设备来满足数据处理和存储的需求不同，智算中心在这一基础上进行了革命性的转变，其核心理念是软件定义。这个理念的变化与智算中心的需求紧密相关，对比传统的数据中心大多运行代码控制的确定性任务，因此系统可以为这样的确定性任务调优到很高的灵活性和利用率；而智算中心执行的任务可分为"实验"以及"生产"，以大模型为例，"实验"型任务是模型的训练和微调，"生产"型任务则多为生成和推理，前者的过程和成果不确定性较高，需要一个弹性的环境来应对一次次的试错，其运行过程和等待运行过程对于计算需求的冲击差别是巨大的，往往导致整体系统的利用率低下。目前我们规划建设的智算中心都以训练型或训推一体型智算中心为目标，因此需要通过软件能力来满足智算中心业务要求。软件定义的智算中心将传统的硬件资源抽象化，通过软件控制实现资源的灵活调配和高效利用，并且提供从系统层、调度层、算法层等全局优化手段来优化任务性能。这种转变不仅提高了资源的利用率，还使智算中心能够更快地响应业务需求的变化。

如果说智算中心是一个复杂的生命体，那么智算操作系统就是它的"心脏"。 智算操作系统是智算中心的核心软件，它负责管理和调度智算中心的各种资源，确保资源的高效利用和业务的稳定运行。与传统的数据中心操作系统不同，智算操作系统具备更高的智能化水平。它能够根据业务需求和资源使用情况，自动进行资源的调配和优化，并将任务调度到合适的资源上进行运算。同时，优秀的智算操作系统，还能提供各类智算场景的最佳实践，使用户在进入系统后立即就能展开他们需要的作业任务，从而不必花时间在环境配置以及性能参数调优上，白白浪费算力租赁的费用。

此外，智算操作系统不断地提升系统的性能和效率对于智算中心的运营商来说可以提升其运营收益，尽早收回项目投资。在智算操作系统的支持下，智算中心能够更好地应对各种复杂的业务场景，实现高效、智能的数据处理。

二、智算中心的革命性所在

（一）硬件：混合算力的全新计算平台

随着计算规模的不断扩张和计算方式的转变，当前已进入一个算力密集型的时代。处理器也从 CPU 转向 GPU 以及其他的计算加速芯片，这预示着我们需要探索新的技术和解决方案。因为需求在变化，历史总是在不断演进中上升。

从大型机到 PC，再到移动设备，计算需求一直在不断演变。大型机更侧重于集中式的强大算力，而 PC 则实现了计算力的分散化，让每个人都能拥有自己的算力装置。随着技术的迭代，PC 从单一的 CPU 发展到多核 CPU，甚至孕育出了 GPU 这样的新型处理芯片。到了移动设备时代，计算变得更加移动和便捷，包括地理位置信息的处理等功能也变得日益重要。

如今，我们正站在一个全新的历史节点。构建智算中心或集群时，是否应该延续传统的 PC 时代思维？像在 CPU 主板上插入 GPU 卡，再将其置于铁皮盒子中通过网络连接。这种做法无疑带有浓厚的历史痕迹，正如铁轨宽度沿袭自古罗马马车，这些传统做法虽有其历史渊源，但未必代表最优方案。

在计算领域，从 PC 到现代的服务器，都承载着过去的技术痕迹。当计算重心从 CPU 转向 GPU 时，我们是否应该重新审视这些传统架构？例如，将 GPU 置于一个大型池中，通过 DPU 进行高速连接，或在 CPU 与 GPU 之间设置大容量内存作为缓存，这些都是值得探讨的问题。

回归第一性原理，如果计算的核心目标是为大模型提供训练、调优和推理支持，那么我们需要一个全新的计算平台。未来的计算机可能不再是我们熟悉的 PC 式服务器集群，而是集成了 GPU、CPU、DPU 以及各类协处理器的混合体。这种新型计算机将为大模型驱动的 AI 应用提供强大的计算支持，其芯片间的组织方式也将从网络连接到内存缓冲等方面发生深刻变革。

（二）软件：最终定义硬件形态的全新操作系统

计算机系统作为一个综合的复杂系统，从一开始就将硬件和软件涵盖在一起，随着计算的持续演变，硬件新形态的不断催生，必然进而带动软件的新形态。

计算领域有一个恒久不变的发展逻辑：每当计算需求发生转变，无论是从简单到复杂，从单机到并行，还是从云端到边缘计算，硬件形态都在持续演进。而且在硬件革新的基础上，软件形态也紧随其后，尽管它们始终以"操作系统"这一标签呈现，但其核心作用在于有效整合新硬件形态，满足时代所需的计算能力。

以 GPU 为核心的芯片发展仅是起始，接下来，我们要根据 AI 的需求，在系统上高效地组织这些计算能力。正如发动机的发明至关重要，但将其应用于不同类型的车辆，才开启了更广阔且充满活力的市场。同样，将各类芯片整合起来，满足不同场景和行业的需求，这将孕育出无数的产业机遇。

在新的计算平台诞生后，其"操作系统"成为我们关注的焦点，我们将其命名为"AIDC OS"，预示着软件定义算力的新时代的到来。

为何如此说？当拥有如此丰富的芯片和计算能力，并将其集成于大型设备中，如何定义和组织这些算力，便成为关键。而这在很大程度上取决于软件与硬件连接方式的协同配合，以确保外部用户能够充分利用这些算力。正如 PC 和服务器的形态是经过历史发展而成，新的计算平台也将经历一系列变革，最终确定其形态。

在这一过程中，软件的驱动力和定义作用至关重要。正如鼠标的交互方式定义了 PC 的形态，手机的触摸方式影响了手机的设计，AIDC OS 也将在新的计算机时代中，定义如何组织和管理算力，以满足用户的需求，我们称之为"软件定义算力"的时代。

在将各种芯片和网络连接设备放在一起提供可用的算力的基础上，进一步提升"好用"和"经济"是软件定义智算的基本目标。所谓"好用"即为可满足客户各类使用算力的要求，比如减少算力优化的过程、更快速地开启工作任务、主动的容错能力保护训练过程中的成果、减少对运维团队的依赖等等；所谓"经济"则是减少试错成本，降低整体花费。在基本目标之上再依靠专业技能和团队，进而实现垂类大模型的落地、训练和推理部署，以实现更为高效、便捷和经济的算力应用。

总之，随着硬件和软件的协同发展，我们将迎来一个全新的计算时代。在这个时代里，软件将发挥更为核心的作用，定义和管理算力，以满足不断增长的 AI 需求。而我们，作为这个时代的参与者和见证者，有责任也有能力推动这一变革的进程。

三、智算中心技术框架：智算中心的构成要件

（一）总体原则

智算中心系统总体应当遵循"高性能、安全可控、应用兼容、高效节能"的基本原则。通过集中建设，采用智能计算 + 云化服务的模式，构建具有技术先进、应用特色、创新能力突出的智算中心。

原则一：安全性和兼容性相结合。 为保证系统安全性和通用性，智算中心系统必须符合国家等级保护的相关要求，以国家安全等级保护三级为目标，配套完善的系统安全防护措施，提供符合国家信息安全要求的通用计算服务。智算中心系统不是一个孤立的项目，必须兼容当前工业标准和现有科研的软件生态，因此，智算系统的兼容性和普适性将尤为关键。系统软硬件方案设计需要适应智算中心应用种类繁多的特点，综合考虑应用软件的运行特征，保证当前科学计算、基于深度学习的人工智能应用等都能运行在系统上，才能让系统建设的效果真正发挥出来。

原则二：先进性和成熟性相结合。系统设计深入应用了符合国际标准的先进、成熟技术，涵盖了计算机系统、网络系统、存储系统以及集群相关的软件系统。同时，对软件系统进行了全面的定制化设计和精细调优，以满足特定的需求和性能标准。

原则三：高可靠性和高可用性相结合。系统设计致力于实现高可靠性和高可用性。选择了稳定可靠的产品和技术，并在硬件配置及系统管理方案等方面实施了严格的安全和可靠性措施，以确保系统的持续稳定运行，并支持智能计算业务的顺畅进行。

原则四：规模性和可扩展性相结合。智算中心系统的设计理念不仅着眼于满足当前的业务需求，同时也考虑到未来业务的扩展和新技术的发展趋势。在保障系统整体性的前提下，系统应设计得便于进行无缝升级和扩展，同时兼顾技术和经济上的可行性。

原则五：易用性和易维护性相结合。系统配备了全面的管理策略和功能，简化了设备的安装、配置和维护流程。它还便于对软硬件资源进行有效的分配、调度和管理，从而提升资源和资产的使用效率，并减轻管理人员的工作负担。此外，系统为用户提供了简洁易用的接口，降低了使用难度，并提供了相应的使用培训和操作手册，以帮助用户更快地上手。

原则六：开放性和灵活性相结合。系统的软硬件应具有良好的开放性，能与外部的各种系统进行对接。系统应提供较好的灵活性，能够添加、修改其组成部分，保障系统正常运行。

原则七：经济性和绿色性相结合。智算中心是耗电大户，规模越大，耗电越多，节能环保不但能够大大降低用户运维成本，同时也是在响应国家节能减排、绿色低碳的号召。因此智算中心必须建立在具备良好基础条件、能源富集、电力充沛稳定、地质结构稳定的地方，将能源优势转化为新兴产业发展的竞争优势。

（二）智算中心技术体系

智算中心建设体系从下往上共有六层架构，具体包括：

第一层，基础设施与机电配套系统的建设：主要包括智算中心配套土建、机房建设与供配电系统，智算中心的基础设施。与数据中心相比，智算中心所占土地面积更小，设计上更为紧凑，受益于其本身的高单位算力属性，空间利用率较高。

第二层，智算算力的采购与供应链：由于智算中心对智算核心设备要求的特殊性，导致整体算力设备的采购和供应的整合是智算中心的基本能力。特别是因为一些地缘政治因素，导致中国难以获取最新的 GPU 芯片，这就要求在采购环节需要有足够灵活的策略以及多元化的供应商网络，充分关注国产化替代方案。

第三层，智算算力系统集成：智算核心设备与配套设备的安装调试与集成能力，是智算中心整体构建的核心。因为一个协调一致、高性能充分释放的计算环境，不仅需要在硬件层面、核心设备和配套设备实现充分配合，在软件层面，更是需要操作系统、中间件、资源调度工具、模型训练工具之间的充分联动。

第四层，智算云化操作系统：与传统数据中心不同，智算中心由于更高密度的算力资源和更复杂的输出方式，导致底层的基础软硬件交互方式更为复杂，因此能够实现对智算中心资源的管理和调度，是能够进行算力对外服务运营和服务的核心能力。

第五层，智算运营管理：智算中心的算力资源以其高密度和高价值著称，但需求往往呈现阶段性波动。在人工智能模型训练的关键时期，客户迫切需要短时间内集中提供的大量算力。然而，一旦模型训练完成，算力需求便转为根据实际应用需要灵活调用。这种需求模式催生了智算中心独有的运营层次——智能算力运营层。这一层不仅涵盖了算力的售卖和租赁服务，还提供了相应的运营支持，确保算力资源的高效分配和利用，从而满足不同阶段的计算需求。与传统数据中心相比，智算中心在智能算力运营方面展现出其独特的优势和价值。

第六层，AI 平台、大模型及服务：传统数据中心与算法及应用程序的联系较为疏远，其核心职能更多聚焦于数字化任务，充当着数字化基础设施的角色，确保各类业务数据的有效承载。然而，随着智能计算时代的到来，算力、算法及数据之间的相互依赖和整合程度显著增强，这进而对智能计算中心提出了新的要求：不仅要能强有力地支持各类人工智能应用场景、算法开发及工具使用，还需优化资源配置以促进算力的充分释放与高效利用，从而加速智能化转型的步伐。

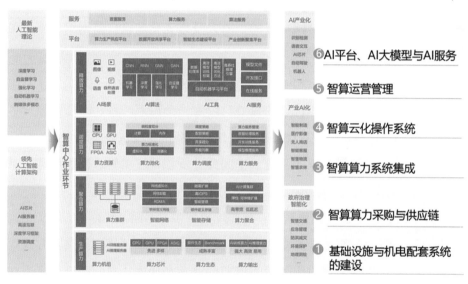

智算中心建设体系架构（来源：《智能计算中心创新发展指南》）

四、算力分层架构：算力从硬件到应用的释放之路

（一）算力资源层：算力的原始硬件形态

算力资源层是智算中心的硬件基础，也就是算力的最原始形态。由核心算力节点智算服务器、高速网络系统及存储系统为核心构成。其共同构成

了支持多元化人工智能应用的硬件生态。此生态不仅承载了数据中心的传统数字化任务，更是在智能计算时代下，通过深度融合算力、算法与数据，推动了计算效率与应用创新的飞跃。

核心算力节点选用了诸如 GPU 加速器及专为 AI 优化设计的芯片，如英伟达以其市场主导地位和 CUDA 平台，提供了丰富的工具和框架，极大地促进了 GPU 在深度学习和机器学习领域的应用。同时，国内企业如华为昇腾等也正积极研发高性能 AI 加速芯片，满足不同计算性能需求，尤其是对大模型训练的高规格要求，如大显存、高带宽互联等，进一步拓宽了智算中心的硬件选择范围。

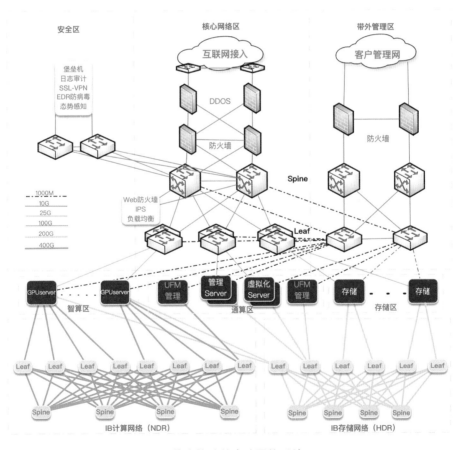

IB 技术构建的高速网络系统

在系统架构层面，通过 CPU 与 AI 芯片的异构组合，加之高速网络的无缝连接，智算中心实现了 CPU+AI 芯片的高效协作模式，利用如 IB（InfiniBand，无限带宽技术）技术构建的高速网络系统（如上图所示），不仅保证了极高的数据传输速率与低延迟，还实现了远程直接内存访问（Remote Direct Memory Access，RDMA），极大提升了计算节点间的数据交互效率和存储访问速度。同时，资源池内部采用以太网技术，保障了计算资源间的高效通信。

为了满足不同场景下的存储需求，智算中心部署了高性能大容量存储系统，它不仅被要求具备高吞吐量、低延迟等特性，还需支持智能化管理和优化，以确保数据的安全与隐私保护。具体而言，对象存储、文件存储以及块存储等多种形式并存，为 AI 训练、自动驾驶、视频渲染等对数据处理有严苛要求的应用提供了坚实后盾。特别是对象存储服务，凭借其海量存储、高可靠性和成本效益，成为支撑 AI 训练平台的重要一环，而针对 GPU 优化的文件存储服务，则确保了在高 IOPS（Input Operations Per Second，每秒输入程序设计系统）及高吞吐场景下的亚毫秒级数据访问速度。

此外，智算中心在构建过程中高度重视网络的高性能与可扩展性，如下图所示，不仅提供了高带宽、低延迟的网络环境，还实现了 QoS（Quality of Service，提升服务质量）策略、高可靠性、大规模扩展性、严格安全防护以及便捷的云集成，确保了数据流动的畅通无阻和整体系统的稳定性。安全区的设立，集成防火墙、态势感知、抗 DDoS（Distributed Denial of Service，分布式拒绝服务）攻击等多重安全措施，为所有运算活动构筑了坚实的防御体系。

因此智算中心在硬件资源配置上，通过算力节点的优化配置、高速网络的无缝连接以及高性能存储的集成，构建了一个既灵活又强大的基础设施，不仅满足了当下智能计算时代的需求，也为未来技术发展与应用创新预留了广阔空间。

（二）算力调度层：用软件来激活算力硬件

算力调度层的核心组件是智算操作系统云管理平台，这也是软硬件融合的关键环节，是软件能力介入并激活硬件资源的重要通道。这一平台扮演着算力调度中枢的角色，致力于为智算中心提供全面的云管理能力。

智算操作系统云管理平台

它不仅高效地统合管理算力、存储、网络资源及 AI 策略，还通过智能调度和运维手段，确保资源的高效运用，减少碎片化，提升整体算力的有效性。平台的关键能力包括算力资源的精细化管理、灵活调度、资源配额定制化控制，以及存储与网络资源的优化管理，确保了平台运行的高效性、安全性和稳定性。

在算力服务方面，平台提供弹性的物理机云服务器，具备与传统物理机相当的计算性能与物理隔离优势，分钟级的快速交付能力确保了即时响应业务需求，尤其适合高性能 AI 计算与深度学习任务。AI 计算服务则通过弹性裸金属服务器、智算集群和智能容器调度策略，为用户在多样化场景下快速便捷地提供算力资源，有效推动 AI 业务扩张。

平台在存储管理上采用了专为 AI 大模型训练设计的智能高速存储方案，涵盖块存储、文件存储和对象存储，每种存储方式都旨在提供高性能、高可用性和弹性扩展能力，分别服务于 AI 容器实例、GPU 云服务器及弹性 HPC（High Performance Computing，高性能计算）集群，确保数据存取的高效与安全。

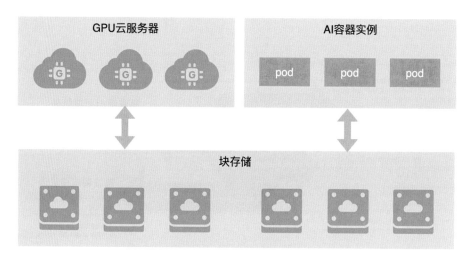

专为 AI 大模型训练设计的智能高速存储方案

高性能网络管理方面，平台采纳 RDMA 技术，通过 IB 网络和 RoCE（RDMA over Converged Ethernet，一种集群网络通信协议）网络显著提升网络性能，特别是利用 InfiniBand 实现的无阻塞通信和 RoCE 在以太网上的高效数据传输，有效降低了延迟并提升了带宽，满足了大规模集群对高速互联的需求。此外，网络管理功能全面，囊括了虚拟私有网络、弹性网卡、安全组等配置，以确保网络架构的灵活性与安全性。

针对智算中心的运维管理，平台提供了强大的支持体系，包括细致的资源配额管理机制，支持多层级、多维度的资源配置；镜像管理功能，便于公共与私有镜像的维护；全面的监控与告警系统，不仅能够实时监控集群状态、统计 GPU 集群数据，还能通过多种渠道发送告警通知，支持灵活的告警管理；以及详尽的人员权限管理，确保用户与用户组权限清晰、可控，全方位保障了智算中心的高效运营与安全管理。

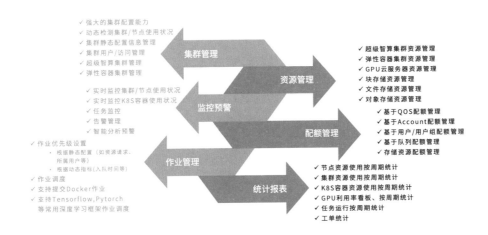

平台提供的六大支持

（三）算力运营层：全方面护航算力的持续输出

算力运营层的核心体系为智算运营管理平台，它是一个综合性平台，集产品定义至账务管理等多功能于一体，全面覆盖智算中心运营的各个方面与流程，确保日常运营的高效与顺畅。

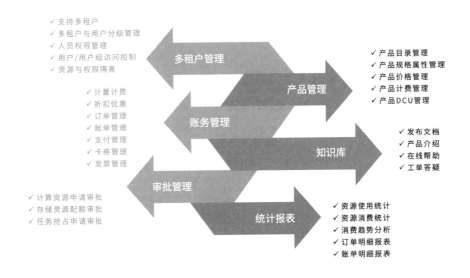

智算运营管理平台

首先，作业管理模块支持多样化作业提交方式，用户既可通过直观的 Web 界面提交作业并配置运行资源（如集群选择、资源参数设定），也能通过 SSH（Secure Shell，一种远程连接工具）命令行提交，实现了从基本到专业的全方位作业管理支持。其次，智算应用管理不仅囊括了如 JupyterLab、Visual Studio Code 及人工智能服务平台等常用工具的管理，还深度整合了自主研发的数据分析智能体、智能知识管理系统等前沿大模型应用，提供一站式的 MaaS 服务体验，并开放接口，便于接入更多生态伙伴的大模型应用，共筑丰富多元的 AI 应用生态圈。

在企业管理（租户管理）方面，平台实现了多租户架构，允许创建、编辑、删除企业租户，以及租户管理员的精细化管理，为不同企业提供了独立、安全的操作环境与便捷的账户管理体系。账户管理模块则让租户能轻松查看余额、设置预警、执行充值操作及账户封锁解除等，确保资金流的透明与可控，同时提供收支明细查询，增强了财务管理的精确性。

产品管理功能支持灵活创建、编辑和管理平台产品，涵盖产品规格定义、计费策略设定及上下架管理，为市场策略调整提供坚实的技术支撑。订单与账单管理模块分别负责订单的全生命周期追踪、统计与展示，以及企业租户账单的生成、调账审核与还款销账等操作，确保交易透明，财务流程规范有序。

工单管理系统有效处理各类服务请求与问题报告，通过智能化分类与优先级设置，实现了问题的高效分配与追踪，确保快速响应客户需求，同时提供工单状态的实时更新与历史查询功能，提升了客户服务的质量与效率。

最后，操作日志记录翔实，全面覆盖用户操作的每一个细节，包括操作行为、内容、结果、时间、人员及 IP 地址等，为系统审计与合规性检查提供了坚实的数据基础，确保平台运营的合规与安全。

（四）算力释放层：连接算力和应用的关键通道

算力释放层是构建在智算云平台之上的人工智能应用构建平台。该层凭

借智能算力的集中管理和动态调度，以及智慧化的运营管理机制，实现了从 AI 特征的深度剖析、算法设计、模型训练，到效果验证，乃至模型在实际业务场景中运行健康的全周期管理。它搭建了一个桥梁，让业务人员、开发者、数据分析师及算法工程师能够跨职能合作，简化数据处理、算力调配、模型训练部署流程，加速诸如机器学习、深度学习、图像识别、大规模语言模型应用及多模态模型应用等多种智能方案的快速实施与落地，有效解锁数据潜力，推升企业运作效率与智能化水平。

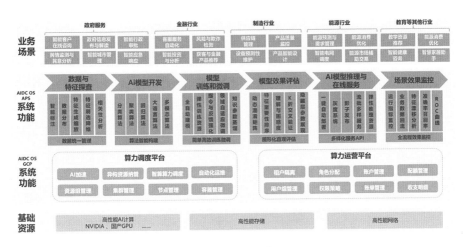

算力释放层平台

平台的核心架构围绕数据与特征管理、模型开发与微调，以及模型运行与监控三大支柱构建，覆盖数据探索、模型建构、训练优化、效果评测、推理服务部署及运行监控的端到端流程。具体而言：

数据集与特征管理模块强化了数据洞察力，提供统一的数据集治理和强大的特征解析工具，确保高质量数据输入。它支持多源数据预览，快速预览数据概况；拥有广泛的特征分析功能，涵盖从基本统计指标到复杂统计检验的全面分析，助力用户迅速把握数据特性。同时，该模块兼容多种数据接入方式，包括 JDBC（Java Database Connectivity，Java 数据库连接）连接关系数据库及 FTP（File Transfer Protocol，文件传输协议）、对象存储等，灵活性强。

模型开发与微调部分通过自动化和可视化工具有力简化模型创造，用户仅需选定场景即可启动模型开发，或直观地通过拖拽算子完成大模型的定制化微调。这一过程高度便于用户，即使是 AI 领域的初学者也能迅速产出高性能模型。模型训练不仅快速响应，还内置评估机制，允许用户利用测试数据持续优化模型性能，确保模型的实战效能。

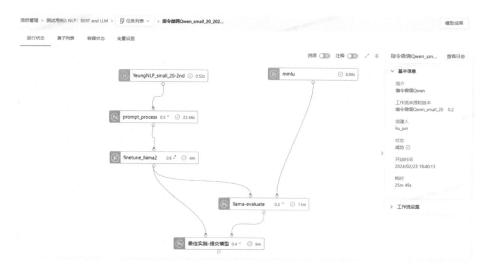

透过自动化和可视化工具有力简化模型创造

模型监控模块构建了严密的性能监管体系，既覆盖模型在生产环境的实时运行状态，也涉及训练任务的全程追踪与调优，这不仅为 AI 科研人员提供了宝贵的训练反馈循环，还通过动态监控在线服务与批量任务，维护服务的稳定性与资源的高效利用。结合 JDBC 等数据接入方式，系统还能自动评估模型随时间的性能变化，及时预警指标衰退，确保模型持续高效运行。

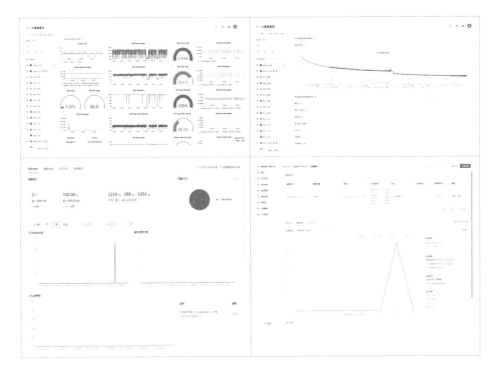

模型监控模块平台

（五）智能应用层：按需随取随用的"AI 应用商店"

大模型及其应用构成了算力释放的关键领域——智能应用层。这就像是一个智算时代的应用商店，企业可以直接在连带底层算力和顶层应用共同取用。直接面向用户，紧密贴合业务需求，核心涵盖通用与垂类大模型，以及多样化的应用场景。此体系旨在通过以下三个重要方面，深化算力服务的价值：

多模态大模型作为 AI 基础软件的中坚力量，极大拓展了用户的创新边界，加速多领域业务场景的智能化转型。这些预训练完成的大模型，配置灵活、参数丰富，代表了技术前沿，尤其在文本交互、图像创造等方面重新定义了 AI 应用的形态，引领行业迈向更加综合、互动的智能体验。

MMAlaya 多模态大语言模型

知识智能体扮演着企业知识总管的角色

　　智能体将会成为未来企业 App 的形态。数据分析智能体立足于大模型技术，专为私有化部署设计，是企业级数据洞察的强力引擎。凭借高度发达的意图理解、复杂分析建模及敏锐洞察力，这类智能体能够精准把握用户需求，综合运用统计学、机器学习、因果推理等高阶手段，深入数据腹地挖掘金矿，为决策制定提供富有前瞻性和操作性的深度分析报告。知识智能体作为企业知识与大模型融合的桥梁，扮演着企业知识总管的角色，加速实现大模型技术在企业内部知识生态的无缝嵌入。通过安全可靠的本地私有化部署，该智能体能够低成本、高效地将大模型的强大力量与企业多样化的知识体系对接，促成知识与 AI 技术的深度融合，为企业量身定制大模型应用解决方案，开启智慧管理的新篇章。

（六）安全防护层：全方面安全保护

智算中心直面复杂多维的安全挑战，这些挑战源自数据泄露、恶意侵袭与系统缺陷，每一方面都潜藏重大威胁。数据泄露不仅可能侵犯用户隐私，更会泄露公司核心信息，严重损害信誉与信任基石；恶意攻击，涵盖网络钓鱼、勒索软件及 DDoS 等手段，直接冲击系统稳定与运营常态；系统漏洞则如隐秘之门，易被黑客乘虚而入，造成不可估量的损失。

智算中心安全策略框架

总 体 安 全 策 略										
国 家 网 络 安 全 等 级 保 护 制 度										
定 级 备 案 安 全 建 设		安 全 建 设		等 级 测 评		安 全 整 改			监 督 检 查	
组织管理	机制建设	安全规划	安全监测	通报预警	应急处置	态势感知	能力建设	技术检测	安全可控	队伍建设	教育培训	经费保障
网 络 安 全 综 合 防 御 体 系										
风 险 管 理 体 系		安 全 管 理 体 系		安 全 技 术 体 系			网 络 信 任 体 系			
安 全 管 理 中 心										
安 全 通 信 网 络			安 全 区 域 边 界			安 全 计 算 环 境				
等 级 保 护 对 象										

针对上述威胁，智算中心需要构建一套多层次、全方位的安全防护体系，旨在稳固数据与系统安全，确保业务平稳推进。这一体系包括严格访问控制、强化身份验证、加密通信等策略，确保数据访问权限的严谨性。同时，持续的漏洞扫描与修复机制，结合及时的系统升级，形成动态防御

壁垒，以科技力量封堵安全缺口。人员培训作为软实力的提升，增强了团队对安全威胁的敏感度与抵御能力，减少了内部安全疏漏。此外，完善的灾难恢复计划与应急响应机制，确保面对突发事件时能够迅速行动，减轻损害。

更深层次的安全架构设计遵循国家网络安全等级保护制度，构建了一个包含总体策略、等级保护、技术体系、管理体系及服务体系的立体防御框架。总体安全策略立足实际，兼具前瞻性，定期调整以适应不断变化的安全形势。网络安全等级保护制度通过科学定级、备案及测评，为系统安全提供法规遵循与实践指导。技术层面，通过安全计算环境、网络、边界及管理中心的协同构建，实现了从信息处理到网络通信的全面防护。管理体系则聚焦于策略制度、组织结构、人员培养及全周期安全管理，确保了安全措施的有效实施与监督。服务体系则通过风险评估、应急演练等多元化服务，巩固了防御体系，使信息安全风险始终可控。

在具体实施上，智算中心应当采用了先进的安全设备与技术，如流量检测与清洗、新一代防火墙、DDoS 防护及 Web 应用防火墙等，实现了对内外部网络流量的精细管控与主动防御。通过策略路由、虚拟化防火墙、深度包检测（Deep Packet Inspection，DPI）等技术，对各种攻击行为进行实时监测与精准阻断，有效维护了网络环境的纯净与安全。这一系列综合举措，不仅展现了智算中心在信息安全领域的深度布局，也彰显了其对维护数据安全、促进业务可持续发展的坚定承诺。

智算中心建设实践篇

一、布局思路

随着信息技术的迅猛发展，智算中心作为新型基础设施的重要组成部分，已成为推动经济社会发展的关键引擎。智算中心不仅能够为各类企业提供高效的计算和数据处理服务，还能促进新兴产业的发展，推动数字经济的进步。本章节将详细阐述智算中心布局的策略和步骤，旨在为政府部门或智算中心投资机构提供科学合理的决策依据。

政府引导，需求牵引：从政府角度深入调研当地产业现状，结合未来产业布局规划，明确算力需求；通过政策引导，吸引龙头企业参与智算中心建设，形成产业集聚效应。

开放多元，培育生态：智算中心建设应秉持开放多元的原则，推动不同技术路线的融合发展；加强关键软硬件产品的研发支持和大规模应用推广，培育完整的智算产业生态。

普适普惠，创新发展：智算中心应提供普惠性的智能算力服务，推动各行业数字化转型和智能化升级；鼓励创新应用，拓展智算中心的应用场景和服务范围。

集约高效，节能降碳：智算中心建设应坚持集约化、规模化方向，优化资源配置，提高能效比；积极应用节能新技术，降低碳排放，推动绿色、低碳发展。

二、建设步骤

在启动智算中心的战略布局之前，首先需进行一次全方位、深入的市场需求调研。这包括深入了解当地产业的当前状况及未来发展趋势，把握算力需求的现状与未来走向，剖析主要行业及其客户的具体需求特征，评估市场的总体容量及潜在增长空间。调研成果需综合分析，确保智算中心的定位及服务能与市场需求高度契合，从而为市场提供有效的解决方案。

基于此，明确智算中心的市场定位至关重要，它应当围绕市场需求细化，锁定目标客户群体，精确服务范围，明晰业务模式，确保智算中心能够有的放矢地对接市场需求。在合作伙伴的选择上，优先考虑具有算力消耗需求或强大运营能力的企业，共同参与智算中心的建设与运营。

投资模式的规划需审慎考量，涵盖建设模式与投资主体的多样性。政府专项基金、企业自有资金及风险投资是常见的几种模式，每种模式都有其优势与适用场景。制定具体资金筹措计划时，应考虑政府补助申请、银行融资、债券发行等多种途径，以确保资金来源的稳定与多样性。同时，通过与市场上的算力消耗企业紧密交流，掌握服务的真实价值，结合成本效益分析，比如选址成本较低的区域和高效能的数据中心，来优化投资回报率。

商业模式的设计需创新且务实，涵盖收入来源的多元化，成本结构的精细化管理以及盈利模式的灵活设置。比如，提供按需付费、订阅服务及增值服务等多种收费模式，平衡硬件、软件、集成、运营等各项成本，特别是注重运营成本中的折旧、维护、销售、税费等细节，并探索提供超越传统算力租赁的增值服务，如高级智算软件解决方案，以差异化的服务满足不同层次的客户需求，推动利润最大化。

技术规划与选型环节要基于市场需求和业务导向。进行详尽的技术调研，选定既能满足高性能计算需求，又具备高可靠性和高度可扩展性的技术方案。无论是采用国际领先的英伟达 GPU 技术，还是探索国产智算芯片的可行性，抑或是考虑 InfiniBand、RoCE 等高速网络技术，都需兼顾技术先进性与实际应用场景的适配性，同时考虑供应链安全与国产替代战略，确保技术路线的长远可持续性。

在运营策略方面，需构建一套高效、规范的服务流程，从客户接入到服务交付乃至售后支持，每一环都要精益求精，以提升客户满意度。根据市场定位和客户需求，灵活制定定价策略，探索按量计费、套餐服务等多样化模式。同时，构建多渠道销售网络，强化营销推广，提升品牌知名度和市场影响力，不断优化运营效率，降低成本，持续提升客户体验。

团队建设与管理是智算中心成功运营的基石，需要构建包含技术、销售、运营等多领域专业人才的团队，并建立健全的人力资源管理体系，涵盖招聘、培训、绩效考核与激励机制，确保团队的凝聚力与持续创新能力。

合作与生态建设方面，应积极构建一个开放合作的生态系统，与产业链上下游伙伴、科研机构及教育单位建立紧密联系，共享资源，协同创新，通过开放平台和标准化接口，促进生态内各参与者的共赢发展。

风险管理与合规性管理同样不可忽视，要全面识别并有效管控技术风险、市场风险及运营风险，制定应急响应机制。同时，严格遵守相关法律法规，强化数据安全与隐私保护，确保智算中心的合法合规运营。项目实施与监控阶段，需制定详尽的实施计划，明确时间表、关键节点与责任分工，实施过程中要保持高度的灵活性，对项目进度与成效进行持续监控，根据实际情况适时调整策略，确保项目目标的顺利达成。

最后，持续优化与迭代是智算中心保持竞争力的关键。根据市场反馈和运营数据分析，不断调整服务与运营策略，引入最新的技术与产品，确保智算中心的服务质量、技术水平始终处于行业前沿，以满足日益变化的市场需求，驱动智算中心的长期稳定发展。这一系列策略与措施的实施，均需以市场需求为导向，技术创新为动力，客户体验为核心，风险管理为保障，共同构筑智算中心布局的坚实基础。

（一）算力基建化

算力基建化是目前智算中心布局的核心思路之一，也是政府、投资机构、建设单位、运营单位的共识，各参与方对算力基建化的看法是积极和支持的。算力基建化也是推动数字经济发展、加快产业转型升级的重要驱动力，对于提升国家整体竞争力具有重要意义。

算力基建化是构建现代化经济体系的重要支撑。随着数字化、智能化时代的到来，算力已成为推动经济社会发展的重要力量。算力基建化能够为社会各个领域提供强大的算力支持，推动传统产业向数字化、智能化转型，促进新兴产业的快速发展，进而推动经济结构的优化升级。

各方也认识到算力基建化对于保障国家安全和促进社会发展具有积极作用。算力资源的广泛应用，能够提高国家治理体系和治理能力现代化水平，保障国家安全和社会稳定。此外，算力基建化还能够促进教育、医疗、文化等社会事业的数字化发展，提高公共服务水平，满足人民日益增长的美好生活需要。

为了推动算力基建化的发展，需要加强顶层设计和政策引导，制定算力基建化发展规划和政策措施，明确发展目标和任务；加大投入和支持力度，通过财政补贴、税收优惠等方式鼓励企业加大投入，推动算力基建化建设；此外，还应加强国际合作和交流，引进国际先进技术和经验，推动算力基建化技术的创新和发展。

算力基建化是指智算中心要具备对外提供高性价比、普惠、安全的算力资源的能力，使 AI 算力像水、电一样成为城市的公共基础资源，供政府、企业、公众自主取用。这种建设方式的核心在于将算力作为一种基础设施进行建设和普及，以满足社会各个领域对算力的广泛需求。

算力基建化的实现需要依赖于一系列的技术和策略，包括构建高性能的计算基础设施、设计合理的算力调度和分配机制、优化算力的使用效率等。通过这些措施，可以实现算力的高效利用和普及，从而推动社会各个领域的数字化转型和智能化升级。

算力基建化的好处在于，它可以将算力资源转化为一种公共基础资源，让更多的人和组织能够方便地获取和使用算力资源，从而推动社会经济的发展和进步。同时，算力基建化也可以促进算力技术的创新和发展，推动新的应用场景和商业模式的出现。

总之，算力基建化是一种重要的趋势和方向，它将会对社会各个领域产生深远的影响。未来，随着技术的不断进步和应用场景的不断拓展，算力基建化将会得到更加广泛的应用和推广。

（二）算法基建化

算法基建化是产业 AI 化的基础，智算中心通过提供预置行业算法、构建预训练大模型、推进算法模型持续升级、提供专业化数据和算法服务，让更多的用户享受普适普惠的智能计算服务。这种建设方式的核心在于将算法作为一种基础设施进行建设和普及，以满足社会各个领域对智能计算的需求。

随着人工智能技术的快速发展，算法已经成为数字经济的核心要素之一。算法基建化能够提供高效、智能的算法服务，促进数据的深度挖掘和价值创造，推动数字经济持续健康发展。通过算法基建化，可以为企业提供更加智能、高效的解决方案，帮助企业优化生产流程、提高产品质量、降低运营成本，从而推动传统产业向数字化、智能化转型。同时，算法基建化还可以促进新兴产业的发展，培育新的经济增长点。

此外，通过算法基建化，可以提升公共服务的智能化水平，提供更加便捷、高效、精准的服务体验。例如，在交通管理、医疗卫生、教育等领域，算法基建化可以帮助政府部门更好地处理和分析数据，提高决策的科学性和准确性，从而提升公共服务的质量和效率。算法基建化的实现需要依赖多个方面的支持。首先，通过智算中心强大的计算能力来支撑算法的运算和推理，确保算法的高效性和准确性。其次，利用智算中心大量的数据和样本来训练和优化算法模型，提升模型的性能和泛化能力。最后，配备专业的算法团队和技术支持，不断研究和开发新的算法模型，以适应不断变化的市场需求和技术环境。

（三）服务智件化

服务智件化是指智算中心的发展由传统的硬件、软件向"智件"升级的一种趋势。这里的"智件"是指智算中心提供的人工智能推广应用的产品和服务。

服务智件化的实现，主要是通过构建可视化操作界面以及低代码开发甚至无代码开发的模式，为用户提供功能丰富、使用便捷的人工智能算力调度、算法供给和个性化开发服务。这大大降低了技术门槛，能轻松地进行智能应用的开发和部署，服务智件化提高了服务的可用性和易用性。

服务智件化还能够提供丰富、个性化的服务。通过智能调度和算法供给，服务智件化能够根据客户的需求和偏好，提供定制化的解决方案。这种个性化的服务能够满足客户的不同需求，提升客户满意度。

此外，服务智件化还能够提高服务效率和质量。通过自动化的流程管理和智能化的数据分析，服务智件化能够更快速地响应客户的需求，减少人为错误和延误，从而提高服务效率。同时，智能化的数据分析还能够帮助企业更好地了解客户的需求和行为，为企业提供更精准的决策支持。

（四）设施绿色化

智算中心的绿色化转型是顺应时代潮流的关键举措，旨在减轻其运行对环境的负担，提升能源利用率，减少碳足迹，并促进长期可持续发展。这一转型过程涉及多方面的策略与技术革新：

首要之举在于显著提升能源效率，借助前沿的节能技术，如重力多联热管和冷板式液冷系统，大幅度削减能源消耗。同时，部署 DPS 分布式电源系统，减少电力传输损失，确保每一份能源都能被高效利用。

其次，智算中心硬件设计的革新也不容忽视。选择集高性能与低功耗于一体的处理器、内存和存储设备，这些组件从设计之初就融入了环保理念。此外，集成液冷和风冷散热技术，确保硬件在高强度作业下仍能维持低能耗和冷却效率，减少不必要的能源浪费。

绿色能源的集成使用是另一重要维度，通过太阳能光伏、风能等可再生能源的引入，减少对化石燃料的依赖。同时，智算中心的建筑设计融入绿色元素，如节能材料和雨水收集系统，进一步降低了整体能源需求。

智能管控系统的应用是绿色化进程中的核心技术支撑，它不仅能够依据实时负载动态调节制冷输出，优化空调系统效能，减少能耗，还能通过远程监控和智能管理提升设备的运行效率和安全系数，实现管理层面的绿色升级。

建立全面的碳排放和能耗监测机制，公开透明地报告智算中心的环境影响指标，接受公众监督，并以此为基础设定减排目标，依托技术创新与管理优化路径，稳步向目标迈进。

最后，强化绿色运维管理是确保智算中心绿色化持续性的重要一环。通过建立健全的绿色运维规范体系，指导日常操作与维护工作，同时加大对设备维护保养的力度，延长资产寿命，减少资源的无效损耗。

综上，智算中心的绿色化是一个系统工程，涵盖了能源效率的提升、绿色能源集成、智能化管理、绿色建筑实践及运维管理的全面绿色化。这一系列努力不仅减轻了对自然环境的压力，更实现了能源使用的高效转型，为促进全球的可持续发展贡献了科技力量。

三、建设模式：建设投资的资金来源

在智算中心作为推动人工智能产业生态和数字经济发展基石的大背景下，地方政府、产业园区和企业纷纷视其为增强竞争力和驱动经济增长的重要工具。智算中心的建设模式主要包括三种：独立投资建设模式、第三方出资模式和基于特殊项目公司（Special Purpose Vehicle，SPV）的建设运营模式。

独立投资建设模式：该模式细分为政府、企业以及高校或科研机构的独立投资建设。每一种独立投资方式都体现了对人工智能和数字经济战略地位的重视。通过独立投资，各方可以自主规划、实施和管理项目，确保项目进展符合各自的战略目标。

第三方出资模式：这一模式下，国有控股企业成为主要的出资方。这种合作方式不仅确保了政府对项目的全面把控和需求的精准对接，而且充分利用了国有控股企业在科技、人力资本、平台资源和市场等方面的优势。通过引入第三方资本，可以加速智算中心的建设进程，同时降低政府和企业的财务压力。

SPV 模式：政府与企业共同出资成立智算中心建设运营项目公司，这是一种创新的合作模式。政府可以直接投资或通过国有控股公司、下属事业单位等参与项目建设。该模式的优势在于，它有效整合了政府和企业的资源，降低了政府的项目建设成本，实现了建设资金的多元化筹集。同时，专业化的建设团队和灵活多样的项目管理方式确保了项目在设计、建设和运营中的高效率。

智算中心的建设模式

1	独立投资	政府独立投资建设
		企业独立投资建设
		高校或科研机构独立投资建设
2	第三方出资	以国有控股企业为主
		由地方政府成立新的国有控股公司，专门负责智算中心的建设投资
		由地方政府委托或者授权已有的国有控股公司负责出资
3	SPV 模式	政府与企业共同出资成立智算中心建设运营项目公司，双方在合作框架协议下按比例出资建设智算中心

在智算中心的建设流程中，目前普遍存在一个显著的挑战：投资、建设和运营往往由不同的主体承担，政府主导投资，行业领军企业主导建设，而运营则交由专门的机构负责。然而，这种分工模式常常导致"建设运营割裂"的现象，具体表现为建设单位过于注重设备选型与采购等基建环节，而忽视建设完成后的运营模式和服务标准，进而造成投资成本的不必要浪费和用户体验的下降。

为应对这一挑战，我们提出以下建议：各地在智算中心的实际建设中，应积极融合政府机构与社会力量，构建政企合作建设运营的全新框架。这一框架旨在高效整合政府与企业资源，确保在政府的统一规划与指导下，项目的投资、建设、运营和维护等各个环节能够无缝衔接。通过提供"投—建—运"一体化服务，我们能够更加注重市场创新活力的激发，提高建设运营效率，从而确保智算中心作为创新载体的公益属性得到充分发挥。

四、运营模式：智算中心的持续收益

智算中心的收益模式展现了一幅多元并进的图景，旨在通过多渠道创造经济价值，支撑其长期运营与持续发展。首要的收益源泉来自云服务与硬件租赁，随着智能计算技术的普及趋势，智算中心凭借高性能的计算解决方案，根据使用量灵活计费，同时将硬件设备与存储资源对外租赁，为企业提供便捷的 IT 支持，拓宽了盈利渠道。

技术服务与软件销售同样是核心收入部分，智算中心凭借其卓越的数据处理能力，为企业提供高效稳定的大数据处理、AI 训练等服务，并通过出售自主研发的软件产品，进一步挖掘商业潜力。数据价值的挖掘成为大数据时代下的新增长点，智算中心运用其强大的计算能力对海量数据进行深度分析，为企业决策提供精准导向，转化为实际收益。

技术授权与转让机制让智算中心的先进技术与算法成为可交易的资产，为有需求的企业提供了宝贵的资源，创造了额外收益。同时，提供专业咨询服务与定制化培训项目，不仅提升了客户黏性，也为收入结构增添了新的维度。

此外，智算中心通过积极响应政府政策，参与计算力基础设施建设，争取政府补助与算力使用补贴，也是其收益来源的一个重要补充。

在运营层面，智算中心的策略围绕着市场调研与精准定位，以科学的市场分析为依托，明确自身定位，制定高效的营销策略。团队建设强调专业性和创新能力，通过跨领域的专家组合，提升服务质量，并不断吸引与培育顶尖人才。

技术创新被视为发展的命脉，持续引入前沿的数据分析工具与算法，加大研发投入，以拥有自主知识产权的技术产品强化市场竞争力。合作模式的拓展不仅限于国内，也着眼于国际合作，旨在通过跨国界项目合作，提升国际影响力。

运营管理上，智算中心致力于构建全面的运营体系，确保设施的高效稳定运行，并将数据安全置于首位，保障客户信息的私密性。市场推广与品牌塑造则侧重于打造独特的品牌形象，通过精准的营销策略与计划，提升品牌知名度与口碑，实现市场地位的巩固与提升。

综上所述，智算中心通过整合资源、创新服务模式、深化技术优势和强化合作网络，构建了一个立体化的收益体系和精细化的运营框架，为实现可持续发展奠定了坚实基础。

智算经济案例篇

一、算力建设篇

（一）面向 AI 产业化的智算中心——马鞍山创软智算中心

1. 项目建设背景

马鞍山市现辖 3 县 3 区，拥有 3 个国家级和 6 个省级开发园区，面积 4044 平方千米，常住人口 218.6 万人。2022 年地区生产总值 2521 亿元，居全省第 3 位、长三角第 5 位。特别是 2020 年 8 月 19 日，习近平总书记亲临考察，赋予马鞍山打造安徽的"杭嘉湖"、长三角的"白菜心"新发展定位，在马鞍山发展史上具有极其重大的里程碑意义。

马鞍山作为长三角一体化发展中心区城市、安徽融入沪苏浙的"东大门"，锚定打造安徽的"杭嘉湖"、长三角的"白菜心"发展定位，《马鞍山国民经济和社会发展第十四个五年规划和 2035 年远景目标纲要》提出新一轮科技产业变革加速产业转型升级。新一轮科技革命和产业变革加速演变，全球产业链、供应链、价值链加速重构，新一轮产业布局加速调整，量子科技、人工智能、大数据、5G、区块链、低空飞行等技术的快速发展和商业化应用，将重塑经济结构和生产生活方式。

2. 建设运营思路

安徽省马鞍山市花山区建设了"花山区垂直行业 AI 大模型训练算力中心"，该智算中心由北京九章云极科技有限公司与花山区政府、江东产投集团联合投资，高效快速处理大数据和复杂的计算任务，采用高度可定制和灵活的架构设计，以适应多样化的应用场景需求。这种架构能够为智慧金融、智能制造、智能交通、智能能源、智慧医疗健康、数字贸易以及工业互联网等多个领域提供强有力的支持，促进这些行业的大型模型构建和应用发展。通过这种架构，可以确保不同行业在实现智能化转型的过程中，能够获得所需的技术支撑和定制化服务。

该项目规划算力 1500P，首期建设 640P，采用目前国际先进的高性能智算服务器。项目于2023年第四季度开工，建成后由马鞍山创意软件园和北京九章云极进行联合运营。"花山区垂直行业AI大模型训练算力中心"项目的算力服务业务，部署人工智能开发框架，优化城市算力供给，打造数字经济标杆城市基础底座，参与构建全国一体化算力网，以算力高质量发展支撑经济高质量发展。同时结合北京九章云极在智算云平台、人工智能服务平台、大模型及其应用方面的雄厚技术实力，共同为马鞍山市及周边区域核心政府、企业客户等提供产品及技术服务，加速落地大模型应用，助力产业转型及规模化发展。

3. 产业拉动效应

马鞍山作为老工业基地，制造业基础扎实，配套能力强，产业门类齐全，具备一定科技创新能力，战略性新兴产业的发展势头强劲，展现出以创新为驱动力的引领特性。这些产业正致力于实施技术革新计划，推动产业链向现代化转型，并努力向价值链的高端攀升。通过这一过程，它们正在形成更具竞争力和韧性的产业集群，从而更有效地参与到区域产业的协同分工中。这一新的发展阶段为产业的持续进步奠定了坚实的基础。市委九届七次全会确定了推进马鞍山新时代高质量发展的目标思路和任务举措，作出建设"生态福地、智造名城"的决策部署，经过近年来的实践，证明全市推进高质量发展的方向、路径与习近平总书记考察马鞍山的重要指示高度契合。在全市人民的不懈努力下，宝武马钢"1+8"产业基地、吉利新能源商用车整车基地、中铁（马鞍山）智能制造产业基地等一批重大项目签约落地，这些新变化、新特点、新成效，为"十四五"高质量发展奠定了良好基础。智算中心加快人工智能产业发展；将加速产业协同发展，对接长三角产业整体布局；将进一步健全科技企业"微成长、小升高、高壮大"的梯次培育模式，加速实施科技"小巨人"培育计划。

马鞍山拥有众多制造业企业，这些企业在智能制造领域对人工智能计算中心的计算资源有着迫切的需求。人工智能计算中心将发挥其在人工智能基础研究中的关键作用，为这些企业提供强有力的算力支持。这将有助于企业在核心技术的研发上取得突破，巩固其在创新过程中的主导地位，并使企业能够承担并实施重大科技项目，从而提高其技术创新的能力。

此外，人工智能计算中心还将推动关键核心技术的研发工作，加速科技成果的转化和产业化进程，为产业的转型升级提供动力。通过这些措施，可以有效地促进马鞍山制造业的智能化和现代化，提高整体产业的竞争力。

（二）面向智慧产业场景的智算中心——潍坊智算中心

1. 项目建设背景

潍坊市是渤海湾经济圈与黄河三角洲高效生态经济区的重要交汇点。地理位置优越，土地辽阔，达 15859 平方千米，常住人口接近 900 万。2023 年，潍坊市地区生产总值突破 6000 亿元。

近年来，潍坊市积极响应国家战略，致力于产业的转型升级，智慧城市的构建，以及科技创新能力的全面提升，以迎接新一轮科技革命和产业变革的挑战。潍坊市政府在《潍坊市国民经济和社会发展第十四个五年规划和二〇三五年远景目标纲要》中明确提出，要依托智算中心等重大科技基础设施，推动量子科技、人工智能、大数据、5G 等前沿技术的创新与应用，构建现代化产业体系。

2. 建设运营思路

潍坊智算中心项目是由潍坊市政府、浪潮信息与山东省产业基金联合投资的重点项目，旨在建设一个面向各行各业的大规模智能计算服务平台。项目规划总算力为 2000P，首期建设 800P，引进国际先进的高性能计算设备和绿色节能技术，确保提供高效、稳定、低碳的计算资源。项目已于 2024 年第二季度开工，预计 2025 年上半年完成一期建设并投入运营。

潍坊智算中心的设计采用了模块化理念，这种设计方式使中心能够根据智慧金融、智能制造、智慧城市、智慧农业、智慧医疗等不同领域的具体需求，灵活配置计算、存储和网络资源。这种灵活性和可扩展性，将极大地提升中心的服务能力和市场适应性，为各行业提供定制化的智能计算解决方案。

项目建成后，浪潮信息将承担起运营和管理的重要职责。凭借其在智能计算服务领域的专业能力和丰富经验，浪潮信息将为中心提供人工智能模型训练、大数据分析、智能算法优化等多种服务。这些服务不仅将优化潍坊市的算力供给，还将推动潍坊市数字经济的发展，加速构建起一个以智算为核心的现代产业体系。

3. 产业拉动效应

潍坊市的制造业基础扎实，产业门类齐全，科技创新能力较强。智算中心的建设将为潍坊市制造业向智能化、数字化转型提供强有力的支撑，促进产业链现代化水平的提升。通过强大的计算能力和数据分析支持，潍坊智算中心将助力本地企业在核心技术研发上实现突破，提升创新能力，推动产业升级。

潍坊智算中心的建设还将吸引更多的科技企业和人才集聚，通过与高校、科研机构的合作，为人才培养和科研创新提供平台，推动科研成果转化和产业化，使潍坊市成为区域科技创新的高地。此外，智算中心将通过优化城市管理和公共服务，提升城市治理能力和居民生活质量，实现智能交通、智能安防、智能环保等多领域的创新应用，推动潍坊市向智慧城市的转型。

潍坊智算中心项目预计将为潍坊市及周边地区的经济社会发展注入强大动力，助力潍坊市实现高质量发展目标，成为山东省乃至全国的数字经济标杆城市。

（三）面向科学智能应用的智算中心——广东天枢智算中心

1. 项目建设背景

广东省常住人口 12706 万人，全省生产总值达到 135673.16 亿元、增长 4.8%，是全国首个突破 13 万亿元的省份，总量连续 35 年居全国首位。广东省以制造业为经济支柱，致力于推动实体经济的高质量发展。该省正加速产业的转型升级，致力于实现产业基础的高端化和产业链的现代化。广东省以 20 个战略性产业集群为发展重点，这包括 10 个战略性支柱产业和 10 个战略性新兴产业，同时，还特别关注 5 个未来产业集群的发展。通过这些举措，广东省旨在构建一个以科技创新为核心驱动力的现代化产业体系，以促进经济的持续健康发展。

《广东省制造业高质量发展"十四五"规划》要求，加快新一代电子信息、绿色石化、智能家电、汽车、软件与信息服务、超高清视频显示、生物医药与健康等战略性支柱产业发展，高水平打造世界级先进制造业集群。加快培育半导体与集成电路、高端装备制造、智能机器人、区块链与量子信息、前沿新材料、新能源、激光与增材制造、数字创意、安全应急与环保、精密仪器设备等十大战略性新兴产业集群，推动部分重点领域在全球范围内实现并跑领跑发展。《广东省关于人工智能赋能千行百业的若干措施》提出，为贯彻落实党中央、国务院关于推动人工智能发展的决策部署，促进我省人工智能产业高质量发展，加速形成新质生产力，构建现代化产业体系，赋能千行百业提质增效，创造智能时代的经济新模式、生活新体验、治理新方式。

到 2025 年，全省算力规模超过 40 EP，人工智能核心产业规模超过 3000 亿元。到 2027 年，全省人工智能产业底座进一步夯实，算力规模超过 60 EP，全国领先的算法体系和算力网络体系基本形成；智能终端产品供给丰富，在手机、计算机、家居、机器人等 8 大门类，打造 100 款以上大规模使用的智能终端产品，人工智能核心产业规模超过 4400 亿元；聚焦制造、教育、养老等领域，打造 500 个以上应用场景，各行各业劳动生产率显著提升。

2. 建设运营思路

当前，人工智能技术的发展速度极快，科研人员需要大量的计算资源来进行复杂的模型训练和数据分析。天枢智算中心提供的强大算力将使得研究人员能够更快地进行实验和验证，从而加速科研进程。特别是在深度学习、自然语言处理、计算机视觉等领域，训练一个复杂的模型可能需要数天甚至数周的时间，天枢智算中心的加持，这一过程可以大大缩短。此外，天枢智算中心还将提供灵活的计算资源配置，使科研人员可以根据具体需求进行资源调度，避免资源浪费，提高研究效率。

科学智能（Al for Science）新范式在助力科研发展的同时，也带来了更多的科研智算资源需求。为提供更强大、更灵活、更低成本、更绿色的智能计算服务，规划在广东省建设 1000 P 天枢智算中心，首期建设 248 P，由某上市公司、产业基金、北京九章云极科技有限公司联合投资，采用目前国际先进的高性能智算服务器，是国内高校最先进的科研智算平台，也是国内高校 Al 与大数据融合、智能计算与通用计算融合的异构智能计算集群，支持异构算力的统一管理和计算任务的统一调度，满足不同应用场景科学智能的研究和应用要求。

项目于 2024 年第二季度开工，建成后由北京九章云极进行运营。"天枢智算中心"作为一个共享的科研平台，为不同院校、科研机构、企业用户提供统一的计算资源和服务，打破传统科研中的资源壁垒，促进跨学科、跨机构的合作研究。通过共享数据和计算资源，研究人员可以更方便地进行协同研究，推动科研成果的快速转化和应用。天枢同时为学生和研究人员提供丰富的学习和实践资源，帮助他们掌握前沿的人工智能技术和方法。通过参与实际的科研项目，学生和研究人员可以积累宝贵的经验，提高自身的科研能力和创新能力，培养更多具备实践能力和创新精神的人工智能人才。

3. 产业拉动效应

大湾区作为中国经济最活跃的地区之一，拥有丰富的产业资源和创新能力。随着数字经济的快速发展，企业面临着数字化转型的迫切需求。天枢进一步加强了大湾区的企业的计算资源，推动了企业在人工智能领域的创新和应用。例如，在制造业领域，企业可以利用天枢智算中心的算力进行智能制造和工业互联网的研究和应用，提高生产效率和产品质量；在金融领域，企业可以通过天枢智算中心进行人数据分析和智能风控，提升金融服务的智能化水平；在零售领域，企业可以利用天枢智算中心进行大数据分析和智能推荐，提高客户体验和销售效率；在物流领域，企业可以通过天枢智算中心进行智能调度和路径优化，提高物流效率和服务质量。天枢智算中心的建设将为大湾区企业的数智化转型提供有力的支持，提升企业的竞争力和创新能力。

人工智能技术的发展需要大量具备专业知识和技能的人才，天枢智算中心的科研平台，为高端人才提供良好的科研环境和发展机会，吸引更多的优秀人才来到大湾区工作和生活。通过与高等院校和科研机构的合作，天枢智算中心为人才提供丰富的学习和实践资源，帮助他们不断提升自身的专业能力和创新能力。

随着天枢智算中心的不断发展和完善，它将成为推动人工智能技术进步和应用的重要引擎，为高等院校、科研机构和企业的发展提供更加广阔的空间和机遇。

（四）全国产化的智能计算中心—华为贵安智算中心

1. 项目建设背景

贵州省贵安新区位于中国西南部，作为国家大数据综合试验区的核心区域，凭借其丰富的可再生能源和适宜气候，成为大规模数据中心建设的理想之地。自 2017 年起，华为在此启动了云数据中心项目，致力于构建高效、低碳、智能的计算中心，支撑华为云在中国西南地区的业务拓展。华为贵安的云数据中心是目前华为全球最大的云数据中心，涵盖华为云业务、华为企业业务和消费者云服务，中心一期工程占地约 48 万平方米，包括 51 栋建筑，其中 9 栋用于数据中心设施，其余为辅助设施。

2024 年 3 月 30 日，华为云与贵州贵安新区再次签署合作协议，将在贵安新区建设华为云智算中心。贵州省委经济工作会议提出，要围绕智算、行业大模型培育、数据训练等重点领域，加快发展新质生产力，全力打造全球领先的智算中心样板。贵州省委高度重视人工智能的发展，并将其作为贵州和贵阳贵安新区在实施数字经济战略上抢抓新机遇的关键支撑。省委经济工作会议明确提出了以人工智能为重点，加快培育新质生产力的战略目标。这一战略的实施，旨在将人工智能作为贵州省未来产业发展的核心，以抢抓人工智能的"风口"，聚焦算力、赋能和产业这"三个关键"领域，抢占智算、行业大模型培育和数据训练的"三个制高点"，全力打造面向全国的算力保障基地。

在这样的背景下，贵安新区与华为云深化战略合作，全力推进华为云智算基地的落地建设。根据双方签署的协议，贵安新区将全力支持华为云在贵安新区建设华为云智算基地，打造全球领先的智算中心。华为云将充分利用其品牌、技术和生态资源优势，围绕昇腾云产业生态的建设，打造昇腾人工智能人才和科研高地，共建产业孵化基地，共建智算服务、数据流通、模型训练、联合创新以及产业孵化等中心，构筑"五位一体"的国家人工智能（贵州）训练基地。

2. 建设运营思路

贵安智算中心项目以其宏伟的蓝图和深远的战略眼光，计划总投资额达到 30 亿元人民币，旨在构建一个算力强大的智能计算平台，预计建设算力可达 2000 P 以上，这一规模在国内外均属于领先地位。项目分三期建设，每一期的完成都是对算力和服务能力的一次飞跃，其中一期建成后，将立即提供不低于 370 P 的全功能智算服务能力，为各类企业和研究机构提供强大的数据处理和分析能力，满足他们在人工智能、大数据分析、云计算等方面的需求。

华为云对智算中心的技术升级和生态构建充满信心，承诺在未来三年内持续增加 NPU 卡部署，这将大幅提升计算效率和智能化水平，确保智算中心在高性能计算领域的持续领先。通过与 200 余家行业生态企业的战略合作，华为云智算中心将推动国产 GPU 软件生态在贵安新区落地生根，这不仅有助于减少对外部技术的依赖，还将促进本土技术的发展和创新，延长数据中心产业链，形成完整的产业生态链，吸引更多的上下游企业参与到贵安新区的产业发展中来。

除此之外，华为贵安智算中心的建设理念融合了绿色环保与智能化运营。中心采用国际先进的高性能计算设备，结合绿色节能技术，实现了行业领先的 PUE 值 1.12。这一效率意味着在满负荷运行时，中心每年能节约 11 亿度电，减少 81 万吨碳排放，相当于植树 3567 万棵。最后，中心的建设也体现了华为对人才培养的重视，预计将成为全球 IT 工程师的重要基地和培训场所，每年将有 600—800 名工程师在此提供专业服务，同时为约 1 万名 IT 人才提供实践培训和实习机会。

3. 产业拉动效应

华为贵安智算中心的建成，标志着贵州省在数字化转型和提升政府治理能力方面迈出了坚实的步伐。这一项目不仅为本地企业提供了强大的数字化支持，而且通过"统一云、网、平台"的建设，华为云已经助力贵州省 800 多家企业实现了数字化转型，同时建立了省、市、县三级的在线政府服务系统，极大提升了政府服务的效率和透明度。

随着智算中心的建设，预计将吸引更多高科技企业和人才汇聚于此，形成科技创新的高地。这种集聚效应将进一步推动贵州省在科技创新方面的发展，提升其在全国乃至全球的竞争力。智算中心与高校和科研机构的紧密合作，将为科研创新和人才培养提供坚实的平台，促进科研成果的快速转化和产业化，为区域经济的高质量发展注入新的活力。

华为贵安智算中心的建设，将为贵安新区打造成为全国人工智能样板标杆和全国智慧城市样板标杆提供有力支撑，加快打造千亿级人工智能产业集群。这一举措将有助于贵安新区成为全国规模最大的国产算力基地，构建起一个人工智能产业生态，形成大中小融通、上下游衔接的发展格局，推动人工智能发展，培育形成新质生产力，为贵州省的经济发展提供新的动力。

华为贵安智算中心项目的建成，将为贵安新区乃至贵州省的经济社会注入强大动力，成为推动数字经济发展的新引擎。通过提供强大的计算能力和创新服务，贵安智算中心将助力智能化转型和产业升级，吸引更多的高科技企业和人才，为贵州省的经济发展带来新的增长点，推动产业结构的优化升级，实现经济的可持续发展，为实现"一年一个样、三年大变样"的目标提供坚实的基础和动力。

（五）面向产业 AI 化的智算中心—某旅游城市文旅大模型智算中心

1. 项目建设背景

某市旅游资源丰富，具有极高的积聚性和品牌优势。这些资源为构建文旅垂直大模型提供了丰富素材和数据基础。通过垂直大模型的训练和优化，某市可以更加精准地把握游客需求，提供个性化的旅游产品和服务，从而进一步提升游客满意度和忠诚度。

人工智能时代，文旅产业数智化出现了新的特点和发展趋势。文旅行业垂直大模型将迎来开发应用新高潮，携程已于 2023 年 7 月推出旅游业第一个垂直大模型——"携程问道"。AI 技术的引入为旅游业带来更多的商机和发展空间，积极拥抱大模型的趋势将在 2024 年持续，会有更多企业入局。

产业链端数智化升级继续深入旅游出行的方方面面，随着旅游行业消费回归增长，产业链端数智化升级仍将持续，可以通过不断的数智化升级改造降本增效，并在正反馈的激励下继续数智进阶。数智化生态圈之间的竞争强度将持续上升，"内卷"是常态，头部企业都在围绕自身建设生态圈，生态圈之间的竞争必定会越来越激烈。数智化新技术在文旅产品创新和场景创新中成为"新质生产力"，在内容、场景创新上，数字化、智能化等可以发挥的空间很大，聚合吃、住、行、游、购、娱消费全场景，提供最具科技特色和文化氛围的数智化体验。数智化赋能文旅产业转型升级正当时，文旅产业破旧立新式的数字化工作已大体完成，但新型智能化正在路上。

高水平的智算中心具备强大的数据处理和分析能力，能够对"城市文旅战略"实施过程中产生的海量数据进行有效整合和深入挖掘。这些数据包括游客行为数据、旅游资源数据、市场趋势数据等，通过对这些数据的分析，可以更准确地把握旅游市场的需求变化，为战略决策提供有力支持。

2. 建设运营思路

某市文旅大模型智算中心的建设目标是积极推动本市在高性能计算领域的发展，为各行各业提供卓越的计算资源和技术支持。当前的具体目标是构建 500P 的 GPU 算力服务，以满足现在以及未来智算计算需求的机遇。本项目主要合作方为行业领先单位，通过投资和技术建设与运营的方式形成分工合作。

3. 产业拉动效应

智算中心能够为"城市文旅战略"提供智能化的决策支持。通过运用大数据、人工智能等先进技术，智算中心可以对旅游市场的发展趋势进行预测，对旅游资源的优化配置提出建议，对旅游服务的提升路径进行规划。这些智能化的决策支持能够帮助决策者更加科学、精准地制定和实施战略，提升"城市文旅战略"旅游目的地的竞争力和吸引力。

智算中心还能够推动"城市文旅战略"中的旅游服务优化。通过构建智慧旅游服务平台，实现旅游信息的实时更新和共享，为游客提供更加便捷、个性化的旅游服务体验。同时，智算中心还可以对旅游服务过程中的问题进行监测和分析，及时发现并解决问题，提升服务质量和游客满意度。

构建高水平的智算中心有助于提升"城市文旅战略"的整体形象和品牌价值。通过智算中心的建设，可以展示"城市文旅战略"在科技创新、智慧旅游等方面的领先地位，吸引更多的游客和投资，推动旅游产业的持续健康发展。

（六）用资本杠杆加速智算中心建设的重要实践

1. 建设背景

在美国，新一轮的算力建设正如火如荼展开。在 AI 2.0 时代的大背景下，原先于 2020 年规划并设计的数据中心逐渐显露出其局限性，尤其在满足智能计算的新需求方面力有未逮。这些早期设计过分依赖于 CPU 的传统计算架构，而未能充分预见到异构计算的崛起及对智能算力的激增需求。时至今日，新一代智算中心正朝着融合 CPU、GPU、ASIC 和 FPGA 的多元化计算体系迈进，以期达到更高效能的全面计算能力。与此同时，智能计算过程中的高功率密度带来了不容小觑的散热难题，这对智算中心的设计构成了严峻考验，迫切需要创新的冷却解决方案来确保系统的稳定运行。鉴于此，数据中心的设计必须将高效散热作为核心考量之一。

洞察到这一趋势的转折点，Meta 公司于 2022 年果断采取了前瞻性的举措，宣布暂停或重新评估当时正在建设中的多个数据中心项目。该公司决定对 11 个处于初步开发阶段的项目进行重新设计，目标是将其改造成为适应智能计算特性的前沿基础设施。这一系列动作不仅体现了 Meta 对技术变革的敏锐捕捉，也标志着行业正朝着更高效率、更灵活性和更可持续的数据处理与计算能力的方向大步迈进，预示着智能计算新时代的到来。

整体上看，美国智算中心的供给增速远远落后于需求增速。 在人工智能蓬勃发展的当下，电力传输系统的现代化革新对智算中心建设极为关键，打造高效电网已成为当务之急。然而，电力传输电缆及其配套设施的铺设工程往往耗时颇巨，一般需要 1 至 4 年不等，具体时长受地区特性的影响而波动，这一漫长周期严重制约了电力传输系统更新换代的步伐。因此美国智算中心的建设正遭受电力输送滞后的困扰，对其未来的供给扩张构成了直接限制。

与此同时，智算中心对物理空间的需要达到了前所未有的高度，但可用土地资源却处于历史低位，这种供需矛盾预示着未来智算中心选址将更加艰难，租金也将随之水涨船高。以亚马逊网络服务（AWS）在北弗吉尼亚的项目为例，仅 3 英里长的电力电缆铺设，就因为需要获取当地社区的同意，历时三年才得以完成，这一实例鲜明地揭示了电力传输系统建设滞后对智算中心扩展计划的实际影响。

另一方面，数据中心上游供应链上的制造商面临着原材料短缺和产能瓶颈的双重挑战，导致生产速度难以匹配需求，订单交付周期延长至 12 至 14 个月，甚至更久。关键设备如柴油应急发电机（交货周期大约 90 周）、不间断电源系统（Uninterrupted Power Supply，UPS）以及 Switchgear 设备——包括断路器、隔离器和负荷开关柜——均陷入供应紧张的局面，这进一步加剧了数据中心建设的复杂性和不确定性。这些瓶颈不仅限制了数据中心的快速部署，还可能推高整个行业的运营成本，对行业的整体发展构成潜在风险。

由此带来的是智算中心的租金一路上涨，空置率持续走低。很多智算中心在建设初期就已经全部锁定了租赁订单。智算中心空置率连续三年下降了 6.5%，目前已经在 2.5% 的历史低位区间。在租金角度，自 2021 年起，随着人工智能（AI）需求的爆发式增长，租赁市场的需求急剧上升，租金价格也随之走高。到了 2022 年，平均租金涨幅达到了 19%。2023 年，该增长趋势进一步延续。

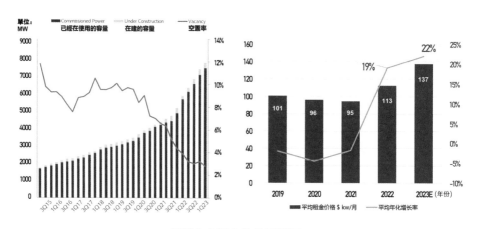

智算中心租金趋势预测图

2. 资本方案

由于智算中心的稀缺性和新基建实物资产的属性，美国资本市场颇为追捧。在美国，一系列精心设计的金融产品正全力推动智算中心的蓬勃发展。这一举措不仅让投资者得以分享人工智能领域迅猛增长带来的丰厚回报，同时也借助金融杠杆效应，吸引全球资本涌入，加速智算中心的建设步伐，有效缩小了算力需求与供给之间的缺口。2022 年，私募市场在并购交易中展现出了空前活力，全年交易总额飙升至 437 亿美元，较前一年增长 35%，彰显出市场的强劲动力。步入 2023 年，尽管上半年美国联邦利率有所上调，智算中心领域的借贷方和投资者热情不减，市场需求依旧旺盛。该年度的并购活动屡创历史新高，无论从交易规模还是企业价值倍数来看，均超越了其他资产类别。即使在利率波动和区域银行遭遇挑战的背景下，智算中心市场仍成功吸引了一众多元化的贷款机构加入，涵盖了人寿保险公司、商业银行、债务基金，以及 CMBS（商业抵押支持证券）和 SASB（单一资产单一借款人）机构，显示出其强大的韧性和吸引力。

2023 年上半年，Brookfield 资产管理公司成为市场焦点，连续实施了两项重磅收购案：先是豪掷 55 亿美元收购了 Compass Dataoenters，紧接着又以 38 亿美元将 Data4 收入囊中。这两项交易不仅凸显了智算中心领域投资并购的热度与规模，更反映了投资者对智算中心长期增值潜力的高度认可。在智算中心项目中，私募基金作为初期关键融资方，为建设提供了坚实的财务支撑。随着项目过渡到稳定运营阶段，租金收入则成为基金回馈投资者的主要途径，确保了持续的分红。到了投资周期的后期，基金的退出策略展现出了灵活性与多样性：一方面，智算中心可以被出售给类似黑石集团这样的大型专业投资者，实现资金的快速回笼；另一方面，直接向现租户转让资产也成为一个高效且顺畅的退出方案，保证了资金流通的通畅，同时印证了这一投资模式的稳健性和市场吸引力。整个流程不仅保障了投资者的利益，也促进了智算中心行业的健康、持续发展。

二、新质应用篇

（一）"AI+ 工业视觉"探索者：阿丘科技

2024 年的政府工作报告首次提出了"人工智能 +"行动，强调了人工智能作为推动新质生产力发展的关键引擎。国务院总理李强在调研中指出，利用先进的人工智能技术为各行各业注入新动力，是中国制造业转型升级的必由之路。中国制造业以其完备的体系、庞大的产业规模和丰富的应用场景，正处于向数字化、智能化快速发展的阶段。探索人工智能技术在实际场景中的应用，已成为制造业企业的共识。

在这样的大背景下，阿丘科技自 2017 年成立以来就深耕"人工智能 + 工业"领域，依托清华大学人工智能实验室的强大研发背景，开始将人工智能技术应用于工业质量检测。公司在 AI 核心算法、视觉大模型、生成式 AI 等领域积累了丰富的经验和实践案例，针对不同客户的特定需求，开发了包括工业 AI 视觉平台 AIDI、AI 云平台 AQ Cloud、视觉系统平台 AQ Vision 和 AI 智能相机在内的系列产品，提供从前端到终端的完整视觉系统解决方案。

7 年来，阿丘科技立足当下工业质检现状，将 AI 与工业深度结合。公司主导产品 AIDI 基于完全自研的深度学习算法引擎，核心技术包括 CNN、非监督学习、小样本学习技术、好品建模技术等，可分析 2D/3D 图像、CT 图像、X-ray 图像等多模态数据，适配多种复杂的工业检测场景，具有精度高、速度快、样本需求量小等优势。另外，公司凭借收集到的 PB 级别的工业缺陷大数据库，将基于 CNN 的网络结构改造为基于 ViT（Vision Transformer，图像分类模型）的网络结构，形成垂直行业视觉大模型，使新模型直接上线检出率提高到 90%，满足检测指标的同时，项目上线周期交付成本降低 70%。阿丘的技术积累之路也正顺应了这一波工业 AI 视觉的发展脉络。

工业 AI 视觉 2.0 时代的关键技术之一即智能良品学习，它包括非监督分割和非监督分类两种模块。这项技术可有效应对产线中出现的未知新缺陷，以及需要在极短的时间内完成模型部署和上线的问题。智能良品学习的核心优势在于，它只需利用良品图像，就能够对所有已知和未知的缺陷进行像素级别的检测和整图分类，从而实现快速的上线验证。目前，阿丘科技已将智能良品学习技术应用在数十个实际场景中，尤其适用于一些产线良品率高、样本收集周期长、可能面临未知缺陷，以及产线上异常类别检测等场景。智能良品学习技术展示了 AI 在工业视觉检测领域中的巨大潜力，尤其是在快速适应产线变化和提高生产效率等方面。

第二个关键技术是智能缺陷数据生成。在传统工业视觉检测时代，搜集缺陷样本数据需要花费数天甚至是数月时间，一旦产品换型，整个搜集过程又必须重新开始。此外，搜集那些不常出现的长尾缺陷（一年可能只出现一次），也为样本收集带来了巨大挑战。为了解决这些问题，阿丘科技通过多年来在工业 AI 视觉领域的探索和实践，利用积累的大量场景和经验，构建出预训练模型。基于预训练模型，结合具体场景的缺陷特征描述，通过 Stable Diffusion 框架，即可生成真实缺陷的仿真图像。这意味着，AI 可以创造出接近真实情况的目标缺陷图像，并能适应复杂结构缺陷、背景变化、缺陷边缘处理等多样场景，高度还原真实缺陷纹理、立体度和色彩细节等。智能缺陷生成技术为工业视觉检测系统提供了一个强大的工具，以便于在缺乏实际缺陷样本的情况下，也能训练和优化模型，显著提高了模型的泛化能力与适应性。

除此以外，工业视觉大模型也是工业 AI 视觉 2.0 时代的另一个关键技术。工业视觉大模型，即专门针对工业应用领域而设计的算法模型，其构建和训练需要利用 Transformer 架构，以及大量的领域特定数据。工业视觉大模型具备领域泛化能力，能够适应多变的工业环境，特别是单场景的规模复制和多场景模型的泛化迁移。工业视觉大模型具有一定的垂直场景通用性，在特定领域可以有效降低 AI 算法开发、训练的成本，因此在智能制造和自动化质量控制方面的应用非常迅速。

阿丘科技的核心团队汇集了一批在人工智能领域深耕多年的专家。公司的创始人兼 CEO 黄耀，不仅在清华大学精仪系和计算机系接受了扎实的教育，而且在校期间就展现了卓越的科研能力，代表学校在全球机器人识别抓取比赛中摘得桂冠。黄耀的领导力和创新精神也获得了业界的广泛认可，包括被评为福布斯亚洲 30 岁以下高科技领域优秀创业者等荣誉。公司首席 AI 科学家孙富春教授，作为清华大学计算机系的教授和博士生导师，以及智能技术与系统国家重点实验室的副主任，孙教授的加入为阿丘科技的研发实力注入了强大的学术支撑。

目前阿丘科技的产品已经成功在 1000+ 个工业场景中得到了应用，并在 800+ 家工厂实现了落地，在 3C 消费电子行业，阿丘的服务覆盖了全国 TOP10 公司中的 80%。在 PCB 及半导体行业，阿丘的产品和服务已经占全球 TOP50 的公司中的 60%，另外，阿丘的产品在医疗、食品包装、光伏和汽车零部件等长尾客户群中也已经有了多个头部企业的合作案例，这代表着随着 AI+ 工业视觉已经加速在制造业中渗透。

（二）智能协作机器人引领者：艾利特机器人

在中国的智能制造发展历程中，具有深厚科研背景的创业者起到了非常重要的作用，艾利特机器人 CEO 曹宇男就是其中一位，他师从中国机器人领域泰斗级专家王田苗教授，多年来持续在复合机器人领域探索，取得了一系列的技术和产品突破。

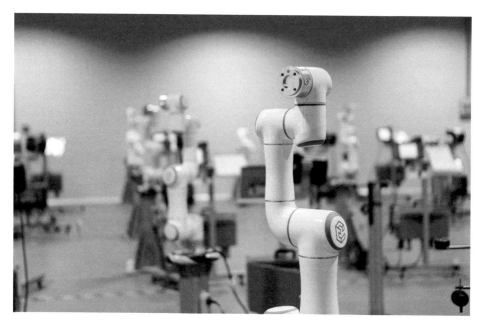

艾利特协作机器人

创立伊始，艾利特机器人专注于突破复合机器人在多机调度和集中控制的难题。通过与制造执行系统（Manufacturing Execution System，MES）集成，艾利特实现了生产流程的高效自动化，使机器人能够协同作业，智能接收并执行复杂的生产任务。这种创新的多机调度技术，优化了任务分配流程，显著提升了机器人集群的整体作业效率和灵活性。接下来，公司通过技术创新，将多个独立的控制器和软件系统集成为一体，打造出了高度集成的控制器和软件解决方案。这一举措不仅简化了系统架构，还大幅降低了硬件成本和现场调试的工作量，缩短了项目部署周期。通过云平台的引入，公司能够实现远程监控、诊断和升级，提高了系统的可靠性和维护效率。

在人工智能快速发展的浪潮中，艾利特机器人积极探索通过大模型技术促进机器人智能发展之路。通过大数据训练，公司的机器人显著提升了对人类意图和指令的理解能力，具备了更加精准的视觉识别、预测性维护和自适应学习能力，进一步提升了机器人在复杂工作环境中的自主性和智能化水平。大模型的发展趋势涵盖了从自然语言处理到计算机视觉，再到三维场景建模，最终与机器人载体完美结合。

在科技一路狂飙的今天，技术的先进性和经济性仍然需要协同考量。在工业自动化领域，技术的真正价值在于其解决实际问题的能力。因此，艾利特机器人在产品调试和部署过程中，通过持续的现场测试和客户反馈，快速迭代产品功能，提升用户体验。此外，艾利特机器人还通过深入评估每项新技术的优势和局限性，确保所提供的解决方案不仅技术上先进，而且经济高效，切实满足客户的业务目标。在这一过程中，公司展现了其不仅注重技术的前沿性，更重视技术的实用性和可靠性的发展理念。不仅有助于公司不断提升自身竞争力和市场地位，也为客户带来了实实在在的价值。

艾利特机器人已经成功在多个行业中交付产品，并已经出海了超过50个国家。公司的产品和解决方案已经在新能源汽车、锂电、半导体、光伏等新兴行业中获得了客户的广泛认可。同时，公司积极拓展新蓝海业务，在新商业应用中，如新零售、智慧厨房、大健康、食品加工、游戏互动等，销量业内领先。目前，公司产品销往 50 多个国家和地区，拥有 500 余家经销商和系统集成商，整合了 110 多家全球生态合作伙伴，在全球产量销量逾 10000 台。除了客户的认可之外，公司还获得了 2023 年度苏州机器人创新产品奖、中国潜在独角兽企业、机器人制造行业标杆企业、荣格技术创新奖、工业机器人 TOP10、高工金球奖·2023 年度技术奖、胡润全球猎豹企业、江苏省专精特新企业、国家电网科学技术进步奖"配网带电作业机器人关键技术及应用"一等奖等荣誉奖项，展现了业界对公司的广泛认可和赞誉。

艾利特机器人的成功，是北航机器人研究所深厚研究实力的成果，也是前沿学术成果产业化并促进新质生产力发展的典型案例，展现了中国机器人产业的创新活力和发展潜力。随着技术的不断进步和市场的持续拓展，艾利特机器人有望在智能制造领域继续引领潮流，为行业树立新的标杆。

（三）3D 视觉感知突破者：蓝芯科技

在全球化不断深入的今天，制造业正在经历一场深刻的变革。面对日益激烈的市场竞争，传统的生产模式已无法满足这个快速变化的时代要求。打造新质生产力，加快信息化普及、推动数字化转型、提高智能化水平已成为一个企业、一个行业、一个国家抢占先机、赢得未来的必然选择。在中科院自动化所研究多年的高勇博士，坚信机器人要能够看懂世界，才能更好地为人类工作，因此躬身入局，创立了要为机器人装上"眼睛"的蓝芯科技。

作为一家机器人软硬件研发企业和制造业柔性物流解决方案提供商，蓝芯科技在这一波智能制造浪潮中，给出了自己的解法。 蓝芯科技通过多年在制造业智能化浪潮中深耕而来的经验，认为：制造业的下一波红利将是智能化、数字化，移动机器人将成为制造业数智化转型的"助推器"，在工厂全面普及。从 2016 年成立至今，蓝芯科技已相继为逾千家企业提供"机器人换人"的整体解决方案，参与企业数字化、智能化车间的建设和改造，其中不仅有华为、中兴、美的、富士康、夏普、比亚迪、德赛、LG 新能源、润阳、亿晶、丰田、广汽等 3C 电子、锂电、光伏、汽车行业的头部企业，也有中国商飞这样的国之重器企业。

在工业应用中，机器人面对的是复杂多变的环境，有狭长的玻璃走廊、空旷的车间，有随时变动的货堆，以及突然闯入的工人和悬空伸出的屏幕，安全性、稳定性、智能性是机器人面向工业环境时需要重点考虑的问题。2016 年以前，行业内充斥着大量磁条、二维码 AGV（Automated Guided Vehicle，自动导引运输车）；2016 年之后，市场密集涌现出以 2D 激光导航为主的所谓移动机器人 AMR。它们既不具备感知技术、交互技术，也缺少学习系统，在安全性、稳定性和智能性方面无法充分满足企业客户需求。

机器人技术是一门综合性极强的科学技术，包含了感知层、交互层、运动层、学习和决策系统、通信系统的综合应用。其中，感知层负责收集环境信息，如视觉、听觉、触觉等感官数据，这是人形机器人与环境实现交互首要解决的底层技术。蓝芯科技自创立以来，就致力于打造具有 3D 视觉感知的机器人。通过自研的 3D 视觉传感器、高度集成的视觉处理系统和先进的视觉感知算法，实时捕捉并分析周围环境的细微变化，让机器人"看懂"世界，从而实现精准的环境交互和自主决策。

2016 年至 2018 年，蓝芯科技处于技术的研磨阶段，着力于夯实企业的核心技术——3D 视觉感知，不断积累和迭代。2019 年，蓝芯科技首次面向市场推出 3D 视觉感知移动机器人，当年便获得华为一级供应商资质，从此企业发展驶入快车道。从 2019 年至 2023 年，蓝芯科技的销售订单增长曲线呈快速上扬的态势，独有的技术和亮眼的市场表现赢得多家资本垂青。2019 年，蓝芯科技获得华为一级供应商资质；2020 年，开拓新能源行业，获得新能源头部客户订单，全年订单成倍数增长；2021 年，公司全年销售订单首次破亿；2022 年，公司成功入围比亚迪一级供应商，蓝芯科技被评为杭州准独角兽企业；2023 年，"一体两翼"战略首次提出并实施，光伏行业订单获得突破性增长，企业扬帆"出海"。

在新质生产的科技浪潮中，蓝芯科技以核心技术为自身快速发展注入强劲动能的同时，推动千行百业向数字化、智能化转型升级。2023 年 5 月，

蓝芯科技为某锂电头部企业打造的"锂电池工厂智能产线物流解决方案"入选浙江省经信厅《2023 年度浙江省机器人典型应用场景》。在该场景中，以搭载蓝芯科技核心技术 LX–MRDVS® 的潜伏式搬运机器人、视觉 SLAM 无人叉车为载体，以蓝芯科技机器人调度系统 RCS 为中枢，与企业生产管理系统相连，结合 IoT 技术串联锂电生产设备，实现移动机器人全自动作业。这不仅为企业节省简单、重复、重体力劳动所占用的人力资源，同时也使得企业生产线物流效率成倍提升。

蓝芯科技示意图

此外，蓝芯科技还被认定为"2023 年度第一批省专精特新中小企业"，浙江省高新技术企业研究开发中心、CAA 科技进步奖、十大数字经济创新技术、毕马威"鲲鹏独角兽"、年度数实融合典型场景。

目前，蓝芯科技已加快在国内工业领域的市场布局，同时加速"出海"亚太地区。为 3C 电子、半导体、光伏、锂电、汽车、包装企业客户持续赋能新质生产力。在技术研发上，也将推出具有 3D 视觉感知的人形机器人，满足更复杂的场景需求。

（四）AI 赋能创新医药：赛德盛医药科技

北京赛德盛医药科技（CTSmed）作为创新医药临床合同研究组织（CRO）行业的重要参与者，秉持尊重产品、尊重客户、尊重团队的理念，持续通过人工智能（AI）技术的赋能推动创新医药临床试验执行与管理的变革。本章将以赛德盛应用 AI 技术于药物研发中的临床试验阶段的创新尝试、成果和发展蓝图为例，分享如何通过 AI 赋能加速创新医药开发，协助客户将好产品尽速上市，为患者的康健之路有效助力。

传统的药物研发过程通常耗时长，特别是进展到临床试验阶段，更面临成本高、风险大的诸多挑战。赛德盛自 2010 年成立以来，不断发展壮大。2014 年更是创建队伍投入到"移动互联网数字化临床试验管理云平台"的设计与开发，并于 2017 年推出国内首个自主开发临床试验管理平台，内含两个重要的临床试验管理系统：WeTrial CTMS（微试云临床试验管理系统）及 WeTrial SIS（微试云机构管理系统），以串联临床试验各方，打破数据孤岛，让临床试验过程中的所有数据得以更及时、更完整地让试验主要参与方——申办者、研究者、临床试验机构、项目管理团队等皆能实时掌握、分析，在更早的时间即能发现进度或质量问题与风险，进而做出适当的解决方案与决策。

基于日益稳健的数字化基础建设，赛德盛自 2018 年起逐步将 AI 技术与管理工具开发应用到临床试验的各个环节中，不断优化数据库的数据质量，扩大应用场景，并加深实践、学习与改进；尤其是在临床试验的中心筛选上、立项 / 伦理 / 合同的流程提速上，以及受试者的引流 / 筛选 / 入组、风险管理体系等方面，均表现出色，做到了"过程可控、结果可靠"。例如，在促进受试者入组上，赛德盛与其关系企业微试云携手通过自动化数据采集与分析，搜寻潜在受试者在各中心的分布状况，精准匹配患者特征与试验标准，显著提高了患者储备与筛选的效率和准确性。这种智能化的方案可以降低试验成本，加速试验进程，实现更安全和可靠的临床结果。

在解决临床试验的效率与质量的核心议题后，赛德盛再进一步通过 AI 技术，提出"数智化"临床试验管理实践。结合全面数字化平台与精益管理模式，将临床试验各阶段的重要资源做出妥当的分配、管理与激励，包含项目供应商与项目组人员的配置；不仅保障临床试验的效率和质量，更将长周期的项目进展与人力物力，更细致、更智能的管理起来。例如，在专人专项与人效管理上，赛德盛已能运用 AI 技术精准地测算出各研究项目在全流程的试验执行中何时需要何种规模 / 规格的人员配置到哪些中心；并能基于实时的项目进度计算每人 / 每月 / 每中心的工作效能，以灵活调配资源，适时激励团队，及时介入问题解决与决策。通过数智化的工具与管理机制，赛德盛有信心不仅能将项目做好，也能更好地激发项目人员的主观能动性、学习力，促进与试验各方的协作效能；这也使得赛德盛在临床试验领域中具备了强大的竞争优势。

赛德盛通过与众多知名药企的合作，建立了稳固的品牌信誉和广泛的市场基础；目前赛德盛的合作项目不断增加，预计将为公司带来可观的订单增长以及更大的市场份额。目前，赛德盛正在通过 AI 的赋能助力药物研发的各个环节；随着 AI 技术的不断进步和医药行业的持续创新，赛德盛有潜力迎来更多的突破性成果。未来，赛德盛将持续以 AI 技术与精益化临床试验管理措施优化创新药高效交付体系，并以此为核心链接新药种子及资本，打造数智化 CRO 加速器平台模式，让创新药项目实现更好的转化，进而推动整个医药行业的变革与发展，展现出强大的生命力和广阔的未来。

（五）AI 赋能医疗检测：武汉大学李艳琴教授团队

在 AI 2.0 新时代中，医疗检测领域正经历着前所未有的变革。物质成瘾性检测作为医疗检测的一个重要分支，其重要性不言而喻。物质成瘾不仅对个体健康构成威胁，更对社会秩序和公共安全带来挑战。然而，传统的检测方法受限于技术手段和操作复杂性，往往难以满足现代社会对快速、精准检测的需求。人工智能技术的出现和介入，为实现更便捷、精准的物质成瘾性检测带来了新的机会。

武汉大学李艳琴教授团队的重点攻关方向，正是这一变革的缩影，他们致力于开发一种可穿戴式物质成瘾智能诊疗系统，这一系统的核心在于利用生物传感器技术和人工智能算法，实现对成瘾生物标志物的实时监测和智能分析。通过这种创新的检测方式，不仅可以提高检测的准确性和及时性，还能为患者提供更为舒适和便捷的检测体验。

该研究项目通过设计和研发一系列创新的可穿戴设备，引领了物质成瘾智能检测的新趋势。这些设备包括头戴式、腕带式和手套式，它们不仅能够无创或微创地通过集成高精度的多模态传感器，实时监测和分析用户的生理数据，如成瘾生物标志物信号、心率、血压、脑电波等，还能通过智能算法进行分析，为医生提供快速响应和预警，诊疗端，后台配合远程诊疗和监管软件。

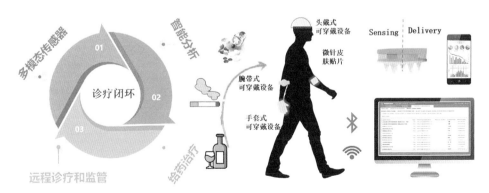

李艳琴教授团队项目示意

　　头戴式设备特别配备了智能分析功能，能够对收集到的数据进行快速处理和预警，为医生提供即时的诊断支持。腕带式设备则侧重于日常健康监测，通过紧贴皮肤的方式，持续跟踪用户的生理指标，为长期健康管理提供数据支持。而手套式设备则可能针对特定需求，如手部运动功能的监测，提供更细致的数据收集。在这些设备的背后，是一个强大的远程诊疗和监管系统。它不仅拥有用户友好的前端界面，使患者和医生能够直观地查看和分析数据，还有一个强大的后端服务器，负责数据的安全存储、高效处理和智能分析。结合云计算和 5G 通信技术，该系统能够实现远程医疗服务，确保无论患者身处何地，都能获得及时的医疗支持。这种检测方式的便捷性和实时性，为长期监测和早期干预提供了可能。

　　此外，系统的硬件组成体现了高度的集成化和智能化。从微针皮肤贴片到多模态传感器，每一个组件都经过精心设计，以确保与软件系统的无缝对接，实现数据的实时、准确传输。李艳琴教授团队的这一研究方向，不仅提升了物质成瘾检测的科技水平，更为患者带来了一个全面、连续、个性化的健康管理新方案，标志着医疗检测领域向更智能、更人性化的方向发展迈出了坚实的一步。

　　人工智能算法在这一系统中扮演着至关重要的角色。通过对收集到的大量生理数据进行深度学习和模式识别，AI 能够识别出与成瘾相关的生理模式和趋势。这些算法不仅能够预测成瘾风险，还能为临床医生提供科学的决策支持，从而实现早期干预和个性化治疗。为了提高 AI 模型的准确性和泛化能力，李艳琴教授团队还构建了一个大型数据库，用于训练和验证 AI 模型。这个数据库包含了丰富的多模态生理参数，为模型提供了大量的学习材料。通过这种大规模的数据训练，AI 模型能够更好地理解和预测物质成瘾的复杂生理机制。

　　该研究项目是跨学科整合的典范，它涉及生物医学工程、材料科学、微电子技术、数据科学等多个领域的知识和技术。这种跨学科的合作不仅推动了技术的发展，也为解决复杂的医疗问题提供了新的思路和方法。在数据的收集和处理过程中，安全和隐私保护同样重要。李艳琴教授团队探索了业内顶级的数据安全技术，如同态加密和安全多方计算，确保了用户数据的安全和隐私。这些技术的应用，不仅保障了患者的个人信息安全，也为医疗数据的合法合规使用提供了保障。通过动物实验和临床验证，该项目的可穿戴设备和 AI 诊疗软件已经证明了其有效性和可靠性。随着技术的成熟和市场的接受，这些成果有望在医疗检测领域得到广泛应用，为物质成瘾性检测带来革命性的变化。

随着人工智能技术的不断发展和完善，物质成瘾性检测将变得更加精准、高效。AI 技术的应用将为全球公共卫生事业作出更大的贡献，为患者带来更好的健康保障。在这一过程中，跨学科的合作、创新技术的应用以及对安全和隐私的重视，将是推动这一领域不断前进的关键动力。

缩略语表

缩写	全称	中文解释
1G	1st Generation	第一代蜂窝标准
AALC	Air-Assisted Liquid Cooling	空气辅助液体冷却
AGI	Artificial General Intelligence	通用人工智能
AGV	Automated Guided Vehicle	自动导引运输车
AI	Artificial Intelligence	人工智能
AIDC	Artificial Intelligence Data Center	人工智能计算中心
API	Application Programming Interface	应用程序接口
ARM	ARM Architecture	ARM 架构
ARPU	Average Revenue Per User	每用户平均收入
ASIC	Application Specific Integrated Circuit	专用集成电路
Attention	Attention Mechanism	注意力机制
AWS	Amazon Web Services	亚马逊云计算服务
Bit	Bit	比特
BMBF	Federal Ministry of Education and Research	联邦教育研究部
CATS	Computation Aware Traffic Scheduling	算力路由
CDN	Content Delivery Network	内容分发网络
CEO	Chief executive officer	首席执行官
CES	Consumer Electronics Show	国际消费类电子产品博览会
CISC	Complex Instruction Set Computing	复杂指令集计算
CNN	Convolutional Neural Network	卷积神经网络
Connectionist AI	Connectionist Artificial Intelligence	联结主义人工智能
CPU	Cental Processing Unit	中央处理单元

缩写	全称	中文解释
CRF	Conditional Random Field	条件随机场
CUDA	Compute Unified Device Architecture	统一计算架构
CUTS	Centralized Unbreakable Task Scheduling	集中式不可分割任务调度算法
DARPA	Defense Advanced Research Projects Agency	国防高级研究计划局
DDoS	Distributed Denial of Service	分布式拒绝服务
DNN	Deep Neural Networks	深度神经网络
DPI	Deep Packet Inspection	深度包检测
DPU	Data Processing Units	数据处理单元
EDVAC	Electronic Discrete Variable Automatic Computer	离散变量自动电子计算机
ENIAC	Electronic Numerical Integrator and Computer	电子数字积分计算机
ETSI	European Telecommunications Standards Institute	欧洲电信标准化协会
FCC	Federal Communications Commission	美国联邦通讯委员会
FCFS	First Come First Serve	先来先服务
FPGA	Field Programmable Gate Array	现场可编程门阵列
FTP	File Transfer Protocol	文件传输协议
GAN	Generative Adversarial Network	生成对抗网络
GEMM	General Matrix Multiplication	通用矩阵乘法
GPC	Graphics Processing Clusters	图形处理簇
GPGPU	Genera-Purpose Computing on GPU	通用计算图形处理器
GPT	Generative Pretrained Transformer	生成型预训练变换模型
GPU	Graphics Processing Unit	图形处理单元
GSM	Groupe Spécial Mobile	移动特别行动小组
HMM	Hidden Markov Model	隐马尔可夫模型
Hopper	Hopper Architecture	Hopper 架构

缩写	全称	中文解释
HPC	High Performance Computing	高性能计算
IB	InfiniBand	无限带宽技术
IBS	Institute for Basic Science	韩国基础科学研究所
ICOR	Incremental Capital Output Ratio	增量资本产出率
ILSVRC	ImageNet Large Scale Visual Recognition Challenge	大规模视觉识别挑战赛
IO	Input/Output	输入 / 输出
IOPS	Input Operations Per Second	每秒输入程序设计系统
IoT	Internet of Things	物联网
IPU	Intelligence Processing Unit	智能处理单元
JDBC	Java Database Connectivity	Java 数据库连接
JUMP	Joint University Microelectronics Program	联合大学微电子计划
LLM	Large Language Model	大型语言模型
LTE	Long Term Evolution	长期演进技术
MaaS	Model-as-a-Service	模型即服务
MES	Manufacturing Execution System	制造执行系统
MLPerf	MLPerf Benchmark	全球最权威的 AI 计算竞赛
MMLU	Massive Multi-task Language Understanding	大规模多任务语言理解
MMM	Multimodal Model	多模态模型
MoE	Mixture of Experts	混合专家模型
MXU	Matrix Multiplier Unit	矩阵乘法单元
NFV	Network Functions Virtualization	网络功能虚拟化
NLP	Natural Language Processing	自然语言处理
NPU	Neural Processing Unit	神经处理单元
NSF	National Science Foundation	美国自然科学基金会
NVLink	NVLink	NVIDIA 的高速连接技术

缩写	全称	中文解释
NVSwitch	NVSwitch	NVIDIA 的交换技术
OCR	Optical Character Recognition	光学字符识别
ODCC	Open Data Center Committee	开放数据中心委员会
Open RAN	Open Radio Access Network	开放型无线接入网
OS	Operating System	操作系统
PCB	Printed Circuit Board	印制电路板
PUE	Power Usage Effectiveness	数据中心能效指标
QIST	Quantum Information Science and Technology	量子信息科学技术
QoS	Quality of Service	提升服务质量
Qubit	Quantum Bit	量子比特
RDMA	Remote Direct Memory Access	远程直接内存存取
ResNet	Residual Neural Network	残差神经网络
RISC	Reduced Instruction Set Computing	精简指令集计算
RISC-V	RISC-V Architecture	RISC-V 架构
RNN	Recurrent Neural Network	循环神经网络
RoCE	RDMA over Converged Ethernet	一种集群网络通信协议
ROI	Return on Investment	投资回收率
RSC	Research SuperCluster	研究超级集群
SIMD	Single Instruction Multiple Data	单指令多数据
SIMT	Single Instruction Multiple Threads	单指令多线程
SLA	Service Level Agreement	服务级别协议要求
SM	Stream Multiprocessors	流多处理器
SMS	Short Message Service	数字语音传输和短信服务
SPV	Special Purpose Vehicle	特殊项目公司
SRAM	Static Random Access Memory	静态随机存取存储器
SSH	Secure Shell	一种远程连接工具
Symbolic AI	Symbolic Artificial Intelligence	符号主义人工智能

缩写	全称	中文解释
TAM	Total Addressable Market	总可寻址市场
Tbps	Tera Bits Per Second	兆比特每秒
Tensor Core	Tensor Core	张量核心
TFP	Total Factor Productivity	全要素生产率
TMT	Technology, Media and Telecom	科技、媒体、电信三个单词头一个字母的缩写整合
TPU	Tensor Processing Unit	张量处理单元
Transformer	Transformer Architecture	Transformer 架构
TTS	Text to Speech	文本转语音
UI	User Interface	用户界面
UPS	Uninterrupted Power Supply	不间断电源
ViT	Vision Transformer	图像分类模型
Wintel	Wintel Alliance	Wintel 联盟

后记

在科技的浩瀚星海中，人工智能的光芒愈发璀璨，正以其前所未有的速度和规模重塑着我们的世界。从约翰霍普金斯大学毕业之后就加入创投行业，笔者在国际国内积累多年科技投资经验，有幸成为这场变革的见证者和参与者。在本书中，笔者所在团队汇集多年以来从 AI 1.0 到 AI 2.0 的行业洞察和实践经验，与人工智能领域优秀企业创始人们一道，较为系统地探讨了 AI 的最新发展，并对 AI 驱动下智算经济的发展趋势进行了分析与展望。

从最初的机器学习和数据挖掘，到如今的深度学习和 AIGC 大模型，AI 的能力和应用范围不断扩大。这些技术不仅在图像识别、自然语言处理和预测分析等领域取得突破性进展，更在医疗、教育、金融、交通等多个行业中展现出巨大的潜力和价值。多模态大模型在 AI 领域崭露头角，通过整合视觉、语言、声音等多种数据源，显著提升了机器的认知和理解能力。这些模型不断迭代和优化，正在推动 AI 向更加精准、智能和自适应的方向发展，为各行各业带来变革。

AI 技术应用正从单一领域扩展到社会方方面面：无论是提高生产效率、优化资源配置，还是创新服务模式、改善人们的生活体验，都展现出了巨大的赋能作用。AI 不仅为传统产业的转型升级提供了新的动力，更为新兴产业的成长和发展开辟了广阔空间。我们正处于一个由 AI 技术驱动的颠覆式创新时代。AI 技术的发展，正在引发一场深刻的经济和社会变革，其影响力堪比历史上的工业革命，将重塑生产和消费的方式，更将改变人类的工作、学习和交流模式。

在这场变革中，人工智能算力扮演着日益重要的角色。作为 AI 体系的基石，算力的发展水平直接决定了 AI 技术的深度和广度；作为新型基础设施建设的关键环节，算力正在成为支撑经济社会发展的关键资源。在这一基石支撑下，中国以及全球 AI 智算经济的蓬勃发展，已经成为推动全球经济增长的新动能。因曾在世界银行华盛顿总部工作多年，笔者相信这一趋势值得全球各界高度重视和积极参与。通过政策引导、技术创新和国际合作，我们可以共同推动 AI 智算经济的健康发展，为全球经济的可持续发展贡献力量。

展望未来，如同其他新兴行业一样，AI 不可避免也面临阶段性波动、调整与挑战。一路狂飙的英伟达也会面临股价与业绩持续提升的压力与不确定因素；万众期待的生成式 AI 杀手级应用，何时从大家的殷切期盼中走进现实；持续高企的资本开支建设 AI 基础设施，能否顺利丝滑兑现新经济增长的红利；等等。对于前沿科技带来的创新变化，我们往往高估现存的价值，而低估长远的价值。对于上述及前文中提到的若干现实问题，我们将保持密切关注，将以严谨、求实、谦卑的研究精神进一步探究行业结构性周期性演进的变化与规律。

越是拉长时间轴，我们对 AI 的发展前景愈发信心坚定。随着技术成熟和应用深化，AI 将更加深入地融入我们的生活，成为推动人类社会进步的重要力量。在这一进程中，我们将继续研究与发掘，支持与培育那些具有创新精神和远见卓识的 AI 企业，与创新进取的 AI 科学家、创业者携手并进，共同开启人工智能与智算经济的新篇章。

在此，谨代表编委会特别感谢魏锋、李艳琴、汪金海、曹宇男、黄耀、高勇、陆洋、刘肇峰、李东轩等师长、同仁与朋友的帮助和支持，他们的积极贡献和热情参与为本书的完成提供了不可或缺的重要价值。

黄郑

2024 年 8 月 29 日